양자역학의 역사

QUANTUM

양자역학의 역사

아주 작은 것들에 담긴 가장 거대한 드라마

데이비드 카이저 지음
조은영 옮김

LEGACIES

동아시아

추천의 글

일상에 치여 하루하루 허덕이며 살아가는 우리에게, 우리의 삶은 도도하게 흘러가는 인류의 역사와 아무런 상관이 없는 것만 같다. 하지만 우리의 삶은 인류의 역사, 그리고 더 나아가 우주의 모든 것과 깊이 연결되어 있다. 나를 포함한 많은 물리학자에게 우리의 삶이 우주의 모든 것과 연결되어 있다는 사실은 매우 자연스럽다. 그런데 이상하게도 물리학 자체는 인류의 역사와 상관없이 순수하게 존재한다고 여겨진다. 그럴 리 없다. 이 책은 현대물리학의 정수인 양자역학이 인류의 역사 속에서 어떻게 태어났으며, 지금까지 어떤 우여곡절을 겪으며 성장했는지 생생하게 보여준다. 이것은 양자역학을 둘러싸고 펼쳐지는 대하 드라마다. 이 대하 드라마에서 양자역학은 제2차 세계대전과 핵폭탄 투하, 그리고 냉전 등등 인류의 역사 속 굵직한 사건들과 떼려야 뗄 수 없이 얽혀 들어간다. 심지어 이 대하 드라마에는 슈뢰딩거의 고양이가 출현할 수밖에 없는 절절한 이유도 숨어 있다. 개인적으로, 나는 이 책을 통해 내가 양자역학을 바라보는 관점에도 깊은 역사적 맥락이 숨어 있다는 사실을 깨닫고 놀랐다. 양자역학에 대해 전혀 모르는 사람들과 이미 많이 아는 사람들 모두에게 이 대하 드라마를 적극 추천한다.

—박권, 고등과학원 물리학부 교수·『일어날 일은 일어난다』저자

때로는 흥분시키고 때로는 호기심을 자극하면서, 카이저는 지난 한 세기 동안 물리학과 우주론에서 일어난 주요한 발전들을 우아한 문장들로 소개한다. 그의 글은 현대 과학과 인류 역사, 물리학의 거인들에 대한 통찰을 아름답게 한데 아우른다. 이 책은 과학 입문자뿐만 아니라 과학이나 역사를 전공하는 학생, 심지어 전문 과학자 또는 역사학자에게도 유쾌하고도 유익한 가이드가 되어줄 것이다.

—킵 손, 2017년 노벨 물리학상 수상자·캘리포니아공과대학교 이론물리학 석좌교수

카이저는 뛰어난 작가인데, 이 책은 그의 책들 중에서도 특히나 탁월하다. 깊이 있는 과학, 풍부한 역사, 인상적인 일화들로 잘 짜인 이 책은 대중 과학서 스타일로 쓰인 최첨단 학술서다. 앞으로 누군가가 과학의 역사가 무엇인지 묻거든 이 책을 쥐여줄 것이다.

—매슈 스탠리, 뉴욕대학교 과학사 교수·『아인슈타인의 전쟁』저자

물리학을 설명하는 것은 물리학자를 설명하는 것보다 쉽다. 카이저는 이 책에서 둘 다 해냈다.

물리학자도 사람이다! 세계의 근본적인 원리를 밝히고자 분투하는 그들에게도 불안감, 연애 문제나 금전적인 문제, 정치적 의견이 있다. 카이저는 물리학의 매혹적인 면을 명쾌하게 설명하면서도, 이를 발견하기 위해 노력한 인간으로서의 물리학자들을 매력적으로 조명한다.

우리는 과학의 진보가 필연적인 것이라고 그저 대수롭지 않게 여긴다. 하지만 카이저는 그 뒤에서 일어나는, 지저분하지만 그만큼 더 인간적인 진실을 들여다보게 한다. 철저한 조사, 훌륭한 문장으로 가득한 이 책은 물리학 마니아부터 역사학자, 학생, 일반 독자에 이르는 모든 독자가 주의를 기울여야 할 과학의 정치적, 사회적 본질에 관한 심오한 통찰을 제시한다.

서문
Foreword

지금까지 줄곧 물리학은 철학자였던, 또는 음악가였던 사상가들을 포섭해 왔다. 뉴턴, 아인슈타인, 하이젠베르크가 그런 인물들이다. 열린 창밖으로 낙엽 냄새가 물씬 풍기는 가을, 열몇 명이 모여 긴 테이블에 둘러앉았다. 대학 부총장, 연극 연출가 둘, 극작가 둘, 금융인 한둘, 분장 중인 듯 얼굴이 수시로 바뀌는 배우 한 사람, 물리학자 너덧 명. 그리고 긴 테이블의 상석에는 이 책의 저자 데이비드 카이저가 앉았다. 그는 언제나 옷매무새가 단정하고 세심한 사람이다. 늦어서 미안하다는 인사와 함께 물리학자 한 사람이 더 들어왔다. 우리는 새로운 과학 연극을 후원하는 일로 이곳에 모였다. 아직은 대본도 없지만 완성되면 근처 극장에서 공연할 예정이다. 테이블 위에서 과학과 예술이 기분 좋게 맞선다. 뉴턴과 아인슈타인의 차가운 방정식과 체호프와 와일드의 가슴 저린 드라마가 충돌한다. 신중한 이가 충동적인 이와, 합리적인 사람이 직관적인 사람과, 측정할 수 있는 것과 측정할 수 없는 것이 만난다. 해마다 몇 차례씩 우리는 이곳에 모여 서로 다른 세계들의 중간에 놓인 이 세계를 기념한다.

카이저 교수가 이 모임을 이끄는 것이 놀라운 일은 아니다. 물리학과 과학사 두 분야를 모두 섭렵한 그는 지금껏 최고의 이야기꾼으로 자리매김했다. 그의 논문과 책은 기본적인 과학 개념에 더해 과학자 개인의 삶, 그리고 학계의 분위기와 환경을 주도하는 제도와 문화의 힘을 추적한다. 그것들이 모두 이 책의 유쾌한 글 안에서 드러난다. 그건 그렇고 테이블에 왜 그렇게나 많은 물리학자가 있었을까?

물리학은 세계를 몇 가지 기본 입자와 힘으로 환원해 물리적 우주를 설명하는 학문이다. 이런 시도는 생물과 무생물을 모두 아우르는 질서를 끌어내고자 하는 인간의 깊은 욕망을 반영하는 것으로, 뉴턴과 아인슈타인의 신비한 수학 기호들을 초월한다. 게슈탈트 심리학자들이 말하기를, 우리 인간은 세상을 의미 있는 패턴으로 환원하지 않고는 견디지 못하는 존재다. 그래서 아직까지 미치지 않고 버티고 있는 것일지도 모른다. 별자리를 생각해 보자. 하늘에 아무렇게나 떠 있는 밝은 점들을 잇고 연결해, 마치 검은 배경 위의 그림인 양 해부한다. 군데군데 선이 끊긴 원을 보면 머릿속에서는 잃어버린 조각들을 채우고 완성하려 한다. 역사학자 헨리 애덤스는 에너지와 열역학 제2법칙으로 인간 문명의 흥망성쇠를 해석했고, 플라톤은 신이 불, 흙, 공기, 물의 네 가지 기본 원소로만 세상을 만들었다고 주장했으며, 고대 인도에서는 그중에서도 세 가지만을 사용해 불은 뼈와 말, 물은 피와 오줌, 흙은 살과 정신이 되었다고 보았다. 인간은 패턴을 찾고 만드는 종이고, 물리학은 그런 욕구의 궁극적인 정수다. 예술도 마찬가지다. 어쩌면 그래서 테이블에 그토록 많은 물리학자가 있었는지도 모르겠다.

인간의 정신 안에서 이렇듯 다양한 욕구가 함께 작동하고 있지만, 사실상 현대 과학은 육체에서 분리된 비정한 우주를 상상하고, 개인적인 것, 특히 감정적인 것과 거리를 두었기에 성공했다. 1969년 인간을 최초로 달에 착륙시키려던 과학자들이 탐사선과 달이 같은 시간 같은 장소에 있도록 궤도와 추진력을 계산했을 때, 그들은 우주비행사의 기분이나 사생활 따위는 조금도 고려하지 않았다.

이와 밀접한 사실이 있는데, 일반적으로 과학이 발견의 역사 자체에는 관심이 없다는 것이다. 이런 측면에서 과학은 인문학과 구별된다. 인문학에서는 지식이 대부분 '수평적'이다. 모든 시대의 주요한 연구가 지니는 의미의 무게나 기여도는 동일하며, 한 시대의 작품이 다른 시대의 작품보다 더 우월하게 여겨지지 않는다. 예를 들어, 철학을 공부할 때 우리는 공자, 플라톤, 아리스토텔레스에서 시작해 니체와 러셀로 옮겨 갈 수 있고, 문학이라면 『일리아드Iliad』와 『오디세이아Odyssey』로 시작해 서서히 『위대한 개츠비The Great Gatsby』로 나아갈 수 있다. 이때 『위대한 개츠비』가 『일리아드』보다 더 옳거나 더 지혜롭지는 않다. 반면 과학은 '수직적'인 것으로서 한 시대의 이론, 데이터, 지식이 이전 시대의 이해를 개선하고 대체한다고 여겨진다. 행성의 궤도와 그 밖의 다른 중력 현상을 예측할 때, 아인슈타인의 중력 이론은 단연코 뉴턴의 중력 이론보다 정확하다. 논쟁은 없다. 과학을 전공하는 대학원생은 자기 분야의 '최신' 연구 결과들을 공부한 다음 그 분야 '최전선'의 연구에 뛰어든다. 과거와 역사는 옛날 옛적 불을 밝힐 때 쓰인 양초나 계산에 사용된 계산자와 함께 먼지 쌓인 도서관 한구석에 처박혀 있을 뿐, 지금은 다시 들여다볼 시간도 없거니와 대개는 아무런 관심도 받지 못한다. 내가 대학생 때 쓰던 『열 물리학Thermal Physics』 교과서에는 열을 원자와 분자의 무작위적 운동으로 정의하는 현대적 관점을 담은 방정식들로 가득한데, 그 안에 열을 '플로지스톤'이라는 유체로 이해한 과거의 이론은 단 한 줄도 나와 있지 않다. 미국 뉴햄프셔주에서 교사로 생활했고 미국 독립전쟁에서 보스턴이 함락한 후 잉글랜드로 도망쳤다가 바이에른 군대의 수장이 된 벤저민 톰슨Benjamin Thompson의 화려한 인생 이야기도 실려 있지 않기는 마찬가지다. 그가 뮌헨의 무기고에서 포구를 관리하다가 열이 물질이 아니라 운동임을 처음 발견했음에도 말이다. 1789년 런던 왕립학회에서 발표한 톰슨의 글을 보자. "때로는 일상의 사건과 매일의 업무가 자연의 가장 흥미로운 운행을 깊이 곱씹어 보는 계기가 된다. … 나는 청동으로 만든 총의 내부를 청소하면서 … 두 금속의 표면이 마찰한 탓에 열이 발생해 … 총이 잠시 아주 뜨거워지는 것에 충격을 받았다."

과학을 현실과 동떨어진 것으로 보는 일반적인 관점과 달리, 이 책에는 과학적 발견과 지식을 이끌어 낸 사람들의 이야기와 역사적 상황이 넘쳐 흐른다.

자연 속에서 풀잎의 냄새를 맡고 색채의 조화를 느끼다 보면, 인간의 감각이 너무나 풍부해 도리어 세상에 대한 잘못된 그림을 갖도록 한다는 생각이 든다. 현대물리학은 그 그림을 완전히 다시 그렸다. 겉보기와 달리 지구는 자신의 축을 중심으로 돌며 우주를 질주하고 있다. 인간의 눈에 보이지 않는 무수히 많은 엑스선과 전파, 감마선이 매 순간 우리 옆을 지나간다는 사실도 알게 되었다. 또한 미시적인 원자의 세계에서는 입자가 동시에 여러 곳에 있는 것처럼 행동하고 더 나아가 서로 즉각적인 영향을 미치면서 원인과 결과에 대한 일반적인 개념을 위반한다는 것을 배웠다. 이 마지막 발견들은 카이저 교수가 쓴 이 책의 중심 주제인 양자물리학의 소재들이다. 자신의 감각적 인식이 올바른지 묻고 싶다면, 그리고 '현실'에 대한 직관적인 믿음을 포기하고 물리적 세계를 설명하는 새로운 서사를 받아들여야 한다면, 이왕이면 이 책의 매력적인 휴먼 스토리를 통해 그렇게 하면 어떨까?

앨런 라이트먼

CONTENTS

3부 물질 Matter

4부 우주 Cosmos

들어가는 말
Introduction

"그만 좀 웃게." 물리학자 파울 에렌페스트Paul Ehrenfest가 종잇조각에 갈겨쓴 낙서다. 1927년 10월 말, 벨기에 브뤼셀에서 열린 솔베이 회의에 20여 명의 다른 저명한 물리학자들과 함께 참석한 자리였다. 동료들이 새로운 양자역학을 이해하기까지 분투한 과정을 차례로 발표하는 가운데 에렌페스트가 친구인 알베르트 아인슈타인Albert Einstein에게 개구쟁이 남학생처럼 쪽지를 건넸다. 쪽지를 읽은 아인슈타인이 에렌페스트의 글 밑에 적었다. "천진한 자들을 비웃는 것뿐이야." 그러고는 굴곡진 필기체로 이렇게 썼다. "마지막에 누가 웃게 될지는 아무도 모르는 일이지."[1]

1990년대 초, 우연히 저 쪽지를 보았을 때 받은 충격이 아직도 생생하다. 문헌 조사를 시작하며 아인슈타인의 미출간 논문과 서신의 공식 사본이 보관된 프린스턴대학교 도서관의 희귀 문서 자료실을 뒤지던 참이었다. (원본은 예루살렘의 히브리대학교에 보관되어 있다.) 프린스턴대학교가 소장한 아인슈타인의 수집품은 빛바랜 복사물과 마이크로필름으로 채워진 100개 남짓한 상자 안에 들어 있었다. 나는 이 방대한 기록물의 작은 부분부터 뒤져나갔다. 에렌페스트와 아인슈타인의 장난기 있는 쪽지들을 알아본 것이 내가 처음이 아니고 이미 다른 학자들이 수없이 인용한 것을 보았음에도, 나는 그 쪽지를 보고 몸이 굳어버렸다.[2]

쪽지의 사본을 들고 나는 상상의 나래를 펼쳤다. 나무가 무성한 레오폴드공원 옆 평범한 대학 건물 회의실에 모인 아인슈타인, 에렌페스트, 그리고 동료 과학자들이 물질의 행동을 가장 근본적인 수준에서 설명하기 위한 새로운 틀 앞에서 팽팽히 맞서고 있다. 이전 세대의 물리학자들이 빛과 원자에 대해 다진 토대는 1927년 브뤼셀 회의가 열리기 수년 전부터 이미 무너지고 있었다. 아직 20대에 불과했던 베르너 하이젠베르크Werner Heisenberg와 볼프강 파울리Wolfgang Pauli와 같은 젊은 저격수들이 이 회의에서 새로운 개념을 주장했다. 이들의 발상은 근본적으로 세상을 확률적으로 보는 관점으로서, 그로부터 불과 몇 달 전 하이젠베르크가 (이제는 유명해진) 불확정성 원리를 과감하게 제안했을 때처럼, 물리학자들이 무언가를 알려면 불가피하게 다른 무언가를 알 수 없다는 개념에 대해 의견이 분분한 상태였다. 40대 후반이었던 에렌페스트와 아인슈타인은 이 새로운 개념을 높이 평가하면서도 의심을 거두지 않았다. 특히 아인슈타인은 이론물리학의 광범위한 체계를 뒷받침하기에는 양자역학quantum mechanics에 허점이 너무 많다고 우려했고, 이 새로운 이론의 가장 강력한 비판자로 나설 참이었다.[3]

하지만 예정된 발표가 모두 끝나고 나서도 회의장에서 격렬한 토론이 계속되고 근처 호텔에 마련된 만찬 장소에서까지 그 열기가 이어지자, 결국 아인슈타인과 에렌페스트는 유머 섞인 조롱으로 대응하게 된 것이다. 앞으로 닥칠 암흑기를 예견하지 못한 채 동료들을 비웃는 쪽지를 주고받으며 두 사람은 얼마나 오만한 지적 유희를 즐겼던가. 솔베이 회의 몇 년 후 독일에서 히틀러가 권력을 장악하자 아인슈타인은 미국으로 망명해 프린스턴대학교에 정착했다. 학생들이나 동료들과 활기찬 시간을 보내면서 진행 중인 우울증을

그림 0.1. 파울 에렌페스트(왼쪽)와 그의 아들 파울 에렌페스트 주니어, 그리고 알베르트 아인슈타인. 1920년 6월, 네덜란드 레이던의 에렌페스트 자택에서 쉬고 있다.

애써 감추어 왔던 에렌페스트에게는 그 충격이 더 컸다. 세상에 휘몰아친 불확실한 사건들을 겪으며 나날이 발전하는 물리학에 대한 그의 불안감은 악화되었다. "이론물리학과의 접촉을 완전히 상실했네." 그가 한 동료에게 털어놓았다. "더는 한 줄도 읽지 못하겠어. 논문과 책이 수없이 쏟아지지만 그중에서 내가 이해할 수 있는 건 하나도 없는 것 같아." 다운증후군을 앓는 어린 아들 바시크에 대한 걱정도 한몫했다. 친구들에게 보내는 서신은 날이 갈수록 좌절로 가득 찼다. 솔베이 회의가 열리고 5년 뒤, 에렌페스트는 또 한 번 아인슈타인에게 쪽지를 써 보냈다. 새로운 물리학을 이해하려고 애써 보았으나 "힘이 빠지고 너덜너덜해질" 뿐이었다. 삶의 불확실성이 감당하기 버거울 정도로 쌓여가며 "사는 데 진절머리가 났다". 끝내 부치지 못한 이 편지는 1993년 9월 말, 에렌페스트가 병원 대기실에서 아들 바시크를 쏘고 총구를 자신에게 돌린 후에야 발견되었다.[4]

◆◇◆

1927년 솔베이 회의에서 펼쳐진 진지하고 활기찬 논쟁 이후로 양자역학은 물리학자들이 자연을 기술하는 가장 중요한 방법으로 자리 잡았다. 지금까지 이론의 예측이 실험의 결과와 일치하지 않은 적은 한 번도 없었다. 실험을 하지 않았기에 없는 것이 아니냐고는 따져 묻지 말기를 바란다.

아인슈타인과 에렌페스트의 쪽지를 보고 25년이 지나, 나에게 운 좋게 직접 양자역학 모험을 떠날 기회가 생겼다. 2018년 1월 6일 이른 아침, 밝은 햇살에 눈을 찡그리며 모로코 서해안 카나리아제도의 라팔마공항을 나섰다. 평지에 위치한 라팔마는 하와이 엽서 속 야자나무가 미풍에 아름답게 흔들리는 열대 낙원 그 자체였다. 뉴욕에서 스페인 마드리드로, 그리고 다시 라팔마까지의 몇 시간 밤샘 비행으로 정신이 몽롱해진 상태에서 가까스로 안톤 차일링거Anton Zeilinger를 만났다. 안톤은 양자역학의 기묘한 성질을 기발한 실험들로 확인해 온 이름난 물리학자다.* 그도 그날 아침 긴 여행 끝에 그곳에 도착한 것이지만 기진맥진한 나와 달리 아주 생기발랄해 보였다. (경험상 안톤은 어떤 대륙, 어떤 시간대에서도 늘 팔팔했다.)

안톤이 공항에서 빌린 렌터카를 몰고 우리는 로크데로스무차초스 천문대 Roque de los Muchachos Observatory가 있는 산으로 향했다. 구불거리는 좁은 산길을 따라 고도 2,400미터까지 올라가는 길에 야자나무들은 어느새 키 작은 덤불들에 자리를 내주었다. 허름한 천문대 본부에 도착할 무렵, 공항에서 우리를 맞은 청명하고도 파란 하늘이 돌변하더니 차가운 우박을 매섭게 쏟아 냈다.

천문대에서 우리는 10여 명의 연구팀과 합류했다. 대부분 빈에 있는 안톤의 연구팀 소속의 젊은 대학원생이나 박사후 연구원이었다. 이들 중 일부는 이미 몇 주 전에 이곳에 도착해 장비를 설치하고 보정 테스트까지 마쳤다. 우리가 그곳에 간 목적은 양자 얽힘 quantum entanglement을 테스트할 새로운 실험 때문이었다. 양자 얽힘

---

* 이러한 실험들로 차일링거는 2022년 노벨 물리학상을 수상했다. (편집자 주)

그림 0.2.　멀리 배경의 언덕에 보이는 것은 노르딕 광학 망원경이 설치된 카나리아제도 라팔마섬 로크데로스무차초스 천문대의 금속 돔이다. 돔의 왼쪽에 희미하게 보이는 직사각형 화물 컨테이너는 2018년 1월 우리가 '코스믹 벨' 실험을 하는 동안 임시 연구소로 쓰였다. 이곳에 머문 짧은 기간에 우리는 진눈깨비, 우박과 싸워야 했다.

은 아인슈타인 자신이 그 유명한 브뤼셀에서의 회의 이후로 몇 년 간 찾아 헤맨 현상이다. 우리는 천문대에 설치된 두 거대한 망원경으로 우주에서 날아드는 무작위적인 정보를 수집해 새로운 방식으로 양자 얽힘을 테스트할 예정이었다. 우리는 안톤의 연구팀이 빈에서부터 실어 나른 특별한 레이저로 두 망원경 사이에 서로 얽힌 입자 쌍들을 쏘아대면서, 지구에서 가장 멀리 떨어진 것으로 알려진 퀘이사에서 방출된 빛을 수집할 계획이었다.

　열악한 날씨로 몇 날 밤을 허비한 끝에 마침내 라팔마의 하늘이 개었다. 우리는 실험을 시작한 지 몇 시간 만에 결과를 손에 넣었다. 그리고 몇 주에 걸쳐 신중하게 계산하고 분석한 끝에 그 결과가 과거의 다른 실험들처럼 양자역학의 예측과 완벽하게 맞아떨어진다는 결론을 내렸다. 아인슈타인의 예상과는 완전히 어긋나는 결과였다. 산꼭대기에서 실행된 이 실험은 티끌 하나 없이 광을 낸 4미터짜리 망원경 거울, 고출력 레이저, 전자 장비들의 정확도를 원자시계의 나노초까지 맞추기 위한 타이밍 회로까지, 아인슈타인이 생전에 보지 못했던 최첨단 장비들을 사용했다.[5] 1927년 솔베이 회의로까지 거슬러 가는 개념을 테스트하기 위해 이 모든 현대식 장비가 동원된 것이다. 그 시절 함께 모여 치열하게 논의와 논쟁을 거듭했던 양자역학의 대가들이 오늘날 우리의 시도를 보고 어떤 반응을 보일지 자못 궁금하다.

◆◇◆

프린스턴대학교 도서관에서 아인슈타인의 논문들을 처음 접하고 나는 과학 연구의 이중성에 깊은 관심이 생겼다. 우리 시대와 마찬가지로 아인슈타인의 시대에도 세상의 작동 원리를 밝히겠다는 과학자들의 야심은 한 사람의 제한된 시야를 넘어서는, 그들이 사는 시간과 공간의 변덕을 초월한 개념을 창조했다. 그러나 오늘날의 과학자들처럼 아인슈타인과 그의 동료들도 그들이 속한 시간과 장소에 어쩔 수 없이 속박된 신세였다. 이들은 역사적 사건을 대체하겠다는 원대한 꿈을 꾸었지만, 매번 시시콜콜한 세속의 문제에서 빠져나오지 못했다.

지금까지 역사 속에서 주어진 시대와 장소의 세부적인 상황들이 과학 연구의 방향을 다방면으로 결정해 왔다. 과학자 개인의 좌절과 어려움이 폴 디랙Paul Dirac과 같은 고독한 사상가나 스티븐 호킹Stephen Hawking의 영웅적 인내심을 낳기도 하고, 제도 변화나 지정학적 상황과 같은 거대한 힘이 과학자들의 연구에 결정적인 영향력을 행사하기도 한다. 에렌페스트와 아인슈타인이 브뤼셀에서 장난으로 쪽지를 주고받은 이후 100년이 채 되지 않는 시간 동안 물리학과 물리학자는 나치의 발흥과 세계대전, 냉전의 핵 위기에 따른 정부의 전폭적 지지, 냉전의 갑작스러운 종식으로 인한 분위기 반전까지 엄청난 격동을 겪어야 했다. 그 전환의 순간들을 돌아보면 이 역사적 사건들이 어떻게 개인의 시야를 제한하는 한편으로 어떻게 자연 세계에 대한 예기치 못한 통찰들을 이끌어 냈는지를 추적할 수 있다.

나는 물리학의 많은 개념이 세속적인 사정에 붙들린 방식이 마음에 들었고, 그래서 대학원에서 이론물리학과 과학사를 같이 공부했다. 운이 좋아 졸업 후 매사추세츠공과대학교MIT에 교수로 임용되어 두 과목을 20년 동안 가르쳤다. 이 두 가지 축을 중심으로 나는 과학자들의 교육 과정에 초점을 두어 지난 세기의 물리학 연구가 걸어온 길을 재구성했다. 그 길이 한 방향으로 곧게 뻗어 있을 리는 없다. 그때 그곳에서 연구자들과 학생들은 왜 그 방식을 고집했을까? 수 세대의 젊은 물리학자들은 질문을 던지고 결과를 평가하는 법을 어떻게 배웠을까? 이런 방법들이 상황에 따라 왜 때로는 미미하게, 때로는 크게 변했을까? 개인과 세대를 아울러 공유할 수 있는 지식을 구축하려는 목적으로 과학자들이 열심히 가르치고 배우고 연구하는 일이 모두 (이 책의 제목이기도 한) '양자의 유산 quantum legacy'이다. 나는 과학자들의 노력이나 동료들과의 소통 과정에서 이 유산을 포착할 수 있었다. 또한 최초의 전자 컴퓨터나 대형 강입자충돌기Large Hadron Collider와 같은 최첨단 기계들을 살피는 과정에서도 찾을 수 있었다. 나는 유산을 생산하는 큰 원동력 가운데 하나로서 과학자들이 집필한 교과서에도 특히 관심이 깊은데, 교과서가 과학자들이 어렵게 밝힌 기술과 통찰을 미래로 유출하기 위해 제작된 물건이기에 그렇다. 이 모든 양자적 유산을 탐색하며 과학자로서 내가 걸어온 길을 돌아보게 되었고, 앞으로 나와 동료들이 학생들에게 어떤 유산을 물려줄지 궁금해졌다.

이 책에 실린 글은 물리학자들이 자연 세계의 미묘한 불확정성을 고심하는 동시에 정치적, 사회적 세계의 피할 수 없는 불확실성을 헤쳐 나간 이야기다. 여러 공간과 시대를 다루었지만 주된 배경은 냉전 시대의 미국이다. 그 시대 물리학자의 운명은 풍요와 기근의 연속이었다. 전시의 무한한 낙관주의는 매카시즘의 적색 공포가 일으킨 불안으로 상쇄되었고, 놀라운 최첨단 장비들은 물리학자의 지적 환경을 새롭게 꾸며주었다. 이 값비싼 장비들의 일부는 전쟁 때 추진된 대규모 프로젝트가 남긴 유산이었고, 나머지는 관대한 새 연방 정부에서 군수품으로 인수한 것이었다. 의욕적인 학생들이 대거 유입되면서 물리학은 미국 고등교육에서 가장 급성장한 분야라는 영예를 누렸으나, 뒤따른 두 차례의 격변으로 크나큰 타격을 입었다. 첫 번째는 베트남전쟁이 장기전에 돌입한 1970년대 초의 냉전 완화와 '스태그플레이션', 그리고 국방 및 교육에서의 예산 삭감과 맞물리며 일어났다. 두 번째 타격은 레이건 행정부하에서 늘 어나던 국방비가 1990년대 초 소련의 해체로 예상치 못하게 급격히 줄어든 데 따른 것이었다.

불안정한 세계에서 밀고 당기는 여러 사건이 전환점을 불러오면서, 그 전까지는 비교적 생기 없던 이 분야에서의 일상도 달라졌다. 1927년에 아인슈타인과 에렌페스트는 브뤼셀의 같은 공간에 앉아 서로 쪽지로 소통했지만, 전쟁이 끝나고 물리학자들은 색다른 소통 방식에 적응해야 했다. 미국의 대표적인 학술지인 《피지컬 리뷰Physical Review》는 1951년에 3,000쪽이었던 분량이 1974년에는 3만 쪽으로 무려 10배나 늘어났다. 이를 보여주는 가장 좋아하는 사진이 있는데, 여기에는 1980년에 노벨상을 수상한 입자물리학자 밸 피치Val Fitch가 해마다 점점 높이 쌓여가는 저널들 앞에 위태롭게 서 있는 모습이 담겨 있다. 1960년대 중반, 《피지컬 리뷰》에서 오랜 시간 일한 새뮤얼 구드스미트Samuel Goudsmit는 편집부가 겪은 그간의 변화를 동료에게 이렇게 설명했다. "[《피지컬 리뷰》는] 더 이상 단골이 개인 용품을 구매하는 동네 구멍가게가 아니라네. … 점장이 꼭대기 층 사무실에서 보이지 않게 일하는 대형 마트와 더 비슷하지. 많은 절차가 인간의 판단보다는 정해진 루틴에 따라 진행되고 있다네." 이는 문자 그대로 사실이었다. 당시 편집부에서는 새로운 펀치 카드 컴퓨터 시스템을 도입해 편집부에 투고되는 논문들에 심사위원을 배정하고, 심사 과정을 기록하고, 저자에게 보낸 답변을 기록하는 일련의 작업을 기계화했다.[6]

결과는 뻔했다. 1950년대 중반, 학술지는 이미 구드스미트 자신

그림 0.3.　1970년대 후반, 입자물리학자 밸 피치가 《피지컬 리뷰》를 10년 단위로 쌓아놓은 사진.

도 "너무 두꺼워서 들고 다닐 수 없을 정도"가 되었다. 몇 년 뒤 그
는 이렇게 적었다. "인내심을 넘어섰다. 구독자들은 책의 두께에 질
려서 이제 자기 분야의 논문 몇 편만을 훑어보고 덮는다." 미국 물
리학자 대다수가 이 학술지를 구독하던 시절, 구드스미트에게 편지
를 보내 페이지가 끝도 없이 늘어난다며 불평하던 이들도 있었다.
《피지컬 리뷰》과월 호가 그들의 사무실 선반을 다 채우고도 모자
라 옷장까지 넘보는 상황이 되었기 때문이다. 급기야 구드스미트는
동료 학자들에게 "감상적 태도"를 거두고 필요한 논문만 찢어서 보

관한 다음 나머지는 버리라고 종용했다. "솔직히 《피지컬 리뷰》 같은 학술지를 사람 키만큼 쌓아둘 이유는 없지 않습니까." 일부 학자들은 "인쇄된 글을 훼손하는 행위"에 거부감을 느꼈지만 결국 많은 이들이 편집자의 제안을 받아들였다. 캘리포니아공과대학교(칼텍 Caltech)의 어느 물리학자는 책장 선반에서 1963년도 《피지컬 리뷰》가 차지하던 60센티미터의 공간을 몇 센티미터로 줄였다며 자랑스럽게 너스레를 떨었는데, 그는 학술지를 제본할 때 구독자가 원하는 논문을 보다 쉽게 잘라 낼 수 있도록 접착 방식을 바꾸어 달라고 요청하기까지 했다.[7]

◆◇◆

여러 편의 에세이를 한 권의 책으로 엮으면서 나는 종종 구드스미트의 조언을 떠올렸다. 읽는 이에 따라 이 책에서 마음에 더 다가오는 글은 모두 다를 것이다. 그동안 쓴 글들을 모으면서 대부분은 새롭게 손보았고 몇 편은 다른 글과 합치기도 했다. 또한 비슷한 글들을 묶어 전체를 4부로 나누었다. 독자들이 각각의 에세이를 있는 그대로 즐기면서도, 공간과 시간과 물질을 이해하려고 분투한 물리학자들의 끝없는 탐색을 따라가면서 지식의 단편 단편이 거대한 모자이크로 꿰어지는 순간을 마주하길 바란다. 《피지컬 리뷰》의 과월호처럼 이 책에 실린 글들이 보여주는 그림들은 딱딱한 초상화보다는 만화경에 가까울 것이다.

1부 「양자」에서는 격렬했던 1920년대부터 1930년대의 암흑기를 거쳐 핵 시대의 기이한 우여곡절까지 양자역학에 관한 물리학자들의 생각이 바뀌는 순간들을 포착한다. 1부는 내가 몸담은 연구팀이 빈과 라팔마천문대에서 우리가 지닌 상상력과 도구가 허락하는 범위에서 가능한 한 철저하게 양자 얽힘을 테스트해 앞으로 한 세기 동안 이어질 가치 있는 유산을 남기고자 한 노력으로 마무리된다.

2부 「계산」에서는 제2차 세계대전의 대혼란과 미국의 전후 세대에서 물리학자들이 탄생한 과정, 그리고 그 탄생 배경의 변화를 중점적으로 다룬다. 냉전 초창기 미국에서는 국방 분석가들과 정책 입안자들이 소련과의 불안한 대치 상황을 면밀하게 분석한 끝에, 냉전이 초강대국 간의 전면전으로 이어질 경우를 대비해 차세대 맨해튼 프로젝트 같은 대형 작전에 투입할 물리학자 양성에 적극적으로 나섰다. 국방 전문가들의 분석과 "과학 인력"에 대한 수요는 새로운 세대가 고등교육에 진입하는 패턴과 리듬에 엄청난 변화를 가져왔다. 또한 이러한 제도적 변화는 젊은 물리학자들의 계산 방식과 그들이 양자역학과 씨름하는 방법까지 뒤바꾸었다.

3부 「물질」에서 나는 전자, 쿼크, 그리고 오랫동안 그 정체를 파악할 수 없었던 힉스 보손처럼 오직 찰나의 순간에만 존재하는 아원자 세계의 구성 요소들을 향한 물리학자들의 최근 노력에 눈을 돌린다. 지난 반세기 동안 전 세계에서 물리학자는 아원자 입자들과 그들 간에 작용하는 힘들을 놀라울 만큼 성공적으로 통합했다. 이 표준 모형Standard Model에는, 그것이 양자역학의 틀 안에서 세워졌음에도, 아인슈타인이나 하이젠베르크도 예상하지 못한 놀라운 개념들이 담겨 있다. 한편 고에너지물리학은 냉전 시대로부터 자신만의 특별한 유산을 대물림했다. 미국에서 정치적 우선권을 확보하고 연방 정부의 전례 없는 투자를 받아 거대화의 물결을 트면서, 물리학자들이 가장 미시적인 규모의 물질을 탐구하기 위해 가장 거대한 기계를 제작하기 시작한 것이다. 대형 설비에 대한 투자와 그것을 지속시키고자 한 정치적 논쟁은 1990년대 초 소련이 붕괴되면서 순식간에 증발했다. 당시 나는 학부생이었는데, 로런스버클리국립연구소Lawrence Berkeley National Laboratory에서 인턴으로 일한 짧은 시간은 나에게 입자물리학뿐만 아니라 '빅 사이언스'의 변화하는 정치적 현실을 여실히 보여주었다.

마지막 4부 「우주」에서는 현대물리학을 떠받치는 또 다른 기둥인 상대성이론으로 공간과 시간에 대한 이해가 완전히 바뀐 과정을 탐구한다. 아인슈타인의 상대성이론을 이해하고 그 이론을 바탕으로 우주의 진화를 총체적으로 모형화하려는 노력은 지난 한 세기 동안 과학자들이 양자역학에 바친 혼신의 노력에 비견할 수 있다. 이러한 노력으로도 상대성이론과 양자역학을 하나로 통합하고자 하는 물리학자들의 꿈이 이루어지지는 않았지만, 우주와 그 안에서의 인간에 대한 놀라운 통찰들이 생산되었다. 아인슈타인이 아직 살아 있다면 자기 동료에게 쪽지를 건네며 우리의 순진함을 비웃을지도 모르지만.

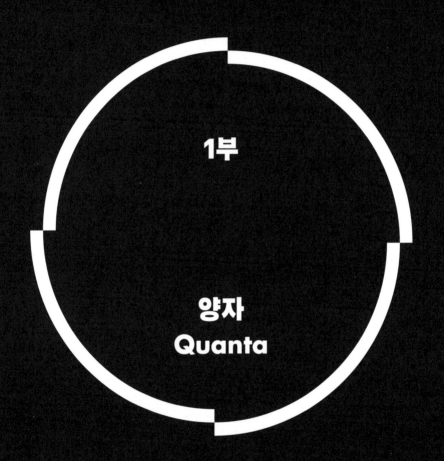

1부

양자
Quanta

1장

모든 것은 양자일 뿐, 위로는 없다
All Quantum, No Solace

물리학은 맹렬한 속도로 '현대화' 되었다. 1905년에 알베르트 아인슈타인이 특수 상대성이론special theory of relativity을 정식화하고 나서 1925~1926년에 양자역학이 대두되기까지 고작 20년이 걸렸다. 사람들은 두 사건을 다른 시각으로 바라보았다. 아인슈타인의 업적이 한 남성의 집착으로 이루어진 서사시로 묘사되었다면, 양자역학의 탄생 과정은 허먼 멜빌의 『모비 딕Moby Dick』보다는 하인리히 뵐의 (마리 퀴리Marie Curie를 떠올리며) 『여인과 군상Group Portrait with Lady』에 가까운 군상극이었다.

극의 배역들은 꽤나 쟁쟁했다. 아버지 격인 닐스 보어Niels Bohr는 은행원 복장으로 예언을 중얼거리고, 바이에른 출신의 분위기 메이커 베르너 하이젠베르크는 꼭두새벽까지 베토벤의 피아노 소나타를 치거나 짧은 가죽 바지를 입고 산길에 올랐다. 젊은 프랑스 귀족 루이 드브로이Louis de Broglie는 고체 물질이 파동으로 구성되었다는 대담한 개념을 도입하기 전에는 원래 문학과 역사를 연구하던 사람이었다. 말쑥한 오스트리아인 에르빈 슈뢰딩거Erwin Schrödinger는 보헤미안 라이프스타일을 추구한 의외의 인물로서, 여성 편력이 심해 자신보다 훨씬 어린 여성을 끊임없이 만났고(슈뢰딩거의 전기를 쓴 작가가 부록 끝의 찾아보기에 '롤리타 콤플렉스'라는 항목을 실었을 정도다), 심지어 조수의 아내와 낳은 아이를 자기 아내와 길렀다. 그런가 하면 철부지들도 등장했는데, 걸출한 러시아 물리학자 레프 란다우Lev Landau와 입이 거칠기로 유명한 볼프강 파울리와 같은 재담꾼들이 대표적이다.[1]

양자역학의 창시자들은 하나의 긴밀한 공동체를 형성했다. 코펜하겐에 있는 보어의 이론물리학연구소Institute for Theoretical Physics를 다같이 방문하거나 기업가 출신의 자선가인 에르네스트 솔베이가 후원한 비공식 학회에 참석했고, 평소에도 수시로 서신을 주고받으며 대화를 이어나갔다. 그중 수만 통이 지금까지도 보존되어 있는데, 학자들은 수년간 이 서신들의 목록을 만들고 마이크로필름으로 찍고 번역한 다음 마치 경전처럼 한 줄 한 줄 분석하기까지 했다.[2] 한편 보어와 하이젠베르크의 경우에는 출간된 전기만도 여러 권이고, 슈뢰딩거와 막스 보른Max Born과 같은 이들도 곳곳에서 중요하게 다루어지며 양자역학의 창시자들로서 아낌없는 관심을 받았으나, 천재적인 영국 물리학자 폴 디랙은 그다지 주목받지 못했다. 보어는 자신의 연구소를 거쳐 간 많은 별난 인물들 중에서도 내성적인 방

랑자인 디랙을 두고 "가장 유별난 사람"이라고 불렀다.[3]

청년 디랙에게는 원래 상대성이론을 공부하려는 포부가 있었다. 그러나 디랙이 1923년에 박사과정을 위해 케임브리지대학교에 도착했을 때는 상대성이론을 전공한 교수가 더 이상 새로운 학생을 받지 않아 결국 랠프 파울러Ralph Fowler의 실험실에 들어가게 되었다. 파울러는 당시 영국에서 원자의 기이한 물리학적 특성을 가장 잘 알고 있는 전문가였다. 그때는 양자역학이 아직 여러 모형과 주먹구구식 방법들이 어설프게 뒤섞여 있는 상태였고, 유럽 전역에서 물리학자들이 가장 작은 물질의 규모를 이해하기 위해 몇십 년째 씨름하고 있는 상황이었다. 태양계 행성의 움직임, 전하와 방사선의 상호작용과 같은 일상의 물체를 지배하는 익숙한 법칙에서 시작해, 보통의 방정식이 들어맞지 않는 사례를 설명할 이런저런 규칙을 추가해 보는 것이 당시의 연구 경향이었다.

디랙이 새로운 접근법을 생각하게 된 계기는 1925년 9월 자로 도착한 우편물이었다. 베르너 하이젠베르크가 파울러에게 보낸 새 논문의 원고를, 파울러가 당시 브리스틀 본가에서 방학을 보내던 디랙에게 보낸 것이었다. 파울러는 원고에 간단한 메모를 남겼다. "이 논문 어떤가? 자네 생각을 듣고 싶네."[4] 이 짧은 논문에는 스승 때부터 전해진 너덜너덜한 조각보를 대신해 양자역학을 내세워 물질과 복사를 취급하는 기본 원리를 확립하고자 하는 하이젠베르크의 의도가 담겨 있었다. 하이젠베르크는 직관이나 고전적인 물리학의 모형에 의존하는 것이 잘못되었다고 확신했다. 원자 안에서 핵 주위를 도는 전자는 분명 태양을 공전하는 행성과는 달랐다. 전자의 경로는 이론상으로도 관찰할 수 없었다. 스물세 살 하이젠베르크는 그의 짧은 논문을 시작하며 앞으로 나아가는 데는 "오직 관찰할 수 있는 물리량 사이에서 발생하는 관계만으로" 새로운 이론을 세우는 것이 최선이라고 말했다. 하이젠베르크의 새로운 공식에서는 물리학의 일반적인 방정식에 등장하는 연속적인 양들이 행렬 안의 불연속적인 값들로 대체되었고, 그 값들은 외부 에너지원에 의해 들뜬 원자가 방출한 빛의 색과 밝기처럼 관찰할 수 있는 물리량으로 표현되었다.[5]

하이젠베르크의 원고를 훑어본 디랙은 관찰 가능한 양만을 고수하겠다는 논문의 가장 큰 철학적 야심에는 무심한 채로 오히려 논문의 후반부에 흥미를 느꼈다. 하이젠베르크의 새로운 행렬은 희한하게 행동했다. 두 수를 곱한 값이 곱한 순서에 따라 달라졌기 때문이다. 즉, A 곱하기 B가 B 곱하기 A와 같지 않았다. 하이젠베르크와 달리 디랙은 수학이 바탕인 사람이었다. 이 특이한 곱셈 법칙을 보면서, 그는 팽이나 공, 공전하는 행성의 물리학과 같은 보통의 물리학을 고차원적인 수학으로 표현할 때마다 불쑥 나타나던 다른 관계들을 떠올렸다. 관찰할 수 없는 양에 대한 하이젠베르크의 집중 사격 대신, 그 뒤에 감추어진 수학적 유사성이 디랙을 전진하게 했다. 9개월 뒤, 디랙은 이 유사성을 바탕으로 하이젠베르크의 연구를 명료하게 설명하고 일반화해 박사학위를 받았다.

그 무렵 양자역학에 대한 하이젠베르크식 접근은 이미 동네 골목을 벗어났다. 1926년 겨울, 하이젠베르크와 디랙보다 열 살 더 많고, 개인적인 삶과는 별개로 학문적으로는 훨씬 보수적이었던 에르빈 슈뢰딩거가 양자역학을 독립적으로 정식화했다. 대다수 물리학자들에게는 낯설기 짝이 없는 하이젠베르크의 불연속적 행렬 대신 슈뢰딩거는 주로 연못의 수면에 물방울이 퍼지는 현상이나 지나가는 사이렌 소리를 기술할 때 사용되는 파동에 관한 친숙한 수학을 빌렸다. 하이젠베르크와 슈뢰딩거가 서로 다른 접근법으로 경쟁하면서 느낀 감정의 동요는 작지 않았다. 파동역학에 관한 초기 논문에서 슈뢰딩거는 하이젠베르크의 방법에 "혐오까지는 아니더라도 기가 꺾였다"라고 썼다. 하이젠베르크도 동료에게 보낸 편지에서 슈뢰딩거의 연구를 생각할 때마다 "속이 메스꺼워진다"라고 했다.[6]

디랙은 박사학위 논문으로 유럽 대륙에서 1926~1927학년도를

그림 1.1.   1930년대 초반. 폴 디랙(왼쪽)과 베르너 하이젠베르크.

보낼 수 있는 장학금을 받았다. 디랙이 처음 찾은 곳은 코펜하겐에 있는 보어의 연구소였다. 그곳에서 디랙은 동료들의 잡담에 끼어들지 않고 도서관에만 틀어박혀 하이젠베르크와 슈뢰딩거의 접근법이 수학적으로 동치라는 증명에 들어갔다. 같은 내용을 발표한 다른 이들도 여럿 있었지만, 학계에서는 디랙의 증명이 가장 강력하고 우아한 것으로 평가되었다.

이때부터 디랙은 줄줄이 놀라운 결과를 생산했다. 1927년 1월, 보어의 연구소를 떠나기 직전 디랙은 원자에서 벗어나, 전하를 띠는 입자와 복사의 관계를 포함해 빛으로까지 양자역학의 공식을 확장함으로써 완전히 새로운 물리 이론을 만들어 냈고, 이를 '양자 전기역학quantum electrodynamics, QED'이라고 명명했다. 그러고 나서는 아인슈타인의 특수 상대성이론에 맞게 하이젠베르크와 슈뢰딩거의 방정식을 수정해 빛의 속도에 가까운 속도로 움직이는 물체를 기술하는 양자역학을 정립하려고 했다. 1927년 가을, 세인트존스칼리지의 연구원 자격으로 케임브리지로 돌아온 디랙은 전자에 대한 상대론적 방정식을 도출해 동료들을 수년간 혼돈에 빠뜨렸던 양자 '스핀spin'의 개념을 명확히 했다.

1931년 봄, 새로운 방정식의 기이한 수학적 특징을 설명하라는 하이젠베르크와 파울리의 독촉이 계속되는 가운데 디랙은 대담하게 반물질antimatter을 예측했다. 반물질은 우리가 주변에서 마주하는 보통 입자들의 사촌 격으로, 그것들과 질량은 같지만 전하가 반대다. 그로부터 2년간 캘리포니아와 케임브리지의 물리학자들은 디랙의 예측을 뒷받침하는 놀라운 실험적 증거들을 모았다. 이렇게 디랙은 물리학에서 정확도가 가장 높은 이론을 태동시켰다. 최근 연구에 따르면, 양자 전기역학으로 계산한 이론적 예측 값은 실험 결괏값과 소수점 11자리까지 일치한다. 오늘날 이론적 계산 값과 실험 데이터에서의 오차는 고작 1조분의 1에 불과하다.[7]

디랙에게 수학은 아름다움이었고, 아름다움은 진리를 향한 가장 확실한 안내자였다. 그는 "실험 결과와 일치하는 방정식을 세우는 것보다 그 식을 아름답게 만드는 것이 더 중요하다"라고 즐겨 말했다. (오늘날의 끈이론 지지자들도 가끔 이 말을 빌려 쓴다.) 평소에도 정확도에 집착한 디랙은 우아하고도 금욕적이기까지 한 스타일을 선호했다. 예를 들어, 동료들은 그가 논문에서 단어를 너무 적게 쓴다고 불평했고, 수업이 끝나고 학생들이 앞선 내용을 조금 더 풀어 설명해 달라고 부탁해도 디랙은 토씨 하나 틀리지 않고 처음과 똑같이 말하고는 했다. 그는 표현의 경제성을 높이기 위해 수학 표기법을 다듬었다. (이는 지금 물리학자들 사이에서 널리 쓰이고 있다.) 디랙의 방식은 그가 쓴 유명한 교과서인 『양자역학의 원리The Principles of Quantum Mechanics』에도 잘 나타나 있는데, 1930년에 처음 출간되자마자 고전이 된 이 책은 90년이 지난 지금까지도 여전히 인쇄되어 진지하게 읽힌다.[8]

과학에 대한 기여를 인정받기까지 오랜 시간이 걸린 역사 속의 다른 불운한 인물들과 달리, 디랙은 학계의 최고 자리까지 초고속으로 올라갔다. 그는 이미 27세라는 전례 없는 나이에 왕립학회 회원으로 선출되었고(게다가 아주 드물게도 추천되자마자 선출된 것이었다), 1932년 7월에는 30세도 채 되지 않은 나이에 케임브리지대학교의 루커스 수학 석좌교수로 임명되었다. 이는 비슷한 나이에 아이작 뉴턴Isaac Newton이, 그리고 이후 스티븐 호킹이 차지한 직책이었다. 디랙은 슈뢰딩거와 함께 1933년 노벨상을 받았는데, 현재까지도 가장 어린 수상자들 중 한 명으로 손꼽힌다. 이후로도 그는 양자역학과 우주론에서 중요하고도 흥미로운 연구를 잇따라 내놓았지만(대부분은 나중에 다른 이들의 손에서 결실을 보았다), 박사학위를 받고 나서 첫 5년간은 단연코 모든 기록을 통틀어 과학적 창의력이 가장 광범위하고도 눈부시게 폭발한 시간이었다.

하지만 물리학을 제외한 다른 면에서 디랙은 늦깎이였다. 그는 30대 초반에 이르러 "소련의 실험"에 매료되면서 비로소 정치에 관심을 가지기 시작했다. 1930년대에는 소련에 여러 차례 방문해 저명한 물리학자들과 협업했으며, 노벨상 축하 만찬에서는 세계적인 경제 위기에도 노동자의 임금을 보호하는 것이 중요하다는 취지로 예정에 없던 열변을 토하며 하객들을 당황시켰다.

1939년 이후로 수많은 동료 물리학자와 수학자가 대의를 위해 전쟁 지원에 나섰지만 디랙은 개입하지 않았다. 물론 그도 영국의 초기 핵무기 개발 계획인 '튜브 앨로이스Tube Alloys'에서 계산을 맡아 수행하거나, 맨해튼 프로젝트에서 소련의 스파이로 첩보 활동을 벌인 독일 태생의 영국 물리학자 클라우스 푹스Klaus Fuchs에게 적어도 한 번은 조언한 적이 있었다. 하지만 로스앨러모스 국립연구소의 소장 로버트 오펜하이머J. Robert Oppenheimer가 맨해튼 프로젝트 참여를 권유했을 때는 거절했다.

결국 디랙의 좌파적 성향은 전쟁이 끝나고 문제가 되었다. 미

그림 1.2. 1933년 학회를 위해 코펜하겐에 모인 물리학자들. 앞줄 왼쪽부터 오른쪽으로 닐스 보어, 폴 디랙, 베르너 하이젠베르크, 파울 에렌페스트, 막스 델브뤼크, 리제 마이트너.

국의 반공산주의 히스테리가 정점에 달한 1954년, 그의 미국 입국 비자는 받아들여지지 않았다(당시 오펜하이머는 미국 원자력위원회 Atomic Energy Commission 안보처에서 비밀리에 심문을 받고 있었다).[9] 그로부터 거의 20년이 지나 디랙이 은퇴하고 미국에 정착하려고 했을 때도, 몇몇 대학교는 그가 소련과학아카데미의 장기 회원이었다는 이유로 임용을 거부했다.

이런 좌절과 어려움도, 그레이엄 파멜로의 감동적인 전기『폴 디랙The Strangest Man』에서 드러난 것처럼, 디랙이 개인적으로 겪은 역경에 비하면 아무것도 아니었다. 파멜로가 책에서 밝혔듯이 디랙의 학문적 성공은 그의 힘겨운 개인사를 생각하면 실로 놀라운 것이다. 디랙이 하이젠베르크의 논문의 교정쇄를 보기 6개월 전인

1925년 가을, 그의 형 펠릭스가 스스로 생을 마감했기 때문이다. 두 형제는 브리스틀대학교 공과대학인 상경전문기술대학에서 공학을 전공했는데, 해가 갈수록 동생은 학문적으로 형을 앞서갔다. 펠릭스 자신은 사실 의학을 공부하고 싶었지만 큰아들에게 관심이 없던 아버지는 아들의 학업을 지원하지 않았고, 그런 형의 죽음을 두고 디랙은 죽을 때까지 아버지를 원망했다.

디랙의 가정은 즐거움이라고는 하나 없는 그야말로 끔직한 환경이었다. 근처 중등학교에서 프랑스어를 가르치던 아버지는 차갑고 권위주의적이었으며,[10] 수십 년간 어머니와 소원하게 지냈다. 파멜로는 이들이 남긴 서신에서 디랙의 욕심 많은 어머니가 어린 아들에게서 얻고자 한 헛된 위안을 보았다. 고작 10대를 벗어난 젊은 이에게 기대하기 어려운 감정적 지지를 강요받은 디랙은 단단한 껍데기 안으로 자신을 더 깊이 밀어 넣었다. 말수가 적은 사람을 높이 평가하는 나라에서 디랙은 비인간적일 정도로 과묵한 사람이 되었다. (케임브리지대학교에서 '디랙'은 시간당 단어 수를 세는 단위로 불렸는데, 파멜로에 따르면 1디랙은 "발화 능력이 있는 이가 남들 앞에서 내뱉는 최소 단어 수"였다.[11]) 말년의 디랙은 어린 시절에 아버지가 저녁 식사 자리에서 프랑스어로만 말하도록 강요했기 때문에 프랑스어에 자신이 없어 차라리 침묵을 택했다고 설명했다. 어린 디랙은 식사 때마다 심한 스트레스를 받았고, 결국 심각한 소화불량에 시달리며 평생 음식에 예민하게 굴었다.

이런 가족 관계는 디랙의 유명한 기벽과 결합되어 자연스럽게 그의 심리 상태에 대한 갖가지 추측을 불러일으켰다. 회고 진단retrospective diagnosis은 심리학에 집착하는 현대인의 한 가지 취미가 되어버렸는데, 에이브러햄 링컨이 처음부터 근엄하거나 침울한 성격을 가지고 있던 것이 아니라 임상적 우울증을 앓았다고 주장하는 식이다. 아이작 뉴턴이 그가 태어나기도 전에 세상을 떠난 아버지, 그리고 세 살짜리 아들을 버리고 재혼한 어머니로 인해 어린 시절의 안정적인 애착 관계를 형성하지 못했으며, 그래서 평생을 선취권 주장에 목을 맨 것이라고 말한 (역사학자 프랭크 마누엘이 1968년에 쓴 뉴턴의 전기인)『아이작 뉴턴의 초상화A Portrait of Isaac Newton』도 그런 사례다.[12] (사실 이런 식의 진단이 역사 속의 실제 인물에만 제한되는 것은 아니다. 심리학자인 내 아내만 보더라도 러시아 명작 소설 앞에서는 인내심을 발휘하지 못한다. 아내는『죄와 벌Crime and Punishment』의 주인공 라스콜니코프에게 향정신성 약물을 적절히 처방했다면 늦지 않게 그를 바로잡을 수 있었을 것이고, 그러면 소설도 5쪽만에 해피 엔딩으로 끝났을 것이라고 주장한다.)

파멜로도 디랙의 전기를 마무리하면서 비슷한 진단을 내놓는다. 음식이나 갑작스러운 소음에 민감하고, 말수가 극도로 적고 사회적 상호작용이 어색하며, 남들이 이해하기 어려운 주제에 강박적으로 관심을 보이는 것 등 흔히 자폐와 관련되는 특징들을 늘어놓고는 디랙의 행동들이 그저 우연은 아닐 것이라고 덧붙인다. 그리고 끝내 참지 못하고 "자폐증적인 행동상의 특징이 이론물리학자로서의 디랙의 성공에 결정적 요인이었다고 거의 확신한다"라고 내뱉는다.[13]

이런 주장에는 비약이 있다. 게다가 파멜로가 제시한 증거들에도 문제가 있다. 그가 가족들의 서신을 꼼꼼히 살펴보았다고는 하지만, 편지에 적힌 내용만으로 섣불리 내린 판단이 장시간에 걸친 전문가의 관찰이나 의사가 면담을 통해 내린 의학적 결정과 같을 리가 없다. 더 큰 문제는 정신과 진단의 범주가 시간과 장소를 초월해 언제나 동일하다는 암묵적 가정이다. 링컨의 동시대인들에게서 자주 나타났던 '울적함'이 정말로 오늘날의 '임상적 우울증'과 일치할까? 미국 정신의학회는 정신 질환의 공식 목록인 『정신 질환 진단 및 통계 편람Diagnostic and Statistical Manual of Mental Disorders』의 모든 항목을 10년 단위로 검토하고 대폭 수정한다. 어제의 질병이 오늘의 개성이 되고, 한 시대의 불안 장애가 다른 시대의 틱이 될 수 있다.[14] 그렇다면 왜 천재에게는 늘 지병이 있어야 하는 것일까? 그래야 위안을 얻기 때문일까? 우리 같은 범인은 평생 뉴턴이나 링컨, 디랙의 위대함을 성취할 수 없기에 다른 식으로라도 위안을 얻고 싶은 것이 당연할지 모른다. 그들은 우리보다 단지 조금 잘난 것이 아니었다. 그들은 우리와는 다른 뇌를 가진 사람들이었다.

파멜로의 이런 원격 진단을 신뢰할지 말지는 오직 관찰 가능한 물리량에만 집중하라는 하이젠베르크의 격언을 얼마나 철저하게 따를 것인지에 달려 있다. 결국 '울적함'이나 '자폐증'도 역사학자들이 쉽게 판단할 수 있는 상태는 아닌 듯하다. (파멜로의 책이 출간되고 4년 후, 『정신 질환 진단 및 통계 편람』의 편집자들은 '자폐증'을 '자폐 스펙트럼 장애'로 대체했고, 그에 따라 정의와 진단도 달라졌다.[15])

이런 섣부른 진단을 제외하면, 파멜로의 책은 디랙이 그토록 매진했던 이론의 발전에 그의 특별한 심리 상태가 남긴 흔적들을 색

다르게 제시한다. 양자역학은 정식화된 지 거의 한 세기가 지난 지금까지도 자연을 가장 정확하게 기술하는 방식이다. 그러나 이 이론은 신기할 정도로 미니멀리즘을 고수해서, 예컨대 물리학자는 어떤 입자가 어떤 순간에 정확히 어디에 있다고 말하거나 어디로 갈지는 말할 수 있지만 둘을 같이 말할 수는 없다. 디랙의 철저한 표현의 경제성과 유명한 과묵함이 수 세대의 물리학자들이 양자 세계를 논의하는 방식을 결정한 것이다. 그 놀라운 성공에도 불구하고, "물질은 익숙한 방식으로 행동하다가도 고유의 기이함으로 우리를 놀라게 한다"라는 양자역학의 진실은 여전히 낯설기만 하다. 마치 폴 디랙처럼.

2장

슈뢰딩거의 고양이:
죽느냐 사느냐, 그것이 문제라면

Life-and-Death: When Nature Refuses to Select

양자역학의 모든 기이함 중에서도 에르빈 슈뢰딩거의 살았다고도 죽었다고도 말할 수 없는 고양이 이야기만큼 이상한 것도 없다. 이 고양이는 창문 없는 상자에 갇혀 있다. 상자 안에는 방사성 물질이 들어 있는데, 이 물질이 붕괴하면 이를 감지한 장치가 망치를 작동시키고 독극물이 담긴 병이 깨지면서 고양이는 죽는다. 방사능이 감지되지 않으면 고양이는 죽지 않는다. 슈뢰딩거가 이런 기괴한 시나리오를 처음 생각한 것은 양자역학의 말도 안 되는 주장을 비판하기 위해서였다. 양자역학 지지자들이 말한 대로라면, 누군가가 상자를 열어 확인하기 전까지 이 고양이는 살지도 죽지도 않은 상태로 남아 있다. 살아 있으면서 죽어 있는, 참으로 기이한 양자 상태로 존재하는 것이다.

고양이에 관한 밈meme들이 판치는 오늘날, 슈뢰딩거의 희한한 고양이는 대개 음침한 쪽보다는 우스꽝스럽게 그려진다.[1] 또한 수많은 물리학적, 철학적 난제의 대명사가 되었다. 슈뢰딩거가 활동하던 시절, 닐스 보어와 베르너 하이젠베르크는 그 고양이처럼 이도 저도 아닌 상태야말로 자연의 근본적인 특징이라고 주장했다. 반면 아인슈타인과 같은 이들은 자연이 살았든지 죽었든지 둘 중 하나이지, 둘 다일 수는 없다고 주장했다.

슈뢰딩거의 고양이는 지금까지도 밈으로 잘나가고 있지만, 이 이야기의 중요한 탄생 배경은 자주 간과된다. 슈뢰딩거가 고양이 이야기를 구상한 당시의 정치적, 사회적 환경 말이다. 세계대전, 대학살, 독일 지식인 사회의 해체를 눈앞에 두고 슈뢰딩거가 독과 죽음, 파괴를 떠올린 것은 우연이 아니다. 그렇다면 슈뢰딩거의 고양이에는 양자역학의 매력적인 기묘함만 담겨 있지는 않을 것이다. 과학자 역시 다른 이들처럼 감정을 가진, 두려움을 느끼는 인간이라는 점을 함께 시사한다.

1935년 여름, 슈뢰딩거는 알베르트 아인슈타인과 솔직한 대화를 나누는 동안 고양이를 처음 떠올리게 되었다. 두 사람은 둘 다 베를린에 살던 1920년대 말부터 가까워졌는데, 당시는 상대성이론으로 아인슈타인의 명성이 세계로 뻗어나가던 때였다. 그는 물리학 연구에 매진하면서도, 시온주의자의 대의를 알리는 국제연맹 위원회에 참석하는 등 세속에 관한 관심도 등한시하지 않았다. 한편 오스트리아 빈 출신인 슈뢰딩거는 (오늘날에는 간단히 '슈뢰딩거 방정식 Schrödinger equation'이라고 불리는) 파동방정식을 소개하고 불과 1년 만인 1927년에 베를린대학교의 교수로 임용되었다. 두 사람은 슈뢰딩거 집에서 시끌벅적한 비엔나소시지 파티를 벌이거나 아인슈타인의 별장 근처 호수에서 배를 타며 즐거운 한때를 보냈다.[2]

이런 호시절은 얼마 가지 못했다. 1933년 1월, 히틀러가 독일 총리로 임명되었다. 당시 아인슈타인은 미국 캘리포니아주 패서디나에서 동료를 방문한 참이었는데, 그가 자리를 비운 틈을 타 나치는 아인슈타인의 베를린 아파트와 여름 별장을 급습했고 그의 은행

그림 2.1. 파이프와 술로 휴식을 갖는 슈뢰딩거.

계좌를 중지시켰다. 아인슈타인은 곧바로 프로이센과학아카데미를 사직하고, 미국 뉴저지주의 신생 연구소인 프린스턴 고등연구소Institute for Advanced Study의 창립 멤버로 자리 잡았다.[3]

유대인이 아니고 정치적으로도 아인슈타인보다 인지도가 낮았던 슈뢰딩거는 나치가 집회를 열어 책을 불태우고 대학 강사들에 대한 인종차별이 확대되는 과정을 공포 속에서 지켜보았다. 그도 결국 옥스퍼드대학교로부터 지원금을 받아 그해 여름 베를린을 떠났다. (나중에는 아일랜드의 더블린에 정착했다.) 같은 해 8월, 그는 이동 중에 아인슈타인에게 편지를 썼다. "다들 그렇겠지만 나 역시 최근 몇 달간 연구에 몰입할 수 없을 정도로 정신적으로 온전하지 못하네."[4]

오래 지나지 않아 두 사람은 다시 교류를 이어갔지만, 과거의 한가롭던 산책은 대서양을 오가는 우편으로 대체되었다. 1933년의 가공할 만한 폭풍이 일기 전 두 물리학자는 모두 양자역학에 지대한 공을 세웠고, 실제로 그 주제에 관한 연구로 노벨상을 받았다. 그러나 그들은 자신의 동료들이 그 방정식들을 이해하는 방식에 환멸을 느꼈다. 이를테면 덴마크의 물리학자 닐스 보어는 양자역학에 따라 입자들이 특정 속성에 대해 측정되기 전까지 정확한 값을 갖지 않는다고 주장했는데, 그들에게 이는 마치 체중계 위에 올라서기 전에는 그 사람의 몸무게가 정해지지 않았다고 말하는 것과 같았다. 게다가 양자역학은 뉴턴의 법칙부터 아인슈타인의 상대성이론까지 이어진 확실한 예측 대신 사건이 일어날 확률만을 제공했다. 보어의 주장에도 아인슈타인과 슈뢰딩거는 꿈쩍도 하지 않았다. 그들을

갈라놓은 대서양이 무색하게, 그들은 논문과 우표로 무장하고 다시 격렬한 논의를 이어갔다.[5]

　1935년 5월, 아인슈타인은 프린스턴 고등연구소에서 두 어린 동료인 보리스 포돌스키Boris Podolsky와 네이선 로젠Nathan Rosen과 함께 양자역학의 불완전성을 비난하는 논문을 발표했다. 양자역학이 확률만으로 기술하는 이 세계에는 물체와 관련된 "실재의 구성 요소", 즉 구체적인 값을 가지는 물체의 속성이 엄연히 존재한다는 주장이었다.[6] 6월 초에 슈뢰딩거는 아인슈타인의 논문 발표를 축하하는 편지에서 아인슈타인이 "우리가 베를린에서 수없이 논의한 점들에 대해 독단적인 양자역학에 해명을 공개적으로 요청한 것"이라면서 칭찬했다. 열흘이 지나 아인슈타인은 격양된 어조로 슈뢰딩거에게 답했다. "인식론에 찌든 난잡한 술판을 끝내야 한다." 여기서 '난잡한 술판'은 양자역학이 확률 그 자체인 자연을 완벽하게 기술한다고 주장한 닐스 보어와 그의 어린 시종 베르너 하이젠베르크를 염두에 두고 한 말이었다.[7]

　이 교신이 곧 태어날 고양이의 태동이었다. 슈뢰딩거에게 보낸 다음 편지에서 아인슈타인은 안이 보이지 않는 똑같은 상자 2개가 있고 그중에서 하나에만 공이 들어 있다고 상상해 보라고 했다. 둘 중 어느 쪽을 먼저 열든 첫 번째 상자에서 공이 나올 확률은 50퍼센트다. "이것이 완전한 기술이겠나?" 아인슈타인이 물었다. "아니, 완전한 기술은 이런 식이어야 하네. '공은 첫 번째 상자에 있다' 또는 '공은 첫 번째 상자에 있지 않다.'"[8] 아인슈타인은 원자 단위를 기술하는 이론이 적절하다면 구체적인 값을 산출해야 한다고 굳게 믿었다. 확률만을 계산한다? 그에게 그것은 하다가 마는 것이나 다름없었다.

슈뢰딩거의 열정적인 답장에 고무된 아인슈타인은 상자 속 공의 비유를 조금 더 발전시켰다. 물리학자가 다루는 미시 세계의 차원을 인간의 크기만큼 그 규모를 키우면 어떻게 될까? 8월 초, 슈뢰딩거에게 보낸 편지에서 아인슈타인은 새로운 시나리오를 시도했다. 불안정하지만 적어도 1년 동안은 폭발하지 않는 화약을 상상해보라. "이론적으로 이를 양자역학으로 표현하는 것은 어렵지 않네." 처음에는 슈뢰딩거 방정식의 해들이 합리적으로 보일지도 모르지만, "1년이 지나면 더 이상 그렇지 않다네. 오히려 프사이 함수는 화약이 아직 폭발하지 않은 계와 이미 폭발한 계가 뒤섞인 상태를 기술하지". (여기서 '프사이 함수ψ-function'는 슈뢰딩거가 1926년에 양자역학에 도입한 파동함수wave function를 말한다.) 아인슈타인은 편지에서 "현실에는 폭발한 것과 폭발하지 않은 것의 중간은 없기에" 닐스 보어라도 그런 허튼소리를 받아들일 수는 없다고 일갈했다.[9] 자연은 언제나 양자택일을 하고, 따라서 물리학자도 마땅히 그래야 한다는 것이었다.

사실 아인슈타인은 양자역학의 확률적 기술을 비판하기 위한 비유로 다른 것을 선택할 수도 있었을 것이다. 그중에서도 굳이 화약 저장소의 폭발을 고른 것은 악화되는 유럽의 상황을 반영했을 가능성이 크다. 1933년 4월 초, 그는 다른 동료에게 쓴 편지에서 히틀러 같은 "병적인 정치 선동가"가 권력을 잡은 이유에 대한 견해를 밝히면서 "당신은 내가 모든 사건에 대한 인과율을 얼마나 굳게 확신하는지 알 것이라 믿소"라고 말했다. 그것이 양자든, 정치든 말이다. 그해 말 아인슈타인은 청중이 가득 메운 런던의 한 강당에서 "이 환란 속에서 번쩍이는 냉혹한 섬광"에 관해 강연했다. 또 다른 동료에게는 공포에 질린 듯 이렇게 말했다. "독일이 비밀리에 대규모로 재무장을 하고 있네. 밤낮으로 공장이 돌면서 비행기, 조명탄, 탱크, 중포를 찍어 내고 있다는 말일세." 수많은 폭탄이 폭발 명령만을 기다리고 있었다. 1935년, 양자역학에 관해 슈뢰딩거와 활발하게 의견을 나누던 시기에 아인슈타인은 결국 평화주의에 헌신하겠다던 과거의 약속을 공개적으로 철회했다.[10]

슈뢰딩거는 아마도 마지막 교신에 고무되었을 것이다. 그는 "양자역학의 현재 상황"에 관해 직접 장문의 글을 쓰기 시작했다. 화약 폭발에 관한 아인슈타인의 편지를 받은 지 열흘쯤 지나 슈뢰딩거는 새로운 버전으로 답신했다. 화약이 있던 자리에 처음으로 고양이가 나타났다.

슈뢰딩거는 친구에게 이렇게 설명했다. "강철로 된 방에 소량의 우라늄과 가이거 계수기가 들어 있네. 너무 미량이라서 앞으로 1시간 안에 원자가 붕괴할 확률은 0이나 마찬가지라네. 하지만 원자가 붕괴하는 순간 증폭된 연쇄반응으로 청산 가스가 들어 있는 작은 병이 박살 날 걸세. 잔인한 진실은 고양이 한 마리도 이 강철로 된 방에 갇혀 있다는 것이지." 아인슈타인의 사고실험에서처럼 슈뢰딩거는 정해진 시간의 흐름을 상상했다. 이제 양자역학에 따르면, "고양이가 살아 있는지 죽어 있는지는 똑같이 불분명하네". 아인슈타인은 기뻤다. "자네의 고양이가 우리 두 사람의 의견이 완전히 일치

그림 2.2.   1933년, 나치가 베를린의 오페라 광장에서 책들을 불태우고 있다.

한다는 걸 보여주는군." 아인슈타인이 쓴 9월 초 서신의 내용이다. "죽어 있으면서 살아 있는 고양이를 포함하는 프사이 함수가 사건의 실제 상태를 기술할 수는 없을 테니 말일세."[11]

아인슈타인에게 답장을 받고 몇 달 뒤, 슈뢰딩거의 고양이는 거의 동일한 문장으로 학술지 《자연과학Die Naturwissenschaften》에 처음 등장했다.[12] 사실 이 유명한 고양이는 하마터면 세상에 나오지 못할 뻔했는데, 슈뢰딩거가 원고를 투고하고 며칠 뒤에 학술지의 창립 편집자이자 유대인 물리학자인 아널드 베를리너Arnold Berliner가 해고되었기 때문이다. 슈뢰딩거는 항의의 표현으로 기고를 철회하려고 했으나 베를리너가 직접 나서 만류하는 바람에 겨우 마음을 돌렸다.[13]

그해 여름 슈뢰딩거의 머릿속은 걱정으로 가득했는데, 이는 단지 베를리너에 대한 부당한 처우에 관한 것만은 아니었다. 슈뢰딩거는 나치 정권에 대한 혐오감을 감추지 않았고, 베를린에서 탈출할 무렵에는 숙명론자가 다 되어 "아직 이 세상을 다 배운 것이 아닐지도 모르겠다. 그리고 나는 준비되었다"라고 자신의 생각을 적었다. 옥스퍼드에 도착하고 몇 달 뒤, 슈뢰딩거를 찾은 한 친구는 새로운 터전에서의 압박을 가중시키는 음울한 뉴스들로 불행하기 그지없는 동료를 발견했다. 1935년 5월, 아인슈타인, 포돌스키, 로젠의 논문이 막 출간되었을 즈음 슈뢰딩거는 BBC 라디오에 출연해 '평등과 자유의 상대성'이라는 제목으로 20분짜리 강연을 하면서 "훌륭한 사람들을 해방하기 위해 교수대와 말뚝, 검과 대포가 사용된" 역사 속 사례들을 상기시켰다.[14] 점점 커지는 파시즘의 북소리에 저항하는 동안 상자 안의 공 이야기가 폭발과 독, 삶과 죽음에 대한 무시무시한 계산 값으로 그토록 빠르게 바뀐 것도 놀랄 일이 아니다.

자신의 글이 출판되는 동안 슈뢰딩거는 보어에게 편지를 보내 보어와 다른 이들이 양자역학의 기이한 특징들과 화해할 길을 모색했다. 아인슈타인과 그랬듯이, 보어와도 사적으로 이 문제를 논의할 수 있기를 간절히 바랐으나 "지금은 즐겁게 여행할 때가 아니"었다. 더 심각한 문제들이 다가오고 있었다. 슈뢰딩거는 "다시 한번 어딘가에 영구히 머물 수 있기를 바라는, 다시 말해 앞으로 5년 또는 10년 동안 하게 될 일들을 높은 확률로 알고 싶다는 바람"을 적었다.[15] 확률에 내맡긴 삶이 주는 타격은 막대했다.

그러나 유럽은 암흑 속으로 한없이 침잠해 갔다. 슈뢰딩거가 양자 고양이와 청산 가스 이야기를 소개하고 불과 몇 년 뒤, 나치 기술자들은 '치클론 B'라는, 이름만 다를 뿐 성분이 동일한 독가스를 가스실에서 사용하기 시작했다. 1942년 3월 강제수용소로 이송되기 직전, 슈뢰딩거의 《자연과학》 편집자인 아널드 베를리너는 결국 끔찍한 확실성을 선택하며 스스로 목숨을 끊었다.[16]

◆◇◆

슈뢰딩거가 양자역학을 무너뜨리려고 시도한 도전은 역설적으로 이제는 누구나 그 이론을 가르칠 때 친숙하게 사용하는 비유로 남았다. 양자역학의 핵심은 입자가 '중첩superposition' 상태로 존재하면서 서로 반대되는 두 가지 특징을 동시에 지닐 수 있다는 것이다. 우리는 일상에서 이것 아니면 저것을 선택해야 하는 순간을 맞이하지만, 적어도 양자역학이 기술하는 바에 따르면 자연은 '둘 다' 선택할 수 있다.

몇십 년 동안 물리학자들은 실험실에서 아주 작은 물질들을 구슬려 그것들이 '둘 다'를 선택하는 중첩 상태에 놓이게 하고, 그 속성을 조사하면서 가까스로 온갖 종류의 슈뢰딩거 고양이 상태를 만들어 왔다. 다음 장에서 소개하겠지만, MIT의 동료와 나는 최근에 일상적인 물질과 아주 약하게 상호작용하는 아원자 입자인 중성미자가 그런 고양이 상태로 수백 킬로미터를 이동할 수 있음을 입증했다.[17]

두 가지 상반된 운명을 맞이하는 슈뢰딩거 고양이의 이야기에는 이중의 역설이 있다. 첫째는 슈뢰딩거의 고양이가 물리학과 교실 안팎에서 가장 잘 알려진 양자역학의 사례임에도, 슈뢰딩거가 양자역학을 명확하게 하기보다는 비판하기 위해 그 고양이를 고안했다는 사실을 아는 이들은 많지 않다는 점이다. 둘째는, 이것이 더 중요한데, 너무나도 어처구니없고 위협적이어서 도무지 이해할 수 없는 당시의 세상이 슈뢰딩거의 고양이에 그대로 반영되었다는 점이다.

3장

유령 같은 입자, 중성미자
Operation: Neutrino

중성미자라는 보이지 않는 입자가 캐나다 국경에서 조금 떨어진 미네소타 북동부 매킨리파크 방향 169번 고속도로를 달리는 밴과 캠핑카를 매 순간 지나친다. 이 입자들은 시카고 외곽의 대규모 물리연구소인 페르미연구소^{Fermilab}에서 출발해 725킬로미터를 질주한 다음, 인구 446명의 미네소타주 수단이라는 마을에 위치한 지하 탄광 속 5톤짜리 강철판에 일부가 부딪히며 하전 입자들의 불꽃을 일으킨다. 캠핑카나 레저용 차량과 달리, 중성미자는 725킬로미터에 달하는 미국 중서부 북부를 3,000분의 1초 만에 가로지른다.

중성미자는 우주 구조에 필수적이다. 그 양도 어마어마해서 원자보다 10억 배나 더 많다. 중성미자는 큰 항성이 초신성으로 폭발하는 반응을 조절하고, 입자물리학을 지배하는 법칙의 단서들을 제공한다. 그러나 과묵한 성격이기에 가장 불가사의한 입자이기도 하다. 전기 전하가 없고 사실상 질량도 없어서 보통의 물질과는 아주 아주 약하게만 상호작용하기 때문이다. 엄지손톱 크기에 해당하는 1제곱센티미터 면적당 650억 개의 중성미자가 1초마다 당신도 모르는 사이에 당신의 몸을 통과한다.

물리학자들이 갖은 애를 쓰며 뒤쫓은 끝에, 서로 다른 방식으로 미묘하게 상호작용하는 세 종류의 중성미자가 식별되었다. 이들은 중성미자 진동neutrino oscillation, 즉 한 중성미자가 다른 중성미자로 바뀌는 희한한 성질이 있어서 공간을 가로지르는 동안에도 하나의 정체성을 버리고 다른 정체성을 가질 수 있다. 이 사실이 발견되면서 입자의 행동에 대한 표준적인 이론이 크게 확장되었다. 최근 동료들과 나는 중성미자의 이 미묘한 진동을 연구하며 물질의 심오한 미스터리를 탐험했다.

지금까지 수행된 양자역학 실험들 가운데 최장거리에 걸친 실험을 마무리하기 위해, 우리는 수단 갱도에서 검출된 중성미자 데이터를 분석했다. 구체적으로, 우리는 작은 중성미자가 초소형 중첩 상태(슈뢰딩거의 고양이 상태)에서 움직이는 것을 보았다. 이동 과정에서 중성미자는 고정된 한 가지 상태가 아니라 물리학자들이 식별한 세 종류의 중성미자가 양자역학적으로 혼합된 상태로 존재했다. 중성미자는 페르미연구소로부터 멀리 떨어진 수단 갱도에 도달해 측정되었을 때 비로소 한 가지 명확한 상태로 나타나는데, 이는 관찰자가 상자를 열고 들여다보았을 때 비로소 슈뢰딩거의 고양이가 살거나 죽거나 둘 중 하나로만 결정되는 것과 마찬가지다.

중성미자는 반세기도 지나지 않아 검출 가능한지도 알 수 없는 안개 같은 입자에서 물리학의 깊은 곳을 탐색하는 도구로 바뀌었다. 포상금이 걸린 사냥감에서 유용한 법의학 키트로 탈바꿈한 것이다. 그 과정을 되짚어가다 보면 핵 시대라는 드라마를 배경으로 자연에 관한 난해하고도 기묘한 설명을 암중모색한 물리학자들의 더 큰 이야기를 엿볼 수 있다.

◆◇◆

중성미자는 이탈리아의 물리학자 엔리코 페르미Enrico Fermi가 방사성 붕괴와 같은 핵반응을 설명하는 이론에 일조했던 1930년대에 처음 발견되었다. 페르미의 동료인 볼프강 파울리는 핵반응에 투입되는 에너지와 산출되는 에너지의 수지를 맞추기 위해 어쩔 수 없이 아직 발견되지 않은 새로운 입자를 가정했다. 페르미는 파울리의 아이디어를 완성하면서 이론상 전하를 띠지 않는 이 신비한 입자를 작은 중성자라는 뜻에서 '중성미자neutrino'라고 불렀다.[1]

당시 페르미를 비롯한 어느 누구도 이렇게 작은 물질을 직접 탐지할 수 있으리라고는 생각하지 못했다. 어쨌거나 당시 유럽에 확산된 파시즘은 그런 질문들을 빠르게 덮어버렸다. 국가 전시 동원령이 내려오면서 모든 분쟁 지역에서 물리학자들은 극비 프로젝트에 투입되었다. 한편 이탈리아에서는 나치에 고무된 인종법이 도입되면서 페르미의 가족이 위험에 처했다(페르미의 아내 로라가 유대인이었다). 1938년 말, 페르미는 노벨상 수상을 구실로 스톡홀름으로 가는 길에 영화 〈사운드 오브 뮤직Sound of Music〉에 버금가는 탈출에 성공하며 유럽을 빠져나가 미국으로 향했고, 그곳에서 초창기 맨해튼 프로젝트를 주도했다. 1942년 12월, 시카고에서 페르미가 이끄는 연구팀은 잘 제어된 상태에서 핵분열nuclear fission을 유도해 최초로 원자로를 임계점까지 끌어올렸고, 전쟁 중에는 원자로의 규모를 키워 원자폭탄에 쓰일 플루토늄을 생산해 냈다.[2]

전쟁이 끝나고 그동안 중단되었던 연구가 재개되자 물리학계에는 엄청난 변혁이 일어났다. 역사상 가장 피비린내 나는 무력 충돌이 히로시마와 나가사키에 핵무기가 떨어지면서 끝이 났다. 전쟁과 함께 미국 뉴멕시코주에 급하게 세워진 로스앨러모스 국립연구소는 맨해튼 프로젝트의 컨트롤 타워 역할을 했고,[3] 전쟁이 끝난 후에는 핵무기 개선과 확대를 주도하면서 물리학자들에게 새로운 신망과 자금을 주었다. 1950년 초의 이런 새로운 배경 아래, 로스앨러모스에서 중성미자를 찾으려는 최초의 시도가 본격화되었다.

프레더릭 라이너스Frederick Reines는 로스앨러모스 연구소의 젊은 물리학자로 태평양 한가운데의 에네웨타크 환초에서 신무기를 시험했다. 1951년 늦은 봄, 몇 번의 폭탄 시험을 마치고 돌아온 라이너스는 당시 연구소를 방문한 페르미와 중성미자에 관해 논의했다. 라이너스는 에네웨타크에서 시도하고 있는 대규모의 지상 핵폭발이라면 그 과정에서 중성미자가 흘러넘쳐 적어도 일부는 탐지할 수 있을지 모른다는 생각이 들었다.[4]

라이너스와 그의 로스앨러모스 연구소 동료인 클라이드 카원Clyde Cowan은 연구소장을 설득해 다음 폭탄 시험에서 중성미자 검출을 시도해도 좋다는 허락을 받았다. 계획은 이러했다. 먼저 폭발 지점 근처에 좁은 수직 갱도를 판 다음, 그 안에 1톤짜리 중성미자 검출기(스페인어로 괴물을 뜻하는 '엘 몬스트로El Monstro'라고 불릴 정도로 크다)를 매단다. 폭탄이 터지는 순간, 정교하게 설치된 전자 장치가 검출기를 떨어뜨리면 검출기는 폭발의 충격파가 주변의 땅을 울릴 때 수직 갱도 아래로 자유낙하 한다. 검출기를 폭파 지점에 너무 가깝게 설치하면 충격파에 의해 파괴되므로 위치를 잘 설정해야 하고, 충격파가 지나간 다음 검출기는 깃털과 고무 더미 위로 착륙한다. 수직 갱도 바닥에 떨어진 장비는 뜨거운 핵에서 나온 중성미자에 휩싸인다. 검출기는 거대한 통에 톨루엔 용액(페인트 희석제로 사용되는 유기 분자)이 채워진 상태인데, 그 안에 설치된 민감한 전자 장비는 미처 숨지 못한 섬광을 추적한다. 그 섬광은 수백조 개의 중성미자 중 하나가 운 좋게 액체에 부딪히면서 양전자positron, 즉 전자의 반물질 쌍둥이를 떨어져 나가게 했다는 뜻이다. 연구자들은 표면의 위험한 방사능이 적정한 수준으로 감소할 때까지 며칠을 기다린 다음, 폭발 지점에 45미터짜리 갱도를 파고 장비들을 회수한다.[5]

핵폭발을 이용한 실험을 준비하는 동안 라이너스와 카원은 중성미자를 조금은 덜 야단스럽게 사냥할 방법을 고안했다. 프로토콜을 다듬어 잘못된 수치들을 제거하기만 하면 검출기를 폭발하는 폭탄 아래가 아니라 원자로 옆에 설치하더라도 중성미자를 감지할 수 있다고 본 것이다. 두 연구자는 미국 워싱턴주 핸퍼드에 건설된 거대한 원자로에서 예비 시험을 진행했다. 핸퍼드 원자로는 페르미가 최초로 제작한 원자로의 초대형 버전이었다. 결과에 만족한 두 사람은 1955년 가을, 사우스캐롤라이나주 서배너강에 새로 세워진 더욱 강력한 원자로에 개선된 검출 장비를 설치했다. 서배너강의 발전소는 애초에 핵폭탄보다 수천 배나 더 파괴적인 수소폭탄 제작에 필요한 삼중수소를 생산하기 위해 지어진 곳이었다. 몇 달 후, 라이너스와 카원은 동료 과학자들 그리고 노벨상 위원회에게 마침내 이

그림 3.1. 1953년, 프레더릭 라이너스(왼쪽)와 클라이드 카원이 미국 워싱턴주 핸퍼드의 원자로를 사용해 중성미자 검출 예비 시험을 진행하고 있다.

신출귀몰한 중성미자가 포착되었다는 확신을 주는 작은 섬광을 측정하는 데 성공했다.[6]

◆◇◆

페르미의 조교였던 브루노 폰테코르보Bruno Pontecorvo는 이 실험을 발전시키는 데 특별한 관심을 보였다. 폰테코르보는 1930년대에 로마에서 페르미 연구팀의 막내로 연구를 시작하며(팀의 연장자들은 그를 '강아지'라고 불렀다), 페르미의 방사능과 아직 가설에 불과한 중성미자를 포함해 핵물리학의 신비에 푹 빠졌다. 유대인 대가족에서 자란 폰테코르보는 파시즘이 팽배한 이탈리아에서 더 이상 거주할 수 없게 되자 탈출을 감행했는데, 이 탈출 과정은 〈사운드 오브 뮤직〉에 가까운 페르미의 탈출 과정보다 〈카사블랑카Casablanca〉에 가까울 정도로 극적이었다. 처음에는 연구비를 지원받으며 파리에 머물렀고, 1940년 6월에는 나치의 탱크가 도시로 밀어닥치자 지방으로 내려가 끔찍한 야간 탈출을 시도했다. 그는 프랑스 남부에서 기차를 타고 스페인 마드리드까지 갔다가, 그곳에서 다시 포르투갈의 리스본으로 건너가 뉴욕으로 가는 증기선을 잡아탔다.[7]

북아메리카에 도착한 폰테코르보도 맨해튼 프로젝트에 참여했다. 그는 캐나다 몬트리올에서 작업 중인 영국 파견대에 합류했는데, 이 팀의 목표는 시카고의 페르미 원자로와는 다른 새로운 원자로를 완성하는 것이었다. 전후에는 영국 옥스퍼드 근처의 하웰에서 새로운 핵 연구 시설에 임용되어 원자로 연구를 계속했다. 그 무렵

원자로 밖으로 흐르는 중성미자를 감지할 계획을 제안했는데, 이는 라이너스와 카원이 같은 계획을 추진하기 몇 년 전이었다.

시몬 투르체티Simone Turchetti의 『폰테코르보 사건The Pontecorvo Affair』과 프랭크 클로스Frank Close의 『반감기Half-Life』가 반전을 거듭한 폰테코르보의 기이한 인생사를 기록한다. 폰테코르보는 페르미를 비롯한 로마 연구팀과 함께 특정 핵입자의 속도를 늦추어 핵반응의 속도를 증가시키는 기술의 특허를 보유한 발명자 가운데 하나였는데, 이는 전시에 원자로와 폭탄 제작에 필요한 핵분열을 일으키는 데 결정적인 기술이었다. 그러나 전쟁이 끝난 후 1935년 이탈리아에서, 그리고 1940년 미국에서 등록한 특허는 근본적으로 다른 양상을 띠었다.[8]

1949년, 로마 연구팀의 다른 팀원들이 미국 핵 단지 안의 확장된 기반 시설에 쓰인 자신들의 특허 기술에 대한 보상을 청구했다. 이 특허 논쟁으로 FBI가 조사에 나서면서, 이탈리아에서 공산주의자로 활동한 폰테코르보의 친척에 대한 해묵은 자료들이 발견되었다. 한편 몇 주 뒤, 하웰에서 폰테코르보와 함께 일한 클라우스 푹스가 전쟁 중 소련으로 연구 정보를 유출했다고 자백하는 사건이 벌어졌다. 푹스도 폰테코르보처럼 유럽 대륙에서 건너온 이민자였고 맨해튼 프로젝트에서 영국 대표단으로도 활동했기에 불현듯 두 사람의 관계는 더없이 수상하게 비쳤다.[9]

지금부터 존 르 카레의 첩보물에나 나올 법한 이야기가 펼쳐진다. 1950년 9월 초, 이탈리아에서 가족과 휴가를 보내던 폰테코르보는 로마에서 독일의 뮌헨으로, 다시 스웨덴의 스톡홀름을 거쳐 핀란드의 헬싱키까지 날아가 소련의 비밀 요원과 접선했다. 폰테코르보의 아내와 어린아이들을 한 차에, 폰테코르보를 다른 차의 트렁크에 실은 비밀 카라반이 숲을 지나 소련의 영토로 들어가 몇 시간 만에 레닌그라드에, 며칠 만에 모스크바에 도착했다. 영국과 미국 정부는 몇 주가 지나서야 그 사실을 알게 되었다. 마침내 미국 원자력공동위원회US Joint Congressional Committee on Atomic Energy는 『소비에트 핵무기 스파이Soviet Atomic Espionage』라는 두꺼운 보고서를 발간하며, 폰테코르보의 변절이 푹스의 배신보다 피해가 더 심하지 않을 뿐 훗날 에델 로젠버그Ethel Rosenberg와 줄리어스 로젠버그Julius Rosenberg 부부를 처형시킨 스파이 혐의보다 죄질이 훨씬 나쁘다고 주장했다.[10]

충격적인 기사가 영국과 미국을 휩쓰는 동안 폰테코르보는 모스크바 외곽 두브나에 있는 거대한 핵 연구 시설에 새롭게 둥지를 틀었다. 프랭크 클로스가 폰테코르보의 개인 일지를 바탕으로 폭로한 것처럼, 폰테코르보는 소련의 비밀 핵무기 프로젝트에 꽤 오랫동안 참여해 왔다. 하지만 곧 그에게도 기초 연구에 매진할 여유가 생겼는데, 라이너스와 카원의 소식을 듣자마자 그의 관심은 다시 오랜 시간 그리워하던 중성미자에 쏠렸다.[11]

1957년에 폰테코르보는 한 저명한 소련 물리학 학술지에 논문을 발표하고 중성미자가 서로 다른 변형, 즉 '맛깔flavor' 사이를 오고 갈 수 있다고 제시했다. (이 논문은 당시 미 중앙정보국의 허가를 받아 미국에서도 번역되었다.)[12] 폰테코르보는 연이어 발표한 여러 편의 논문에서 중성미자가 어느 정해진 하나의 맛깔이 아니라 두 맛깔의 중첩 상태로 존재한다는 양자역학에 근거해 이 개념을 발전시켰다. (당시에는 두 종류의 중성미자만을 고려했다.) 중성미자 입

그림 3.2. 1955년 3월, 가족과 함께 변절한 브루노 폰테코르보가 소련으로 망명한 후 모스크바의 거리를 거닐고 있다.

자 하나는 측정 시에는 한 가지 특정한 맛깔로 관측되지만, 측정과 다음 측정 사이에는 고정된 정체성을 갖지 않는다. 입자의 일부는 이 맛, 일부는 저 맛을 지니며 확률적으로 미결정인 상태로 존재하는 것이다.[13] 유동적이거나 불확실한 정체성은 심문관들로부터 '당신은 현재 또는 과거에 x였던 적이 있습니까?'라는 질문으로 압박

받기 십상이었던 매카시 시대였다는 점을 생각해 보면,[14] 양자역학의 세계와 인간 세상의 규칙은 서로 얼마나 달랐던가. (한편 폰테코르보 자신은 페르미 연구팀의 어린 '강아지'에서 소련 국가보안위원회 KGB 소속의 '학술위원 브루노 막시모비치 폰테코르보'로 여러 신분을 빠르게 이동했다.)

폰테코르보 이론의 가장 큰 초기 수익은 태양에 대한 이해가 깊어진 것이었다. 태양의 중심은 거대한 원자로라고 볼 수 있는데, 물리학자들은 핵물리학 이론을 활용해 태양에서 오는 중성미자의 검출량을 높은 정확도로 예측할 수 있었다. 그러나 라이너스-카원의 첫 실험을 이어받아 보다 정교하게 진행한 후속 실험에서는 태양의 중성미자를 예측량의 3분의 1밖에 발견하지 못했다. 한편 1960년대 후반 미국과 소련 간의 긴장이 완화되던 시기에 폰테코르보는 비로소 자신의 발상을 서방의 동료와 직접 나눌 수 있었다. 이제 그는 중성미자가 세 가지 맛깔 사이를 오간다고 계산했다. 그것이 맞다면, 지금까지 맛깔들 중에서 하나만을 탐지했던 태양 중성미자 검출기의 결과에 그동안 실험자들이 거듭 찾아낸 중성미자의 수도 추가해야 했다. 수년간 데이터가 축적되면서 패턴이 확인되었고, 마침내 의심꾼들에게도 확신을 주었다.[15]

그러나 태양의 중성미자를 확인한 것은 중성미자 진동의 간접적인 증거일 뿐이었다. 현장에서 입자를 포착하는 것이 다음 도전이었다. 전 세계 연구자들은 점점 더 큰 검출기를 땅속에 묻었고, 급기야 라이너스와 카원이 처음 설계한 것보다 수천 배나 더 큰 검출기까지 등장했다. 1990년대 후반에서 2000년대 초반까지 일본의 슈퍼카미오칸데Super Kamiokande와 캐나다 온타리오의 서드베리중성미자관측소Sudbury Neutrino Observatory, SNO가 각각 중성미자 진동의 설득력 있는 증거를 수집했다. 진동의 존재는 당시의 지배적인 이론이 예측한 바대로 중성미자에 질량이 있다는 사실을 드러냈다. 그질량의 기원과 성격은 물리학에서 여전히 탐구 중인 주요 과제다. 또한 자연계에 존재하는 중성미자의 맛깔 수가 3개인지도 물리학자들이 계속 시험하고 있다. 만약 3개보다 많다면, 지금까지 40년 넘도록 기본 입자들elementary particles이 관여하는 모든 실험을 성공적으로 기술해 온 입자물리학의 표준 모형이 불완전하다는 결정적인 증거가 될 것이다.

SNO와 슈퍼카미오칸데는 2015년에 두 연구팀을 대표하는 물리학자 아서 맥도널드Arthur McDonald와 가지타 다카아키Kajita Takaaki에게 노벨상을 안겨주었다. 그로부터 3주 후에는 해마다 수여하는 기초 물리학 혁신상이 두 팀에 속한 1,400여 명의 물리학자에게 300만 달러의 상금을 주었다.[16] 내 친구이자 MIT 동료인 조지프 포마지오Joseph Formaggio는 SNO 공동 연구팀 소속인데, 자신이 받은 상금으로 평소 마시던 것보다 훨씬 비싼 와인을 샀다.

중성미자에 관한 연구는 표준 모형 너머의 가능성을 제기하기에 그 어느 때보다 흥미진진하다. 그러나 중성미자에 대한 나의 관심은 포마지오가 중성미자를 다르게 사용할 방법이 있다고 제안하면서 시작되었다. 이는 양자역학의 핵심 교리에 대한 시험이기도 했다.

1950년대 당시, 폰테코르보는 중성미자가 맛깔을 바꾸는 방식이 슈뢰딩거의 반은 죽고 반은 살아 있는 고양이와 대단히 유사하다고 제안했다. 그렇다면 중성미자 진동은 양자 중첩을 탐구하는 강력한 수단으로 쓰일 수도 있었다. 포마지오는 여러 맛깔이 뒤섞인 중성미자 혼합물로 그 입자들이 이동하는 동안에는 계속 변하다가 측정되는 마지막 순간에 하나의 맛깔로 결정되는 과정을 분석할 수 있다는 데 생각이 미쳤다. 학부생 탈리아 바이스^{Talia Weiss}, 대학원생 미콜라 머스키즈^{Mykola Murskyj}와 함께 포마지오와 나는 본격적인 연구에 들어갔다.

정확히 양자 중첩의 개념에 바탕을 둔 폰테코르보의 중성미자 진동 이론은 최근에 수행된 실험 데이터와 훌륭하게 일치한다. 그러나 이런 궁금증이 든다. 다른 이론으로도 같은 데이터를 도출할 가능성은 없을까? 어쩌면 아인슈타인과 슈뢰딩거의 희망을 담은, 중첩이란 존재하지 않으며 입자는 어떤 순간에도 늘 확실한 성질을 띠고 있다고 말하는 다른 이론이 폰테코르보의 중성미자 진동 이론만큼이나 실험 데이터를 잘 설명할 수도 있지 않을까? 포마지오가 제시한 개념은 다음과 같았다. 중성미자가 실제로 양자 중첩에 지배받으며 '이것 아니면 저것'의 상태가 아니라 '그 둘 다'의 상태로 우주를 통과한다면, 검출기가 특정 맛깔을 측정할 확률은 각각의 중성미자가 매 순간 하나의 확실한 정체성을 띠며 시간에 따라 서로 다른 정체성을 오고 갈 때 검출기가 그 맛깔을 측정할 확률과는 양적으로 다르다.

분석 과정이 조금 복잡하기는 하지만 본질적으로는 간단한 관찰의 문제였다. 양자역학에 따르면, 특정 맛깔의 중성미자를 검출할 확률은 마치 파동처럼 시간과 공간에서 확산된다. 중성미자의 특정 맛깔과 관련된 파동은 또 다른 맛깔의 파동과는 조금 다른 주파수로 발달한다. 중첩 상태에서는 중성미자의 서로 같지 않은 파동이 연못 표면에서 중첩한 물결이 서로 간섭하는 것과 마찬가지로 서로 간섭한다. 중성미자가 이동 중 어떤 때는 확률 파동들의 마루가 서로 나란히 가고, 또 어떤 때는 한 파동의 골이 다른 파동의 마루를 상쇄하는 것이다.[17]

이 모든 것이 충분히 측정할 수 있는 현상을 낳는다. 마루와 마루가 만나는 곳에서는 특정 맛깔을 탐지할 확률이 커진다. 반면 골이 마루를 상쇄하는 곳에서는 그 확률이 떨어진다. 게다가 마루와 마루가 만나는 장소에서는 간섭 패턴이 중성미자의 에너지도 바꾼다. 반면 아인슈타인이나 슈뢰딩거가 주장하는 것처럼 중첩을 부정하는 경쟁 이론에서는 그런 간섭 패턴이 일어나지 않는다. 우리는 중성미자가 중첩 상태로 이동하는지 아닌지에 따라 중성미자의 에너지가 달라진다는 점을 고려해 특정 맛깔로 검출되는 중성미자의 수에 대한 서로 다른 예측 패턴을 계산했다. 그런 다음 그 값을 페르미연구소에서 2005년부터 미네소타주 수단의 갱도로 중성미자 빔을 발사한 주분사기 중성미자 진동 연구Main Injector Neutrino Oscillation Search, MINOS 데이터와 비교했다.

양자역학의 계산 값은 MINOS 데이터와 기가 막히게 맞아떨어진 반면, 아인슈타인식 예측 값은 실험 값의 근처에도 가지 못했다.

실험 결과를 왜곡할 수 있는 불확실성이나 통계적 우연을 고려하더라도 중성미자가 중첩 없는 순수한 아인슈타인식 물질 이론을 따를 가능성은 10억분의 1도 되지 않았다.[18]

중첩과 같은 양자 효과는 대개 수십 또는 수백 나노미터라는 극단적으로 짧은 거리에서만 확실하게 나타나지만, 우리의 실험은 725킬로미터라는 거리에서도 명백한 양자의 기이함을 입증했다. 이것은 시작일 뿐이다. 어쨌든 우리는 태양에서 출발한 중성미자로 둘러싸여 있으며, 남극의 아이스큐브중성미자관측소IceCube Neutrino Observatory와 같은 최첨단 실험실에서는 이제 빅뱅 이후로 수십억 년간 우주를 달려온 원시 중성미자까지 탐지할 수 있다. 이렇게 대단한 거리를 횡단한 중성미자도 잘 구슬리기만 한다면 양자 중첩의 확실한 증거를 드러낼 것이다. 그렇다면 우리는 양자역학의 이 핵심적인 특징을 광활한 우주 자체에서 시험하게 되는 것이다.

진동하는 중성미자의 기묘한 춤을 풀어나가면서 동료들과 나는 그 동화 같은 기묘함에도 불구하고 양자역학의 예측이 미세한 입자 차원이 아닌 인간 차원의 거리에서도 유효하다는 것을 발견했다. 중성미자가 보여준 페르미연구소부터 수단 갱도까지의 여정은 폰테코르보가 삶의 극적인 순간에 로마에서 파리로, 헬싱키에서 모스크바로 숨어 들어간 거리와 비슷하다. 이 정도 거리라면 우리는 세계가 정말로 양자 중첩에 의해 지배된다고 자신 있게 말할 수 있다.

4장

코스믹 벨: 우주에서 양자역학 실험하기
Quantum Theory by Starlight

빈의 도심 한복판에 있는 오스트리아 국립은행 본부는 보안이 특히 철저한 곳이다. 평일에는 건물 지하실에서 직원들이 유로화를 쌓아두고 품질을 테스트하느라 분주하다. 그러나 2016년 4월의 어느 밤에는 은행 한 구역에서 전혀 다른 시험이 진행되었다. 임시 신분증을 목에 건 젊은 물리학자들이 은행 측의 허가를 받고 민감한 전자장비를 잔뜩 들쳐 멘 채 꼭대기 층으로 올라갔다. 그곳에서 그들은 망원경 한 쌍을 조립했다. 한 대는 하늘 멀리 우리은하에 있는 어느 항성을 조준했고, 다른 한 대는 몇 블록 떨어진 건물 옥상에서 쏘는 레이저 광선을 탐지하기 위해 도심을 향했다. 이런 천문학 장비들을 동원해 찾으려는 장난감은 아주아주 작은 것이었다. 이들은 양자역학을 시험할 새로운 방법을 모색하고 있었다.

양자물리학이 참으로 요상하다는 것은 괜한 과장이 아니다. 양자역학의 주요 설계자였던 알베르트 아인슈타인과 에르빈 슈뢰딩거조차 이 이론이 너무나도 이질적이어서 완전히 맞다고 볼 수는 없다고 판단했을 정도니까. 떨어지는 사과에서부터 은하의 움직임까지 만물의 행동을 훌륭하게 설명한 뉴턴 역학이나 아인슈타인의 상대성이론과는 달리, 양자역학은 다양한 사건에 관해 확실한 예측값이 아닌 확률만을 제공한다. 아인슈타인은 양자역학이 물리적 대상을 있으면서 없는 것으로, 또는 살아 있으면서 죽어 있는 슈뢰딩거의 상상 속 고양이처럼 순전한 확률 덩어리로 취급한다며 거부했다. 하지만 사실 양자역학에서 가장 기이한 것은 슈뢰딩거가 '얽힘entanglement'이라고 이름 붙인 현상이다. 양자역학의 방정식은 특정한 상황에서 한 아원자 입자의 행동이 말 그대로 다른 아원자 입자의 행동에 완전히 얽매여 있음을 함축한다. 얽혀 있는 두 입자가 서로 방의 반대편에 있든, 지구 반대편에 있든, 아니면 지구와 안드로메다은하의 거리만큼 떨어져 있든 상관없다. 한 입자의 행동은 얽혀 있는 다른 입자의 행동에 즉각적으로 영향을 미친다. 하지만 아인슈타인이 이미 빛보다 빠르게 이동하는 것은 없다고 밝혔듯이 두 입자가 즉각적으로 서로 소통하지는 못한다. 아인슈타인이 친구에게 보내는 편지에서 양자 얽힘을 가리켜 "유령 같은 원격 작용spooky actions at a distance"이라고 깎아내렸다. 그가 보기에 이 개념은 존중할 만한 과학이 아니라 떠도는 귀신 이야기에 가까웠다.[1] 그러면 이를 어떻게 설명하면 좋을까?

물리학자들은 이론의 가상적인 요소들을 보다 명확히 설명하고자 할 때 보통 쌍둥이를 소환한다. 예를 들어, 아인슈타인은 상대성 이론에 이른바 '쌍둥이 역설'을 도입해 시공간을 빠르게 이동하는 사람이 어떻게 자신의 쌍둥이보다 천천히 나이 먹게 되는지를 설명한다. (한편 쌍둥이에 대한 슈뢰딩거의 관심은 아무래도 학문과는 거리가 멀었고, 자기 나이의 절반보다도 어린 정거 자매에게 꽂혀 있었다.[2]) 사실 나와 아내에게는 둘 다 쌍둥이 형제가 있어서 양자 얽힘의 이상한 춤을 이해할 때 도움이 되었다.

◆◇◆

우리의 양자 쌍둥이를 엘리와 토비라고 부르자. 엘리는 미국 매사추세츠주 케임브리지에 있는 한 식당에 들어간다. 같은 시각 토비는 영국의 케임브리지에 있는 다른 식당에 들어간다. 두 사람이 각자 식사를 마칠 무렵 종업원은 그들에게 다가가 후식을 권한다. 브라우니와 쿠키 중 하나를 선택할 수 있는데, 엘리는 둘 다 싫어하지 않으므로 아무것이나 고른다. 토비도 식성이 까다롭지 않은 편이라 누나처럼 별생각 없이 둘 중 하나를 선택한다. 두 사람은 식당이 마음에 들었는지 일주일 뒤에 다시 방문하는데, 이번에는 디저트가 아이스크림 또는 요거트다. 이번에도 쌍둥이 남매는 기분 좋게 (적어도 겉으로 보기에는 무작위적으로) 둘 중 하나를 고른다.[3]

그 후로도 엘리와 토비는 각자 식당을 찾아가 식사를 하고, 후식으로 쿠키와 브라우니, 또는 아이스크림과 요거트 중 하나를 선택해 먹고 그 내용을 기록한다. 그해 추수 감사절, 포동포동해진 얼굴로 오랜만에 다시 만난 쌍둥이 남매는 서로의 노트를 비교하고 경악하고 만다. 엘리는 미국에, 토비는 영국에 있었음에도 이들의 선택에 어떤 패턴이 나타난 것이다. 양쪽 식당에서 후식으로 브라우니와 쿠키를 권했을 때 남매는 대개 같은 것을 주문했다. 한쪽은 과자류, 한쪽은 빙과류가 나왔을 때는 토비가 아이스크림, 엘리가 브라우니를, 또는 반대로 엘리가 아이스크림, 토비가 브라우니를 선택했다. 하지만 둘 다 빙과류를 제안받은 날에는 한 사람은 아이스크림, 다른 사람은 요거트, 이렇게 서로 다른 후식을 골랐다. 이런 식으로 토비가 특정 디저트를 주문하는 확률은 바다 건너에 있는 엘리의 주문과 밀접한 관계가 있는 것처럼 보였다. 정말 유령이라도 있는 것처럼 오싹하지 않은가.

아인슈타인은 우리가 어떤 것을 측정하기로 결정하는 것과 무관하게 모든 입자는 명확한 속성들을 갖는다고 보았다. (프린스턴에서 함께 동네를 산책하던 동료에게 정말로 누군가가 하늘을 쳐다볼 때만 달이 있다고 생각하느냐고 다그친 것으로도 유명하다.[4]) 또한 그는 국소적인local 작용이 국소적인 결과만을 낳는다는 확고한 신념을 갖고 있었다. 즉, 우리의 양자 쌍둥이 이야기에서 종업원이 엘리에게 어떤 후식을 제공하든 식사 때마다 토비에게는 자기만의 확실한 취향이 있었다는 말이다. 어떤 정보도 빛보다 빠르게 이동할 수 없다면, 쌍둥이는 서로 아주 멀리 떨어져 있으므로 토비는 엘리가 무엇을 주문했는지 알 길이 없고, 따라서 토비의 주문은 엘리의 주문과는 전혀 관계가 없다는 것이다. 상대성이론은 A의 행동이 B의 행동에 영향을 미치는 속도의 상한선을 제한하므로, 토비는 식당에

갈 때 이미 메뉴 결정에 필요한 모든 정보를 가지고 있어야 한다. 엘리가 무엇을 주문했는지에 따라 자신의 메뉴를 결정할 시간이 없다는 말이다.

1964년, 아일랜드 물리학자 존 벨John Bell은 아인슈타인의 세계와 양자역학의 세계 사이에 통계적 차이가 있음을 찾아냈다.[5] 아인슈타인이 옳다면, 얽힌 입자 한 쌍을 측정한 결과가 서로 일치할 빈도는 낮아야 한다. 즉, 토비의 후식 주문과 엘리의 후식 주문이 서로 연관성을 나타낼 가능성이 엄격히 제한되어 있다는 말이다. 그러나 벨은 양자역학이 옳다면 두 주문이 상관관계를 가지는 빈도가 훨씬 높을 수밖에 없다는 것을 보여주었다. 지난 40년간 연구자들은 이러한 벨의 정리Bell's theorem의 한계를 시험해 왔다. 이들은 엘리와 토비 대신 광자들과 같은 특별한 입자 쌍을 사용했다. 후식 주문을 받는 친절한 종업원 대신 편광(광자의 전기장이 특정 방향으로 진동하는 것) 같은 물리적 속성을 측정하는 기구들이 동원되었다. 현재까지 발표된 모든 시험에서 측정값은 양자론의 예측과 정확히 일치한다.[6]

그러나 처음부터 물리학자들은 자신들의 실험 결과에서 빠져나갈 수 있는 다양한 구멍을 모르지 않았고, 설사 양자역학이 틀리고 얽힘이 그저 근거 없는 망상이라 할지라도 다른 방식으로 관찰 결과를 설명할 수 있음을 잘 알고 있었다. 첫째, 국소성locality으로 알려진 구멍은 정보의 흐름과 관련 있다. 한쪽에서 첫 번째 입자가 측정된 다음 그 정보를 반대편에 있는 다른 입자의 측정이 끝나기 전에 전달할 수 있다면 어떨까? 두 번째 구멍은 통계와 관련 있다. 측정된 입자들이 처음부터 편향된 표본이었다면 어떨까? 측정된 입자들이, 말하자면, 보이지 않는 수천 가지 평범한 주문들 중에서도 유난히 이상한 주문들이었다면 어떨까? 물리학자들은 이런 구멍들에 독창적으로 접근했고, 2015년 이후의 몇몇 훌륭한 실험들은 두 구멍을 한꺼번에 메웠다.[7]

하지만 세 번째 큰 구멍이 있었다. 이것은 벨 자신도 간과한 것이다. 바로 '선택의 자유'로서, 과거에 일어난 어떤 사건이 앞으로 있을 측정의 선택을 한쪽으로 유도하거나 예고함으로써 얽힌 입자 쌍의 행동에 영향을 준다는 개념이다. 다시 비유를 들자면, 만약 엘리와 토비가 과자류와 빙과류가 제공되는 순서를 미리 알고 있었더라면 선택한 후식의 종류가 특정한 패턴을 보이도록 미리 계획을 짤 수도 있다. (1935년에 슈뢰딩거가 비판했듯이, 시험지 사본을 미리 받아본 학생이 시험을 잘 보는 것은 전혀 놀라운 일이 아니다.[8]) 국소성 구멍이 식당에서 다양한 후식이 제공되는 동안 엘리와 토비, 또는 그들의 종업원들이 서로 소통한다고 본다면, 선택의 자유 구멍은 제삼자가 미리 종업원의 제안을 추측하거나 (이상한 표현이기는 하지만) 그들의 손에 억지로 특정 후식을 쥐여주었을 것이라고 가정한다. 최근 동료들과 내가 해결하고자 한 것이 바로 이 세 번째 구멍이었다.

2012년 가을에 이르러 나는 선택의 자유 구멍에 관해 생각하기 시작했다. 그때는 아직 이 주제가 물리학자들의 주요 관심사로 떠오르기 전이었고, 그 무렵 나는 벨의 정리의 초기 역사와 최초로 실험실에서 양자 얽힘을 시험한 시도에 관한 책을 막 마무리 지은 참이었다.[9] 집필을 끝낸 나는 MIT에 갓 도착한 박사후 연구원 앤드루 프리드먼Andrew Friedman과 빅뱅 이후의 초기 우주가 보이는 행동을 설명하는 다양한 이론적 모델을 연구하는 데 집중했다. MIT에 적응해 가던 어느 날, 프리드먼은 대학원 동료였던 제이슨 갈리치오Jason Gallicchio를 만나 저녁을 먹었다. 갈리치오는 당시 남극망원경 공동 연구를 시작해 남극 기지의 과학 책임자로서 '월동' 근무를 하러 조만간 멀리 떠날 예정이었다. (천문학자들은 겨울의 극지 근무에 관해 이런 농담을 즐겨한다. "거기에 가서 딱 하룻밤만 일하고 오시오. 그 밤이 6개월 동안 안 끝난다는 게 문제이지만.")

남극으로 가기 위해 케임브리지를 떠나기 전 갈리치오는 우주의 광막함과, 천문학자와 우주학자가 최근 수십 년간 시공간의 구조에 관해 알게 된 것들을 하나하나 되새겨 보았다. 인간의 관점에서 빛은 초속 30만 킬로미터라는 말도 안 되는 속도로 움직이지만, 오랜 시간 팽창해 온 우리 우주는 그에 비해서도 너무나도 크다. 천문학자들이 신중하게 측정하고 기록한 밤하늘의 희미한 별빛들 가운데 일부는 우주의 역사가 시작한 무렵부터 아무런 방해도 받지 않고 지구로 날아든, 아주 멀리 있는 물체로부터 나온 것이다.

프리드먼과 갈리치오는 그날 밤 햄버거를 먹으며 머리를 맞댔다. 우주의 이 거대한 규모를 양자역학을 시험하는 데 활용할 수는 없을까? 아주 먼 거리에 있는 물체에서 출발한 빛을 측정하고 그 결과에 따라 여기 지구에서 한 쌍의 얽힌 입자에 대해 어떤 측정을 할지를 결정해 보면 어떨까? 이 경우에는 엘리와 토비의 식당 종업원들은 주방에서 동전을 던지는 대신 아주 멀리 떨어진 곳에서 아주 오래전에 일어난 사건을 바탕으로 내놓을 후식의 종류를 결정할 것이다. 동전은 종업원이 엘리와 토비의 주문을 받을 때 그 근처에 숨어 있는 어떤 메커니즘에 의해 영향을 받을지도 모르지만, 천문학적 신호는 멀고도 먼 우주 반대편에서 오는 것이다.

존 벨의 연구와 우주론에 대한 내 관심을 잘 알고 있던 프리드먼은 갈리치오와 함께 생각한 이 내용을 공유해 주었다. 프리드먼은 MIT의 내 사무실 아래층에서, 갈리치오는 지구 밑바닥에 새롭게 둥지를 튼 채로 우리 셋은 연구에 들어갔다.[10] 가장 큰 행운은 벨의 부등식Bell's inequality을 새롭게 시험할 방식으로 연구 제안서를 막 끝냈을 때 찾아왔다. 우연이든 또는 얽힘의 미묘한 작용 덕분이든, 때마침 오스트리아 물리학자 안톤 차일링거가 MIT를 방문해 물리학과에서 강연할 일정이 잡혔다. 차일링거는 벨의 부등식을 포함해 양자역학의 가장 이상하고도 매력적인 속성을 대단히 독창적으로 실험해 온 훌륭한 경력의 소유자였다.[11] 나는 차일링거의 MIT 방문 일정에 맞추어 시간을 비워놓았다. 약속 당일, 프리드먼과 나는 차일링거에게 천문학적인 수준에서 얻는 무작위성을 이용해 벨의 부등식을 시험하겠다는 계획을 알렸다. 우리의 장황한 설명을 듣던 차일링거의 얼굴은 나와 프리드먼의 얼굴처럼 환하게 밝아졌다. 차일링거의 연구팀은 선택의 자유 구멍에 관한 중요한 프로젝트를 막 마친 참이었는데, 우리의 신선한 접근법을 꽤나 반기는 것 같

그림 4.1.　2014년 10월, MIT 근처에서 점심을 먹으며 코스믹 벨 공동 연구가 시작되었다. 왼쪽에서부터 앤드루 프리드먼, 제이슨 갈리치오, 안톤 차일링거, 데이비드 카이저.

았다.[12] 우리는 곧바로 연구팀을 결성했고, 그렇게 '코스믹 벨Cosmic Bell'이라는 이름의 공동 연구가 탄생했다.

◆◇◆

2016년 4월, 우리는 슈뢰딩거의 고향인 오스트리아 빈의 세 곳에서 첫 실험을 시도했다. 오스트리아 양자광학양자정보연구소Institute for Quantum Optics and Quantum Information의 차일링거 연구실이 소유한 레이저 하나가 얽힌 광자 쌍을 제공했다. 북쪽으로 1.2킬로미터 떨어진 곳에 있는 한 대학교 건물에서 토머스 샤이들Thomas Scheidl과 동료들이 망원경 두 대를 설치했다. 한 대는 연구소를 바라보며 얽힌 광자

쌍을 받았고, 나머지 한 대는 밤하늘의 특정 별을 바라보도록 고정되었다. 연구소에서 남쪽으로 몇 블록 떨어진 오스트리아 국립은행 건물에서도 요하네스 핸드스타이너Johannes Handsteiner가 이끄는 다른 팀이 샤이들 팀과 마찬가지로 두 대의 망원경을 설치한 다음, 한 대는 연구소를 향하고 나머지 한 대는 남쪽 하늘을 가리켰다.

연구팀의 목적은 우리가 두 입자 중 하나에 수행하는 측정 방식이 다른 입자를 평가하는 방식과 관계가 없는 상태에서 얽힌 입자 쌍을 측정하는 것이었다. 핸드스타이너가 맡은 별은 지구에서 600광년 떨어진 것이었는데, 이는 그의 망원경이 받을 별빛이 600년을 달려온 것이라는 뜻이다. 우리는 몇 세기 전 어느 순간 별이 방출한 빛이 차일링거의 실험실이나 샤이들의 대학교 건물까지 가기 전에 핸드스타이너의 망원경에 먼저 도달할 수 있도록 신중하게 별을 선택했다. (이렇게 하면 엘리의 종업원은 지구에서 1,000조 킬로미터 떨어진 곳에서 발생한 사건을 바탕으로 선택된 후식을 제공하는 셈인데, 어떤 후식이 제공될지는 엘리도, 토비도, 토비의 종업원도 예견할 수 없는 것이다.) 한편 샤이들이 설치한 망원경의 목표 항성은 거의 2,000광년이나 떨어진 것이었다. 두 팀의 망원경에는 특정한 기준의 파장보다 더 붉거나 더 푸른 광자를 극도로 빠르게 구분할 수 있는 특별한 필터가 장착되었다. 특정 순간에 핸드스타이너의 망원경이 받은 별빛이 기준 값보다 붉다면, 그곳에 있는 장비는 차일링거 연구소에서 밤하늘을 가로질러 막 날아든 얽힌 광자 하나에 대해 A라는 측정을 수행할 것이다. 망원경이 받은 별빛이 기준보다 더 푸르다면, B라는 측정이 수행될 것이다. 같은 실험이 샤이들 망원경

쪽에서도 실시되었다. 두 장소에 각각 설치된 검출기의 설정은 별에 대한 새로운 관측 내용에 따라 수백만분의 1초마다 달라질 것이었다.[13]

핸드스타이너의 측정 장소와 샤이들의 측정 장소를 상대적으로 멀리 떨어뜨려 놓음으로써 우리는 선택의 자유 구멍뿐만 아니라 국소성 구멍까지 다룰 수 있었다. (물론 우리는 차일링거 연구소에서 방출한 모든 얽힌 광자 중에서 극히 일부만을 검출하면서 우리가 측정한 이 광자가 공정한 표본이라고 가정해야 했다.) 우리는 그날 밤 총

그림 4.2.　2016년 4월, 우리의 첫 코스믹 벨 시험을 준비하기 위해 요하네스 핸드스타이너가 오스트리아 국립은행 꼭대기 층에 장비를 설치하고 있다. 사진 속 창문을 향하고 있는 망원경은 우리 은하의 어느 밝은 별에서 오는 빛을 수집한다. 복도 반대편에 있는 장비는 안톤 차일링거 연구소 지붕에서 밤하늘에 발사한 얽힌 광자를 검출해 측정한다.

두 차례에 걸쳐서 먼저 3분 동안 한 쌍의 별에 망원경을 조준하고 그다음 또 다른 한 쌍의 별에 3분 동안 조준했다. 그리고 각각의 과정에서는 총 10만 개의 얽힌 광자 쌍이 탐지되었다. 두 실험의 결과는 벨의 부등식이 허락하는 수준을 훨씬 넘어서는 상관관계를 보이며 양자역학의 예측과 더없이 아름답게 일치했다.[14]

아인슈타인의 개념을 신봉하는 이들은 이 결과에 어떻게 반응할까? 어쩌면 공정한 표본이라는 우리의 가정이 틀렸을 수도 있고, 어떤 정체 모를 이상한 메커니즘이 정말로 선택의 자유 구멍을 이용해 한 수신 기지에 다른 수신 기지가 받을 문제를 미리 알려주었을지도 모른다. 그런 기이한 시나리오를 배제할 수는 없지만, 적어도 강하게 억제할 수는 있다. 이 실험 결과를 양자역학이 아닌 다른 방식으로 설명하려면, 앞서 이야기한 모든 측정의 설정과 결과를 조정하는 가상의 메커니즘이 그날 밤 우리 팀에서 관찰한 빛이 별에서 방출되기 전부터 작동했어야 한다. 아주 오래전에 멀리 떨어진 곳에서 일어난 사건, 즉 몇백 광년 떨어진 곳에서 몇백 년 전에 방출한 빛에 근거하는 측정을 선택함으로써 우리 실험은 선택의 자유 구멍을 해결하려던 기존의 시도보다 10^{16}배 향상된 결과를 얻었다. 핸드스타이너 팀이 그날 관찰한 별빛은 잔 다르크가 어린 시절, 친구들에게 조니라고 불리던 600년 전에 방출된 것이었다.

◆◇◆

인간의 관점에서 600년은 긴 시간이지만 우주의 역사에서는 눈 깜

짝할 시간에도 미치지 못한다. 어쨌든 관찰 가능한 우주는 거의 140억 년 동안 줄곧 팽창해 왔으니까. 빈에서의 실험 결과에 고무된 차일링거는 카나리아섬 라팔마에 있는 세계적인 로크데로스무차초스천문대의 망원경을 확보했다. 이 천문대에는 세계에서 가장 큰 광학 망원경이 설치되어 있다. 우리가 빈에서 예비 실험에 사용한 망원경은 프리드먼과 갈리치오와 함께 MIT에서 차일링거를 만나 우리의 첫 실험에 필요한 장비를 설명하면서 보여준 저렴한 아마추어용으로서, 천문 잡지 《하늘과 망원경Sky and Telescope》에 광고된 제품이었다. 하지만 라팔마에서는 직경 4미터가 넘는 거울이 달린 거대한 망원경을 사용할 수 있었다. 그처럼 거대한 표면으로는 훨씬 더 멀리 있는 물체가 보내는 훨씬 더 희미한 빛까지 모을 수 있었다.

기회는 2018년 1월에 왔다. 라팔마의 대형 망원경을 찾는 천문학자들이 워낙 많은 데다, 우리는 같은 시간에 두 대를 다 사용해야 했기에 상대적으로 비수기에 배정될 수밖에 없었다. 천문학자들이 이 시기를 기피하는 이유는 얼마 지나지 않아 알 수 있었다. 천문대가 산꼭대기에 위치했는데, 우리에게 예정된 일정 중에서 처음 며칠은 진눈깨비와 우박으로 아예 시도조차 불가능했다. 아닌 게 아니라 첫날 저녁에는 당장 관측소에서 나와 고도가 낮은 본부 건물로 피신하라는 경고까지 전달받았다. 본부로 가는 임시 도로는 스노체인을 달지 않은 우리 렌터카로는 운전할 수 없었다. 다행히 마지막 날 저녁에는 운이 따라주어 두 대의 망원경이 모두 문제 없이 작동했고, 우리는 서로 다른 두 퀘이사로부터 오는 빛을 실시간으

그림 4.3. 라팔마의 로크데로스무차초스 천문대에 있는 두 대의 대형 천체 망원경. 우리 연구팀이 2018년 1월 코스믹 벨 시험에 사용했다. 왼쪽은 국립갈릴레오망원경.

로 측정할 수 있었다. 그 두 천체는 블랙홀의 힘으로 만들어진 괴물 같은 원시 은하로서, 그날 저녁 우리가 관찰한 빛은 각각 80억 년과 120억 년 전에 방출된 것이었다.

빈에서의 예비 실험에서처럼, 우리는 산꼭대기의 임시 실험실에 설치한 레이저로 얽힌 광자 쌍을 생산한 다음 각각 0.5킬로미터 떨어진 거대한 두 망원경을 향해 쏘았다.[15] 얽힌 입자들이 날아오는 동안 양쪽 수신지의 초고속 전자 장비들은 은하계 밖의 퀘이사에서 오는 빛을 받았고, 관찰되는 퀘이사의 색깔에 따라 얽힌 쌍의 각 입자에 각각 다른 종류의 측정을 수행했다. 우리는 이곳에서도 양자역학이 예측한 '유령 같은' 상관관계를 발견했다. 하지만 이번에는 선택의 자유 구멍을 이용한 다른 메커니즘으로 이런 상관관계를 똑같이 끌어내리려면 적어도 80억 년 전에 미리 조치를 취했어야 했다. 자연의 궁극적인 법칙을 숙고할 양자물리학자는 말할 것도 없고, 아직 지구조차 생겨나지 않은 아득하게 먼 시간 전에 말이다.[16]

◆◇◆

우리 실험은 자연의 가장 작고 가장 근본적인 현상을 시험하기 위해 가장 큰 규모의 장비들을 끌어들였다. 우리의 탐구는 양자 얽힘

그림 4.4. 2018년 1월, 코스믹 벨 공동 연구팀 구성원들이 라팔마섬 관측소의 윌리엄허셜망원경 통제실에서 관찰 방법을 의논하고 있다. 안톤 차일링거는 카메라에 등을 지고 앉아 있다. 사진 속에 보이는 다른 사람들은 왼쪽부터 크리스토퍼 벤Christopher Benn, 토머스 샤이들, 아민 호크레이너Armin Hochrainer, 도미니크 라우치Dominik Rauch다.

을 활용하는 양자 암호화 기술과 같은 차세대 장비 보안 강화에 일조해 해커나 도청자를 막을 수 있다.

이 실험에 임한 나의 가장 큰 동기는 양자역학의 기이한 수수께끼를 탐구하는 것이었다. 양자역학이 기술하는 세상은 뉴턴 물리학이나 아인슈타인 상대성이론의 세계와는 근본적으로 다르다. 실제로 양자역학은 (우리가 역사를 연구할 때처럼) 우연성, 무작위성, 우발성과 같은 질문과 씨름하게 한다. 시공간에 흩어진 사건들이 어떤 거대한 숨은 계획에 따라 펼쳐지는 것일까, 아니면 우리가 그저 불확실성에 사로잡혀 우연을 뒤쫓는 것뿐일까? 엘리와 토비의 후식 주문이 그렇게 유령 같은 패턴으로 반복된다면 나는 그 이유를 꼭 알고 싶다.

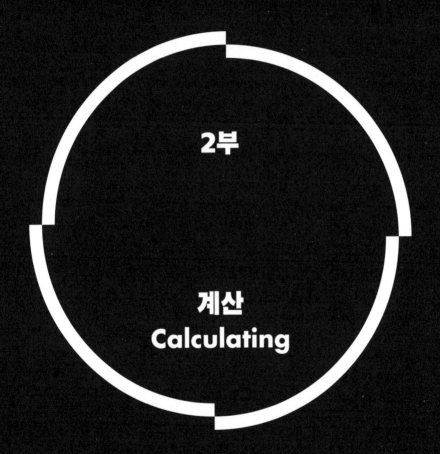

2부

계산
Calculating

5장

물리학자의 전쟁: 칠판에서 폭탄으로
From Blackboards to Bombs

1945년 8월 6일 아침, 거대한 버섯구름이 하늘로 피어올라 연기 자욱한 히로시마 상공을 맴돌았다. 3일 뒤, 비슷하게 생긴 구름이 나가사키 위에도 모습을 드리웠다. 인류 역사상 처음이자 (아직까지는) 마지막으로 핵무기가 전쟁에 사용된 것이다. 폭탄이 떨어지고 며칠 뒤 일본은 항복했고, 그렇게 제2차 세계대전은 끝이 났다.

이 전쟁은 전례 없이 많은 과학자와 기술자를 동원했고, 과학과 기술, 국가의 관계에 전환점이 되었다. 전쟁이 끝날 무렵, 연합군의 핵무기 프로젝트인 맨해튼 공병 관구, 이른바 '맨해튼 프로젝트'에 12만 5,000명이 투입되어 미국과 캐나다에 흩어진 31개의 비밀 시설에서 일했다. 미국 테네시주 오크리지의 방사성 동위원소 분리 시설은 도시 한 블록 길이만큼이나 길게 뻗어 있었고, 워싱턴주 핸퍼드의 원자로를 짓는 데는 5억 세제곱미터가 넘는 콘크리트가 들어갔다. 당시 1급 기밀이었던 연합군 레이더 개발 사업 역시 전쟁 중에 비슷한 규모로 확장되었다.[1]

도시에 핵무기를 떨어뜨려 전쟁을 끝낸 드라마 같은 상황으로 제2차 세계대전은 "물리학자들의 전쟁"으로 불리게 되었다. 일례로 1949년에 잡지 《라이프Life》는 전쟁 당시 맨해튼 프로젝트의 본부였던 로스앨러모스 연구소에서 개발을 이끈 물리학자 로버트 오펜하이머를 소개했다. 원자폭탄과 레이더와 같은 대형 군사 프로젝트를 언급하면서, 기자는 제2차 세계대전이 "물리학자들의 전쟁"이었다는 "유명한 견해"를 부추겼다.[2] 제1차 세계대전은 염소와 포스젠 같은 질식성 유독가스를 사용한 악명 높은 전투로 오래전부터 "화학자들의 전쟁"으로 알려졌었다. 이에 대응해 폭탄과 레이더는 물리학자들의 전쟁을 상징하는 무기가 되기에 적합했다.

원폭 투하 뉴스로 미국에서는 물리학자들에게 조명이 쏟아졌다. 1946년 5월, 잡지 《하퍼스Harper's》의 한 논평가는 "물리학자들의 인기가 드높아지고 있다. 물리학자들이 참석하지 않은 파티는 진정한 파티가 아니다'라고 쓰면서, "원자 시대 이전에는 시대에 뒤떨어진 사람으로 취급되었던" 물리학자들에게 "나일론 공급에서부터 국제기구의 일까지 많은 분야에서 마치 예언자를 모시듯 조언을 구하고 있다." 또 다른 논평가에 따르면, 전쟁 직후 나이 고하는 물론이고 심지어 전시 비밀 프로젝트와는 전혀 상관 없는 사람까지 물리학자라고만 하면 "여성 모임에서 강연해 달라는 요청이 쇄도하고", "각종 워싱턴 다과회에서 사자처럼 전시되었다."[3]

물리학자들이 오가는 길에는 전에 없던 요란한 팡파르가 동반되었다. 1947년 6월, 20명의 젊은 물리학자가 롱아일랜드 북단에서 조금 떨어진 셸터아일랜드로 사적인 모임에 참석하는 길을 경찰차 행렬이 에스코트했다. 심지어 그 지역의 한 후원자는 행차 중인 이 귀한 손님들에게 저녁으로 스테이크를 대접했다. 정부 고문으로 선임된 엘리트 물리학자들을 모시려고 매사추세츠주의 케임브리지에서 워싱턴까지 번거로운 민간 교통수단 대신 B-25 폭격기가 운행되기도 했다. 1950년대 내내 전국에서 물리학과 학과장들은 핵물리학자를 꿈꾸는 초등학생으로부터 꾸준히 편지를 받았다. 건축가, 산업기술자, 항해 중인 해군 장교, 죄수, 결핵 투병 환자 등으로부터 온갖 질문과 가설이 잔뜩 적힌 편지들이 줄줄이 날아들었다. 1960년대 초, 전국 여론조사에서 미국인들은 대법관과 의사 뒤를 이어 세 번째로 존경받는 직업으로 "핵물리학자"를 꼽았다.[4]

이런 전개는 "물리학자들의 전쟁"의 필연적인 결과로 비쳤으나, 사실 '물리학자들의 전쟁'이라는 말은 원래 진주만 공습 몇 주 전이자 히로시마와 나가사키 원폭 투하 몇 년 전인 1941년 11월에 핵폭탄이나 레이더와 아무런 관련 없이 처음 소개되었다. 미국화학협회 뉴스레터에 화학자 제임스 코넌트James B. Conant가 당시 유럽에서 한창인 무력 충돌이 "화학자들의 전쟁이 아닌 물리학자들의 전쟁"이라고 설명한 것이 그 발단이었다.[5] 하버드대학교의 총장이자 미국 국방연구위원회National Defense Research Committee의 의장이면서 과거 화학무기 프로젝트에도 관여한 이 베테랑 화학자만큼 상황을 총체적으로 파악할 수 있는 인물도 없었다.[6]

코넌트가 처음으로 "물리학자들의 전쟁"을 입에 올렸을 때는 어느 누구도 핵폭탄과 레이더가 전쟁에서 중요한 역할을 하리라고 생각하지 못했다. 연합군 측의 레이더 기술 향상 작전 본부인 MIT '방사선연구소Radiation Laboratory'는 설립한 지 겨우 1년 된 신생 기관이었고, 레이더 장비 프로토타입은 당시 미 육군 심사위원회에서 막 거부된 참이었으며, 국방연구위원회 연구비도 거의 취소된 상황이었다. 맨해튼 프로젝트는 출범 전이었고 로스앨러모스 연구소는 아직 사립 남자 고등학교였다. 코넌트가 "물리학자들의 전쟁"이라는 말을 처음 쓰고 몇 개월 뒤, 뉴멕시코주에서는 새로운 연구소를 세우기 위해 육군 공병이 진흙투성이 농장 주택들을 징발했다.

'물리학자들의 전쟁'이라는 말이 언제 처음 쓰였는지는 차치하더라도 여기에는 비밀 유지 문제도 얽혀 있었다. 레이더 개발과 신생 핵무기 프로그램 감독관이자 노련한 정부 고문이었던 코넌트가 공개적인 소식지에 원자폭탄 개발이라는 국가의 1급 비밀을 공개할 리는 없었다. 게다가 레이더와 핵폭탄 프로젝트 자체도 실제로는 물리학자 말고도 다양한 분야의 전문가들이 참여한 대규모 작전이었다. 물리학자들이 주도적으로 프로젝트를 끌고 나갔다고는 하지만, 전쟁이 끝날 무렵 물리학자들은 전체 방사선연구소 직원의 20퍼센트에 불과했다. 전시의 로스앨러모스 연구소 조직도를 보면 물리학 외에 금속공학, 화학, 탄도학, 병기학, 전기공학 등 다양한 집단이 원형으로 배열되어 서로 연결되어 있을 뿐, 위에서 일방적으로 지시하는 상부는 없었다. 방사선연구소와 로스앨러모스 연구소에서 연구자들은 전쟁 중 새로운 형식이 혼합된 학제 간 공간을 세웠다. 어떤 시설도 단순히 물리학 연구소로 분류될 수는 없었다.[7] 그렇다면 코넌트는 무슨 의도로 "물리학자들의 전쟁"이라는 말을 한 것일까?

◆◇◆

1940년대 초에 과학자들과 정책 입안자들에게 '물리학자들의 전쟁'은 시급한 대규모 물리학 교육을 의미했다. 1942년 1월, 미국물리학회American Institute of Physics, AIP 소장인 헨리 바턴Henry Barton이 코넌트의 말을 빌려 '물리학자들의 전쟁'이라는 제목으로 회보를 발행하기 시작했다. 바턴은 "물리학자가 국가에 봉사할 수 있는 여건이 빠르게 변하고 있다"라면서, 학계 지도자와 연구소 책임자가 달라진 정책이나 우선순위에 관한 최신 동향을 늦지 않게 파악할 수단이 필요하다고 본 것이다.[8] 격월로 발행되는 이 회보는 첫째로는 물리학과 학생과 교수진의 징병 연기를 얻어낼 방법과, 둘째로는 대학이 갑작스럽게 증가한 물리학 수업의 수요를 따라갈 방법을 주요한 의제로 다루었다.

현대 전쟁은 광학과 음향학, 무전과 회로에 대한 기초 지식을 바탕으로 진행되었다. 전쟁 발발 전에도 미 육군과 해군은 자체적으로 기술 전문가를 양성했으나, 갑자기 세계대전에 참전하게 되면서 새로운 전술이 시급해졌다. 전쟁 초기 대학 소속 물리학자들과 육군 및 해군 장교들은 새로운 수요를 맞추기 위해서는 고등학교에서 물리 수업을 듣는 학생이 250퍼센트 늘어나야 한다고 보고하면서 전국의 고등학교 남학생 절반이 전기, 회로, 무전에 관한 수업을 최소한 하루에 하나씩 듣는 것을 목표로 제시했다. 당시 전국에서 물리학 수업을 제공하는 학교가 절반도 되지 않았기에 이는 꽤나 어려운 과제였다. 교육부 자문 과학자들은 "생물학과 화학에 새로운 교육과정을 도입할 필요는 없다"라고 말했지만, 물리 교육의 필요성만큼은 시급한 것이었다. 한 교육부 관계자는 전국 교육기관에 "지금 당장, 매일, 매월, 올 가을 학기, 올해부터 각 학교에서 물리 수업을 제공하고 수강을 독려해야 한다"라고 강력히 촉구했다.[9]

물리 교육에 대한 압박은 고등학교 바깥으로도 확대되었다. 군대는 대학교에서 기초 물리학 수업을 수강한 병사들을 필요로 했다. 군 당국과 물리학 연구소 사이에 강의 계획서가 회람되었다. 예를 들어, 육군은 길이, 각도, 기온, 기압, 상대 습도, 전류와 전압 측정법을 가르치는 새로운 수업을 요구했다. 기하광학은 전장에서 사용되는 조준경에 적용되고, 음향학 수업은 음악이 아닌 수심 측량과 음원 탐지에 적용되어야 했다. 기초 물리학 교육의 필요성이 절실해지자 1942년 10월에 이르러서는 특별 위원회가 전시 중에 대학교는 (당시에는 쓸모없어 보였던) 원자 및 핵물리학 수업을 당장 중단하고 보다 "필수적인" 과목에 교육 자원을 투입하라고 권고했다.[10]

배우는 내용은 기초적이었으나 가르치는 속도는 무시할 수 없었다. 그해 많은 대학과 대학교가 2학기제에서 3학기제나 4학기제로 전환하며 수업을 늘렸다. 매사추세츠주의 윌리엄스칼리지와 같은 작은 대학은 매달 200명의 해군 사관생도를 받기 시작하면서 물리학 수강생이 4배로 늘었다. MIT와 같은 대형 교육기관에서 육군과 해군 프로그램을 듣는 학생들이 순식간에 민간 학생들의 수를 넘어섰다. 1943년 겨울에 MIT 캠퍼스는 민간인 학생 2명당 3명의 군인 학생을 수용했다. 미국 전역에서 대학교 캠퍼스 건물들이 통째로 육군과 해군의 특별 수업과 신병 숙소로 제공되었다. 1942년 12월에서 1945년 8월까지 전국에서 주 6일 하루 두 차례 90분짜리 수업과 3시간짜리 실험 수업을 줄기차게 돌리는 육군과 해군 프로그램으로 총 25만 명이 기초 물리학 교육을 마쳤다.[11]

급격히 늘어난 수업에 적절히 교사를 배치하기 위해 군대식 실

그림 5.1.　1944년 미 육군 특별 훈련 프로그램으로 MIT에서 강의를 듣고 있는 학생들.

행 계획이 동원되었다. 바턴의 미국물리학회지에는 귀한 물리학 교사를 빼돌리는 것은 물론이고 사재기하는 것이 발각되는 대학교는 "혹독한 제재"를 받을 것이라고 경고했다. 심지어 바턴은 기관당 "진짜 물리학 교사"와 "대안 교사"의 적절한 비율을 계산하는 복잡한 공식을 고안하고,[12] 자신의 공식으로 산출된 값보다 경험 있는 진짜 물리학 교사의 비율이 더 높은 학교는 견책 대상으로 삼았다. 이윽고 수학, 화학, 공학과 같은 인접 분야 전문가들이 "징집되어" 물리학을 가르치기 시작했다. 윌리엄스칼리지 같은 작은 대학에서는 물리를 가르치는 교수진의 범위가 더 확대되어 지질학, 생물학, 심지어 음악, 연극, 철학 교수까지 해군 신병에게 물리학을 가르쳤다.[13] 물리학 교사는 고무, 휘발유, 설탕처럼 공급량이 극도로 부족한 전시 배급 물품의 하나가 되었다.

1943년 말, 학부의 물리학과 입학자가 3배나 늘어나면서 징병 정책도 빠르게 수정되었다. 1942년 겨울, 미국 정부는 학문 분야로는 처음으로 전국물리학자위원회National Committee on Physicists를 설립해 각 지역의 징병 위원회에 교육 관련자의 징병을 연기해야 한다고 권고했다. 곧 '물리학자들의 전쟁'이라는 문구는 신문, 대중잡지, 심지어 의회 증언에서도 울려 퍼지며 맨해튼 프로젝트가 뉴스로 보도되기 훨씬 전인 1943년에 그 사용 빈도가 정점에 이르렀다.

◆◇◆

전쟁 후 '물리학자들의 전쟁'이라는 문구는 대개 히로시마와 나가

사키 원자폭탄 투하 기념일을 즈음해서 약 10년 주기로 유행을 거듭했다. 전후에는 1986년 퓰리처상을 수상한 리처드 로즈의『원자폭탄 만들기』The Making of the Atomic Bomb』출간과 맞물려 다시 정점을 찍었다.[14] 그 무렵에는 이미 코넌트의 '물리학자들의 전쟁'이 물리 수업이 아닌 비밀 군사 프로젝트와 연관된 지 오래였다.

이러한 의미 전환은 원자폭탄이 일본에 떨어진 직후에 시작되었다. 맨해튼 프로젝트의 출범과 동시에 이 계획을 총괄한 레슬리 그로브스Leslie Groves 장군은 정부가 실제로 폭탄을 사용할 때를 대비해 국민에게 극비 핵무기 프로젝트에 관해 설명할 자료를 준비하기로 했다. 자료의 공개 범위는 사전에 인가를 받아야 했다. 그로브스는 프린스턴대학교 핵물리학자 헨리 드울프 스미스Henry DeWolf Smyth

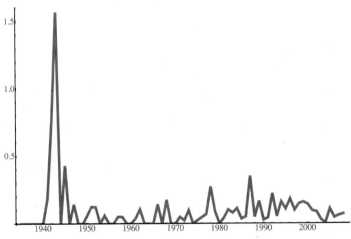

그림 5.2. '물리학자들의 전쟁'의 구글 엔그램 결과. 세로축은 가능한 모든 두 단어짜리 영어 말뭉치 중에서 '물리학자들의 전쟁physicists' war'이 차지하는 퍼센트 비율(×10^6)을 나타낸다.

에게 이 일을 맡겨 전시에 맨해튼 프로젝트의 현장을 돌아다니며 대중에게 알리기에 적절한 수준의 프로젝트 보고서를 작성하도록 했다.[15]

　나가사키에 폭탄이 투하되고 이틀 후인 1945년 8월 11일 저녁, 미국 정부는 '1940~1945년 정부 주도로 원자력을 군사적 목적으로 사용하기 위해 개발된 방법에 관한 개론'이라는 장황한 제목 아래 200쪽짜리 문서를 공개했다. 즉시 '스미스 보고서'라는 별명이 붙은 이 보고서는 날개 돋친 듯이 팔렸고, 정부가 인쇄한 초판이 순식간에 매진되자 프린스턴대학교 출판부는 『원자력의 군사적 사용Atomic Energy for Military Purposes』이라는 조금 더 간결한 제목으로 자체 판본을 출판했다.[16]

　역사학자 레베카 슈와츠Rebecca Press Schwartz가 기록한 것처럼, 스미스는 보안상 보고서에 포함해야 하는 것과 하지 말아야 할 것을 엄격하게 구분했다. 현역 과학자와 기술자에게 널리 알려졌거나 "원자폭탄 생산과 실질적 관련이 없는" 정보만을 공개할 수 있었다. 화학, 금속학, 공학 또는 복잡한 대규모 제조법은 이 조건에 맞지 않아 보고서에 실리지 않았다. 대형 프로젝트에서 핵무기의 실제 설계와 생산에 필수적인 측면 역시 철저한 보안의 대상이라 보고서에 넣을 수 없었으므로,[17] 스미스는 기초적인 물리학 개념에 초점을 맞추었고 특히 이론물리학을 전면에 내세웠다. 그러다 보니 아이러니하게도 보고서를 읽은 대부분의 사람들은 물리학자들이 폭탄을 만들었고, 그래서 암묵적으로 그들이 전쟁을 승리로 이끌었다는 인상을 받게 되었다.[18]

사실 반드시 그럴 필요는 없었다. 예를 들어, 히로시마에 폭탄이 떨어진 1945년 8월 6일 자 보도 자료를 보자. 워싱턴주 신문사에서 발행하고 그 지역 사람들이 읽은 이 기사는 폭탄을 만든 화학과 화학공학, 특히 워싱턴주의 대형 핸퍼드 기지와 관련된 획기적인 발전에 대한 극찬으로 2쪽 넘게 빼곡했는데, 여기에 물리학이나 물리학자에 대한 언급은 한마디도 없었다.[19]

그러나 이런 드문 사례는 스미스 보고서에 쏟아진 압도적인 관심과는 애초에 경쟁이 되지 않았다. 프린스턴대학교 출판부가 자체적으로 출판한 직후, 스미스 보고서는 《뉴욕타임스》 베스트셀러 순위에 14주 동안이나 오르며 1년 남짓한 기간에만 10만 부 이상이 판매되었다.[20] 미국 상원에서 새로 결성된 원자력특별위원회Special Committee on Atomic Energy가 1946년에 발행한 「원자력에 관한 필수 정보Essential Information on Atomic Energy」와 같은 후속 보고서는 스미스 보고서의 내용을 자유롭게 인용하며 핵무기를 이론물리학 발전의 최신 성과로 묘사했다. 책 말미에 실린 연대표는 1938년 말 핵분열을 발견한 베를린 화학 연구소에서 더 거슬러 올라가, 기원전 400년 고대 그리스의 원자론까지 이어져 있었다. 하지만 전쟁 중에 플루토늄 생산 원자로를 확장하는 데 성공한 듀폰의 화학 기술자들의 이야기 같은 것은 실리지 않았다.[21]

◆◇◆

'물리학자들의 전쟁'의 의미가 칠판에서 폭탄으로 바뀌면서 그 말이

지닌 함의도 바뀌었다. 전쟁이 끝난 후 매카시 시대의 적색공포 속에서 미국 물리학자들이 가장 큰 공격을 받게 된 것이다. 하원의 비미활동조사위원회Un-American Activities Committee는 혐의가 있는 물리학자를 대상으로 청문회를 27번 열었는데, 이는 다른 분야의 2배나 되는 빈도였다. 핵무기가 물리학자들에 의해 만들어졌다면, 물리학자들에게는 그런 폭탄을 만드는 "원자의 비밀"에 접근할 특별 권한이 주어지므로 이 집단의 충성도는 누구보다 엄중히 따져야 한다는 논리였다.[22]

한편 전쟁이 끝나고 많은 정책 입안자들은 물리학자들이 정말로 원자의 비밀을 다루는 이들이라면 전후의 불안한 평화를 지키기 위해서는 미국에 더 많은 물리학자가 필요하다는 결론을 내렸다. 전쟁이 끝나고 불과 6주 만에 원자력임시위원회과학패널Scientific Panel of the Interim Committee on Atomic Power(전시에 육군 장관에게 새로운 무기 사용의 가능성을 일러준 바로 그 집단)은 그로브스 장군에게 육군이 대학교의 물리학 연구를 지속적으로 지원해야 한다고 설득했고, 그로브스는 이를 빠르게 승인했다. 그로브스와 그의 동료들은 "[육군의] 핵 연구 기관의 해체를 막는 데" 열의를 다하면서 "핵 연구를 위한 고급 인력들의 훈련"을 강화하고자 했다.[23] 해군연구청도 비슷한 결론에 도달했고, 전쟁으로 인한 "기술 인력의 부족"을 메우기 위해 기밀로 분류되지 않은 일반 연구 프로젝트에 아낌없이 투자했다. 1947년, 국방부 고문 회의에서 해군연구청의 한 관계자는 "파트타임으로 일하는 대학원생들이 노예처럼 노동하고 있다"라고 하면서, 물리학과 대학원생에 대한 지원을 늘리는 것이야말로

해군이 쉽게 정당화할 수 있는 좋은 투자처라고 설명했다.[24]

　이듬해 의회가 물리학 대학원 진학을 장려하는 새로운 장학금 프로그램을 검토할 때, 프로그램 책임자는 해당 프로그램이 "과학 분야의 일반 지식을 증진하면서도, 원자력 프로그램이 그 일부를 적극적으로 고용할 수 있는 인력 풀을 제공하도록 고도로 훈련된 인력의 핵을 구축해야 한다"라는 어느 영향력 있는 상원의원의 의견에 동의했다. 계획은 성공적이었다. 1953년, 미국 원자력위원회 (전쟁 후 맨해튼 프로젝트의 후신으로 세워진 기관으로서, 미국의 핵무기를 관리하고 확장 중인 핵 단지 내 연구와 개발을 감독했다)의 지원을 받아 물리학 박사학위를 받은 대학원생 4분의 3이 졸업하자마자 이 기관에 채용되었다.[25]

　이 전후 계획은 물리학 분야의 연구 지원 방식에 즉각적인 영향을 미쳤다. 1949년 미국에서 물리학 기초 연구에 지원된 연구비의 96퍼센트가 국방부와 원자력위원회를 포함한 방위 관련 연방 기관에서 왔다. 1950년에는 비군사적 부문을 위한 국립과학재단National Science Foundation이 설립되었고 4년 뒤인 1954년에는 물리학 기초 연구비의 98퍼센트가 연방 방위 기관으로부터 나왔는데, 자금의 규모도 전쟁 전과는 비교할 수 없이 커졌다. 1953년 미국에서 물리학 기초 연구에 투입된 자금은 1938년보다 실질적으로 25배 더 많았다.[26]

　막대한 예산이 투입되자 물리학과 진학률이 급증했다. 제대군인 원호법GI Bill이 제정되어 전쟁 후 200만 명이 넘는 퇴역 군인들이 전국의 대학교로 몰려가면서 전반적으로 고등교육이 호황을 누렸지만, 그중에서도 물리학과 대학원 진학률은 유독 빠르게 증가해 다른 학과 진학의 증가율을 모두 합친 것보다 2배나 더 빠르게 늘어났다. 1950년 6월, 한국전쟁이 발발했을 당시 미국 대학교들은 전쟁 전 최고치보다도 3배나 많은 박사학위자를 물리학과에서 배출했다.[27] 새로운 전쟁이 시작되고 몇 주 뒤, 전미연구평의회National Research Council 와 미국물리학회 관계자들은 그 추세가 지속되도록 재빨리 움직였다. "물리학 인력 활용을 위한 절차"를 확립하는 제안서를 서둘러 작성하면서, 특히 "3년 이하의 초단기 비상사태가 아니라면, 전도유망한 학생들이 물리학에서 역량을 발휘하도록 훈련을 멈추지 않아야 한다"라고 강조했다. 행정관들은 "우리에게는 이제 '비축된' 물리학자가 없다"라고 경고했다. 많은 이들이 이 새로운 요청에 귀를 기울였고, 한국전쟁 참전을 빌미로 로체스터대학교 물리학과는 즉시 4개의 조교 장학금과 5개의 연구 장학금을 추가로 제안해 더 많은 학생들이 대학원에서 물리학 교육을 받도록 장려했다.[28]

이처럼 물리학과 진학률이 빠르게 증가하고 있었음에도, 과학자들과 정책 입안자들은 국가가 치명적인 인력 부족을 겪을지 모른다고 걱정하면서 제1차 세계대전 이후에도 그랬듯이 전후 교육 사업을 면밀하게 추적했다. 1951년, 이제는 원자력위원회의 최고위원으로 자리 잡은 헨리 드울프 스미스는 어느 연설에서 젊은 물리학과 대학원생들을 국가가 "비축"하거나 "배급"해야 하는 "전시 물자"이자 "전쟁 도구" 또는 "전쟁의 주요 자산"으로 묘사했다. 노동통계국의 분석가들도 힘을 보탰다. 1952년 보고서에서 이들은 "국가 생존에 필수인 물리학 연구가 지속적으로 성장하려면, 이미 이 분야에 몸담고 있는 청년들을 유지하는 것은 물론이고 새로운 대학원생들이 계속 공급되도록 국가 정책이" 신경 써야 한다고 단언했다. 영국과 소련을 포함한 다른 냉전 국가들도 비슷한 계산으로 물리학자들을 대량 생산해 냈다. 사실 인류 역사에서 그때까지 누적된 물리학자들보다 제2차 세계대전 이후로 25년간 배출된 물리학자들의 수가 더 많았다.[29]

이렇듯 젊은 물리학자를 '배급'하고 '비축'한다는 표현은 맨해튼 프로젝트가 시작되기도 전인 1941년을 마무리하는 주에 시작되어, 핵 시대의 첫 19년 동안 중단 없이 이어졌다. 그러나 용어 자체는 오랜 기간 유지되었음에도 훈련의 목적은 전쟁 이후로 크게 달라졌다. 병사들에게 전쟁터에서 써먹을 기초 물리학을 가르치는 대신 미국 정부가 난해한 핵반응을 전공한 전문 물리학자로 이루어진 "상비군"을 내세운 것이다. 이들은 냉전 상황이 심각해질 경우 곧바로 무기 개발 프로젝트에 투입될 수 있는 인력이었다.[30] 1950년대 중반까지 '물리학자들의 전쟁'이라는 코넌트의 말은 새로운 의미와 긴급성을 띠게 되었지만, 그 기저에서 변하지 않고 유지된 핵심이 있었으니 모두 물리학 교육에 관한 것이었다.

6장

프로메테우스의 불과 계산 기계

Boiling Electrons

20년 전 어느 물리학자의 문서 보관소를 뒤지던 중 발견한 문서가 있는데 이후로도 종종 생각났다. 손으로 타이핑한 적분 표였다. 적분 표는 수학 함수와 다양한 극한 사이에서 함수를 적분할 때 나오는 답의 목록인데, 내가 발견한 적분 표도 학생 시절 과제를 풀 때마다 옆에 두고 보았던 것과 별반 다르지 않았다. 하지만 그 안에 적힌 익숙한 내용과는 다른 표의 첫 페이지가 눈에 들어왔다. 정확히 31개의 표가 인쇄된 서류의 표지에는 해당 문서의 수신자가 꼼꼼히 적혀 있었다. '1947년 6월 24일'이라고 날짜가 적힌 이 표는 어느 기밀 보고서에 첨부된 부록이었고, 두 문서의 수신인들은 거의 동일했다. 보고서와 함께 적분표를 받은 사람들은 대부분 국방 관련 기밀문서에 대한 접근 권한을 가진 이들이었다.[1]

지극히 평범한 문서 내용과 대비되는 이 유별난 표지를 어떻게 이해해야 할까? 만약 적국이 $x = 0$과 $x = 1$ 사이에서 $x/(1 + x)^2$의 적분 값이 0.1931이라는 걸 알게 되면 미국 정부에 어떤 재앙이라도 닥치는 것일까? 어떤 이유로 정부의 높으신 분들은 그렇게 기초적인 수학 계산 값을 극비로 삼고 널리 알려지는 것을 막으려고 했을까? 저 문서의 수신 목록에 들어 있지 않더라도 학교에서 일반 미적분학을 배운 사람이라면 충분히 같은 답을 낼 텐데 말이다.

그 적분 표는 저명한 물리학자이자 노벨상 수상자인 한스 베테 **Hans Bethe**가 쓴 비밀 보고서의 부록이었다. (코넬대학교에 보관된 베테의 논문에서 두 문서를 발견했다.) 1930년대에 베테는 별을 빛나게 하는 복잡한 핵반응을 밝혀내 세계적인 핵물리학자가 되었다. 전쟁 중에는 로스앨러모스에서 이론물리학 부서의 책임자로 일하며 오펜하이머에게 직접 보고했고, 전쟁이 끝나고 코넬대학교로 돌아간 다음에도 핵무기 프로그램은 물론이고 막 싹트는 원자력 산업의 자문위원으로 활발히 활동했다.[2]

1947년, 베테는 원자로의 차폐 문제를 연구해 달라는 요청을 받았다. 우라늄이나 플루토늄과 같은 무거운 핵이 중성자에 의해 쪼개질 때는 에너지가 방출되면서 대량의 고에너지 방사선이 나온다. (이 에너지가 원자폭탄이 되고 또 원자로에서 전기를 생산하는 것이다.) 이 방사선을 차단하거나 흡수할 방법을 연구하다가 베테는 특정 형태의 적분식이 반복적으로 도출된다는 것을 발견했다. 이에 물리학 박사이자 맨해튼 프로젝트 베테랑이자 당시 원자로 시설의 선임 연구원이었던 한 동료가 적분 표를 제작해 다른 동료들이 베테의 것과 같은 계산에 사용할 수 있도록 했다.

이와 유사한 수학 편람과 표는 수 세기 전부터 제작되었다. 예를 들어 역사학자 로렌 대스턴Lorraine Daston이 썼듯이, 프랑스혁명 시기에 정부 관료들은 로그함수와 삼각함수의 계산 값이 소수점 14자리 이상까지 적힌 초대형 표를 제작했다. 당시 모든 응용 분야를 통틀어 가장 정확한 표였다. 가스파르 드 프로니Gaspard Riche de Prony가 작성한 표는 계몽기의 전문성이 어느 정도인지를 의도적으로 보여준 것으로, 이성의 승리를 증명하는 또 하나의 증거였을 뿐 실제로 사용되기보다는 그저 감탄의 대상이었다.[3]

비록 1947년의 적분 표는 대중의 환호를 받기 위해 제작된 것은 아니었지만(수신자 목록에서 보이듯이 오히려 그 반대였다), 그 의의로만 보자면 현대보다 프로니 시대에 더 가까웠다. 실제로 이 적분 표는 이후 많은 결과의 시발점이 되었다. 당시에는 적분을 계산할 때, 관련 함수를 1867년 네덜란드 레이던의 부유한 수학자였던 바렌스 드 한David Bierens de Haan이 출간한 유서 깊은 『새로운 적분 표 Nouvelles tables d'intégrales définies』에 실린 식에 맞게 변수를 바꾸어 사용했다.[4]

원자 시대로 접어든 지 2년, 계산 노동은 공학자들의 실용성보다는 아직 인본주의 학자들의 기교에 더 가까웠으므로 그런 복잡한 적분을 계산하려면 오래된 외국 서적이 구비된 도서관에 들어가야만 했다. 여기에 1947년 적분 표의 극비스러운 배포 방식을 이해할 열쇠가 있다. 이론상으로는 누구나 적분 값을 계산할 수 있지만, 실제로 그 계산을 다 마치려면 상당한 시간과 기술이 필요했다. 하지만 타자수들이 베테의 보고서와 첨부된 적분 표를 출력하고 나면 계산의 성격이 완전히 달라졌다.

불가능해 보였던 변혁이 시작된 무대는 프린스턴 고등연구소였다. 백화점 거부인 루이스 뱀버거Louis Bamberger와 그의 누이 캐럴라인 뱀버거 풀드Caroline Bamberger Fuld의 아낌없는 후원을 받아 1930년에 세워진 연구 기관으로, 교육 개혁가 에이브러햄 플렉스너Abraham Flexner의 조언을 받은 연구소 설립자들은 한창 성장하는 젊은 지식인들이 박사학위를 받고 나서 대학교에서 수업과 학생 지도 등의 업무에 치여 창의성이 바래는 일 없이 학문에만 몰두할 수 있는 장소를 마련하고자 했다. 플렉스너는 학자들이 수업 준비와 보고서 제출의 의무에 시달리지 않는 조용한 연구 공간, 이들이 앉아서 차분히 생각할 수 있는 장소를 추구했다. 이에 유명한 과학 정책 입안자인 버니바 부시는 이렇게 빈정거렸다. "그들이 정말로 앉아 있었는지는 확인할 수 있겠군."[5]

플렉스너는 유럽에서 파시즘을 피해 망명한 세계적인 지식인들을 초빙해 연구소를 채우기 시작했다. 알베르트 아인슈타인은 1933년에 최초로 연구소의 종신 교수가 되었고, 그 뒤를 이어 훗날 누군가 자기를 음독하려고 한다는 망상에 사로잡혀 끝내 굶어 죽은 논리학자 쿠르트 괴델Kurt Gödel과 같은 기이하고도 고독한 천재들이 합류했다. 1947년, 오펜하이머가 로스앨러모스에서 책임자로서의 광적인 업무를 막 마치고 연구소장으로 취임한 뒤에도 이곳에는 여전히 수도원 같은 분위기가 짙었다. 선반 공작 기계나 드릴 소리 대신 책꽂이에 가죽 커버로 된 비렌스 드 한의 『새로운 적분 표』가 몇 권

씩 쌓여 있을 듯한 곳이었다. 《뉴요커New Yorker》의 한 기자는 1949년
의 고등연구소를 두고 "포도 덩굴이 덮인 작은 오두막 같은 분위기"
라고 묘사했다. 비슷한 시기에 한스 베테는 그 연구소에서 1년간
일할 한 젊은 물리학자에게 "별다른 일이 일어날 거라는 기대는 말
게"라고 조언했다.[6]

전설적인 수학자 존 폰 노이만John von Neumann이 꾸린 새로운 팀
이 이 정적을 깨기 시작했다. 1903년 부다페스트에서 태어난 폰 노
이만은 19세의 어린 나이에 처음 수학 논문을 쓰고 22세에 박사학
위를 받은 다음, 혼란에 빠진 유럽 대륙을 탈출했다. 플렉스너는 아
인슈타인이 연구소에 합류하고 얼마 지나지 않아 폰 노이만도 연
구진 명단에 추가했다. 전쟁 기간에 폰 노이만은 대체로 로스앨러
모스에서 베테, 오펜하이머와 핵무기를 연구했다. 하지만 그 와중
에도 그는 한 세기 전 찰스 배비지Charles Babbage의 해석기관 못지않
은 계산 기계를 만들겠다는 큰 뜻을 잊지 않았다. 폰 노이만에게는
인간의 두뇌 작용과 인지의 본질을 향한 순수한 호기심만이 아니라
그보다 더 시급한 목적이 있었다. 그는 설계된 핵무기가 성공할지
실패할지를 알아야 했다.[7]

전시의 무기 프로젝트에 참여하는 동안 폰 노이만은 반자동 연
산의 맛을 보았다. 그와 동료들이 직면한 까다로운 문제들 중에는
분열 가능한 물질에 중성자를 도입했을 때 나오는 결과물의 양을
추적하기 위한 계산이 있었다. 중성자가 무거운 핵을 산산이 흩어
놓을까, 쪼개놓을까, 아니면 그것에 흡수될까? 핵전하로 인한 충격
파가 폭탄의 중심에서 어떻게 확산될까? 전쟁 중 이런 계산은 대개

머천트Marchant 사의 휴대용 계산기로 무장한 인간 컴퓨터들이 수행했는데, 이에 관해서는 데이비드 그리어가 2005년에 출간한 『컴퓨터가 인간이었을 때When Computers Were Human』에 아주 잘 소개되어 있다. 리처드 파인먼Richard Feynman과 같은 젊은 물리학자들이 계산을 단계별로 쪼개놓으면, 조교(종종 연구소 기술직 직원의 젊은 아내)들이 연산하고 다른 조교 여럿이 같은 연산을 반복해서 수행했다. 한 사람이 자신에게 주어진 수의 제곱을 계산하면, 다른 사람은 2개의 수를 더해 그 값을 옆에 있는 또 다른 여성에게 전달하는 방식이었다.[8]

이런 임시변통 방식이 핵분열 폭탄을 계산하기에는 충분했지만, 수소폭탄은 전혀 다른 괴물이었다. 폭발 시 위력은 물론이고 제작 과정의 계산량도 마찬가지였다. 수소폭탄의 내부 역학은 요동치는 방사선, 뜨거운 플라스마, 핵력 사이의 미묘한 상관관계가 얽혀 있어서 해독하기에 훨씬 까다로웠다. 설계한 폭탄이 과연 핵융합(별의 내부에서 일어나는 반응으로서, 가벼운 핵이 서로 융합할 때 에너지가 방출되는데 이는 히로시마와 나가사키에 떨어진 핵분열 폭탄의 수천 배가 넘는 가공할 파괴력을 지닌다)에 시동을 걸지, 아니면 치익 하고 꺼질지 확인하려면 기존의 계산기로는 턱도 없는 엄청난 계산이 필요했다. 이들에게는 복잡한 여러 방정식을 한 번에 풀 수 있는 자동화된 도구가 필요했다. 프로그램을 저장하고 실행할 수 있는 전자 디지털 컴퓨터 같은 도구 말이다.[9]

내장 프로그램 연산은 전쟁 전에 영국의 수학자이자 암호학자인 앨런 튜링Alan Turing이 고안해, 1948년에 영국 맨체스터의 한 연구팀에서 처음으로 구현되었다. 그러나 맨해튼 프로젝트나 전시 레이더 프로젝트처럼, 이번에도 영국에서 시작된 아이디어가 대규모로 확장된 것은 미국에서였다. 1943년부터 펜실베이니아대학교를 중심으로 미국 육군이 후원한 연구팀이 비슷한 장치를 설계하는 데 심혈을 기울인 끝에, '에니악ENIAC'이라는 코드명으로 불리는 전자식 수치 적분 및 계산기Electronic Numerical Integrator and Computer를 개발했다. 전쟁 직후 프린스턴 고등연구소에서 폰 노이만이 직접 컴퓨터를 제작하기 위해 정부와 계약을 추진하면서 펜실베이니아 연구팀에게는 경쟁자가 생겼다. 폰 노이만의 팀에는 재능 있는 아내 클라리Klári Dán를 비롯한 여러 젊은 공학자가 참여했다. 클라리는 폭탄 시뮬레이션 코딩의 세세한 부분까지 파고들었고 기계를 잘 달래가며 며칠씩 쉬지 않고 돌렸다.[10]

폰 노이만은 1930년대에 튜링이 근처 프린스턴대학교에서 학위 논문을 쓰는 동안 고등연구소에서 일하면서 튜링과 교류했으며, 전쟁 중에는 직접 펜실베이니아대학교에 가서 에니악에 대해 상의한 적도 있다. 사실 에니악의 원래 임무는 육군 탄도 실험에 필요한 포병의 사표를 계산하는 것이었지만, 폰 노이만은 로스앨러모스에서 핵무기 설계에 필요한 계산을 수행하도록 프로젝트의 방향을 바꾸는 데 일조했다. 당시 펜실베이니아의 기계는 고정된 프로그램만 실행할 수 있어서, 사람이 사전에 구성 부품을 수작업으로 일일이 재배선해 프로그램을 설정한 다음에야 계산 결과를 얻을 수 있었다. 프로그램을 변경하려면 케이블을 바꾸어 끼우고 스위치를 교환하고 그 조합이 맞는지 재차 확인해야 했는데, 그 물리적인 조작

만도 몇 주가 걸렸다. 에니악 발명가들처럼 폰 노이만도 결과 데이터와 프로그램을 컴퓨터가 동일한 메모리에 저장할 방법을 모색했다. 튜링이 구상했듯이, 그런 기계는 지시 사항과 결과를 나란히 저장할 것이었다.

트랜지스터가 발명되기 전에 설계된 폰 노이만의 컴퓨터를 작동시키려면 2,000개나 되는 진공관이 필요했는데, 진공관은 이미 몇십 년이나 지난 기술이었다. 금속 덩어리를 가열할 때 나오는 전자들로 전류를 생산하는데, 오늘날의 날렵한 노트북이나 스마트폰을 보고는 도저히 상상할 수 없는 방식이다. 진공관이 과열되는 것을 방지하려면 매일 15톤의 얼음을 생산해 내는 대형 냉장 시스템이 필요했다. 1940년대 후반, 폰 노이만의 작지만 활기 넘치는 팀은 한 방을 가득 채운 대형 컴퓨터에 생명을 불어넣었다. 1951년 여름, 그 기계는 한 번에 두 달씩 쉬지 않고 돌아가며 수소폭탄 제작에 필요한 계산을 토해 냈다. 이 컴퓨터는 전면 가동했을 때 5킬로바이트의 메모리를 자랑했는데, 조지 다이슨^{George Dyson}이 흥미진진하게 풀어놓은 폰 노이만 프로젝트 이야기에서 짚었듯이, 그 정도 용량은 오늘날의 컴퓨터가 음악 파일 하나를 압축할 때 0.5초 동안 사용하는 메모리 양에 해당한다.[11]

고등연구소의 컴퓨터 프로젝트는 전쟁이 끝나고 맨해튼 프로젝트를 이어받은 원자력위원회가 맡긴 계약으로 유지되었다. 계약서에는 열핵반응에 대해 사실상 어떤 정보도 공개하면 안 된다고 명시되어 있었다. 이는 해리 트루먼 대통령이 1950년 1월의 마지막 날 수소폭탄을 집중적으로 개발하겠다고 약속할 때 반복해서 강조

그림 6.1. 1952년 존 폰 노이만(왼쪽)이 프린스턴 고등연구소 컴퓨터 옆에서 소장인 J. 로버트 오펜하이머와 이야기를 나누고 있다.

한 입장이었다. 따라서 폰 노이만 연구팀은 진짜 프로젝트를 감추기 위해 실제로는 새로운 병기를 시험하면서도 보여주기용으로 일반 프로젝트도 병행해야 했다. 날씨 예측은 인기 있는 주제였다. 기상학은 어차피 무기 설계자들도 수소폭탄 내부를 설계할 때 파악해야 하는 복잡한 유체의 흐름을 다룬다. 초기 컴퓨터를 적용하는 그 밖의 과제에는 생물 진화의 시뮬레이션도 포함되었는데, 수없이 가지가 갈라지는 과정은 핵무기 안에서 수많은 중성자가 흩어지는 과정과 다르지 않았다.

1950년대 말, 물리학자이자 소설가인 C. P. 스노C. P. Snow가 문학 지식인 대 자연과학자로 대표되는 "두 문화"의 충돌을 진단했다.[12] 프린스턴 고등연구소에서 폰 노이만의 전자 괴물은 첨예한 문화적 대립을 유도했지만, 스노가 생각한 것과 달리 학자들의 독립적인 생활양식과 기술자들의 팀워크 체제 사이의 간극이 근본적인 원인이었다. 1950년대에 폰 노이만이 컴퓨터를 제작하는 데 사용한 예산은 거의 전적으로 정부의 방위 계약에서 충당되었는데, 그 바람에 연구소 내에서 수학 분야에 돌아가는 전체 예산이 축소되었다. 위태로운 것은 돈뿐만이 아니었다. 삶도 위협받기는 마찬가지였다. 1940년대 초, 고등연구소의 수학자 마스턴 모스Marsten Morse는 동료에게 "연구소에서 우리 수학자들은 가장 자유롭고 가장 개인주의적인 예술가로서 인문학자들과 운명을 함께한다"라고 말했다.[13] 모스의 연구소 이웃인 아인슈타인도 이를 인정했다. 1954년에 한 젊은 물리학자가 구겐하임재단에 보낸 지원서를 검토할 때 아인슈타인은 그가 제안한 주제의 연구 가치는 인정했지만 해외여행은 불필요하다고 생각했다. "생각은 결국 혼자서 하는 거니까요."[14] 하지만 고등연구소에서 컴퓨터 프로젝트는 과학과 인문학의 대항이 아니었다. 낭만적인 천재와 조직의 일원이라는 두 이상 사이의 갈등이었다.

기질상의 차이는 가시적으로 표현되기도 했다. 컴퓨터 프로젝트는 원래 연구소 본관인 풀드홀 지하에 자리 잡고 있어서 그 텅텅거리는 소리까지 잠재울 수는 없었지만 적어도 눈에 보이지는 않았다. 컴퓨터 개발팀은 곧 연구소의 고독한 학자들로부터 조금 더 떨어진 시설로 이전했다. 그러나 새 건물에서도 타협이 필요했다. 정부 측 후원자들이 기능만을 고려해 설계한 칙칙한 콘크리트 건물은 연구소 주민들의 미적 취향에 맞지 않았고, 결국 연구소 측에서 추가로 (현재 통화로 10만 달러에 가까운) 9,000달러를 들여 새 건물에

벽돌을 발랐다.

고등연구소의 컴퓨터 프로젝트는 자기 성공의 희생양이 되고 말았다. 1955년, 원자력위원회가 폰 노이만의 상사인 오펜하이머로부터 비밀 정보 접근 권한을 빼앗은 악명 높은 사건(오펜하이머 청문회의 대부분은 그가 수소폭탄 개발에 반대한 것과 관련 있었다) 직후 폰 노이만은 원자력위원회의 5명의 위원들 중 하나로 선출되면서 원자 시대의 정책 입안에 본격적으로 참여했다. 오펜하이머는 폰 노이만이 연구소에서 보내는 시간이 줄어든 후에도 연구소를 책임졌다. 폰 노이만이 캠퍼스에서 멀어지면서 컴퓨터 프로젝트를 지켜줄 보호자도 사라졌다. 한편 전국의 다른 기관에서 복제 기계가 빠르게 발전하기 시작했다. 그중 하나가 미 공군이 후원한 싱크 탱크인 랜드연구소RAND에서 개발한 컴퓨터로, 폰 노이만을 기려 '조니악Johnniac'으로 불렸다. 폰 노이만은 암에 걸려 1957년에 세상을 떠났고, 고등연구소 컴퓨터 프로젝트는 몇 개월을 더 버티다 1958년에 공식적으로 중단되었다. 그즈음 기계 연산도 먼지 쌓인 참고서들을 눈 빠지게 들여다보는 고독한 학자들의 손을 떠났다.[15]

몇 년 전 어느 여름, 나는 몬태나주 시골을 여행하다가 보즈먼과 칼리스펠 사이에서 렌터카 타이어가 터지는 바람에 생각지도 않게 베테의 1947년 비밀 서류에 첨부된 적분 표를 다시 보게 되었다. 자동차 정비사가 도착해 바퀴를 갈아줄 때까지 나는 노트북을 열고 65년 전 극비리에 보호되었던 적분 값을 다시 계산해 보았다. 요즘에는 이런 적분쯤은 일반적인 노트북의 아주 평범한 프로그램으로도 마이크로초 만에 계산할 수 있다. 문제는 타이핑 속도이지 기계의 처리 능력이 아니다. 1947년 적분 표에는 소수점 네 자리까지 나와 있었지만, 내 노트북은 눈 한 번 깜빡하기도 전에 16자리 수까지 답을 토해 냈다. 키보드를 몇 번 더 치고 나서는 원한 대로 30자리까지 얻을 수 있었다. 오래된 도서관에 갈 필요도, 석학들이 쓴 네덜란드어 논문을 힘들게 뒤질 필요도 없었다. 나는 그저 먼지 뿌연 어느 시골길 휴게소에 앉아 계산을 마친 것이었다.

7장

양자역학 해석: 닥치고 계산이나 해!
Training Quantum Mechanics

1961년 가을, 리처드 파인먼이 칼텍의 동료들과 함께 물리학과 학생들을 위한 교과과정을 전반적으로 점검하는 새로운 시도에 나섰다. 일차적인 목적은 학부 신입생들에게 현대물리학의 가장 흥미롭고도 난해한 부분을 최대한 쉽게 소개해 어린 학생들이 중요하지만 고루한 주제 안에서 헤매지 않고 창의력을 발휘하도록 길을 터주자는 것이었다. 이 1년짜리 새로운 수업에서 마지막 3분의 1을 차지하는 핵심이 바로 양자역학이었다.[1]

파인먼과 동료인 로버트 레이턴Robert Leighton, 매슈 샌즈Matthew Sands는 열과 성의를 다해 새로운 강의를 계획했다. 파인먼이 평소처럼 정열적으로 강의하면 레이턴과 샌즈는 녹음하고 받아 적었다. 곧 새로운 수업에 대한 소식이 출판계에 알려졌다. 세 사람은 출판

조건을 정해야 했다. 레이턴은 관심 있는 출판사는 3주 안에 서면 제안서를 제출하라는 공문을 보냈다. 보통은 저자가 출판사에 제안서를 보내는 것이 관례인데 말이다! 출판사는 이 새로운 교재를 얼마나 빨리 출간할지, 얼마에 팔 것인지, 칼텍에 저작권 사용료를 얼마나 분배할지, 어떤 추가 비용을 부담할지 등을 설명해야 했다.[2]

결국 세 저자는 애디슨웨슬리 출판사와 작업하기로 했다. 정식 출간 전 여러 대학교를 돌아다니며 새 교재에 대한 물리학과 교수들의 관심을 떠본 출판사 영업 직원은 흥분을 감추지 못하고 출판사 대표에게 편지를 썼다. "한 줄 평: 열광 그 자체임." 그의 긴 편지를 시작하는 문장이다. "어디서? 당연히 모든 물리학과에서." 교수들은 이 새로운 책에 대단히 놀란 것 같았다. "자리에서 일어나는 데 한 세월이 걸렸습니다. 한 장만 더, 한 장만 더 하면서 계속 읽고 싶어 하더라니까요." 어떤 교수는 처음에는 만나주지 않으려고 하다가 영업 직원이 머리를 써서 슬쩍 책의 붉은 표지를 보여주자, "15분 동안 이야기를 잘 나누었고, 내년 봄 날짜로 미팅도 잡았습니다. 당연히 책을 사고 싶어 했고요". 그렇게 영업 직원은 2주짜리 투어를 성공적으로 마쳤고, "1년에 파인먼의 책을 한두 권만 주십시오. 제가 제대로 팔아볼 테니까요"라고 너스레를 떨더니 "파인먼과 계약한 편집자가 누구인지는 모르겠지만 (파인먼이 아니라) 그 친구한테 크리스마스 저녁으로 비싼 칠면조 한 마리 보내셔야겠습니다"라며 편지를 마무리했다.[3]

영업 직원의 촉은 정확했다. 『파인먼의 물리학 강의The Feynman Lectures on Physics』는 나중에 파인먼 자신도 지나치게 야심 찬 시도였

그림 7.1.   리처드 파인먼이 1956년 칼텍의 대형 강의실에서 수업 중이다. 이 수업의 강의록이 1963~1965년에 처음 출간된 『파인먼의 물리학 강의』의 기초가 되었다.

다고 인정했음에도 첫 6년 동안 13만 부가 넘게 팔렸다. 실제로 일부는 1학년 학부생에게는 너무 어려운 것이었다. 그러나 독학을 위해 책을 집어 든 고학년 학생들과 심지어 교수들도 한 권씩 소장하면서 날개 돋친 듯 팔려나갔고, 심지어 지금까지도 인쇄되고 있다.[4]

파인먼과 레이턴, 샌즈가 시대를 조금 앞서 나갔을지는 모르지만, 1960년대 초반 학계의 동료들은 대부분 어린 학생들에게 양자역학을 가르치려는 열정을 공유하고 있었다. 일반적으로 대학교의 교과과정을 개편한다는 것은 결코 쉽지 않은 일이기에 『파인먼의 물리학 강의』가 일으킨 변화는 아주 특별했다. 파인먼이 학부 신입생들에게 양자역학 강의를 시작하기 20년 전만 해도, 미국에서는 많은 물리학자가 이 주제로 수업 한 번 듣지 못하고 박사학위를 받았다.[5]

이와 같은 급격한 변화를 걱정하는 학자들도 있었다. 스스로 "옛날 사람"이라고 칭한 어느 밴더빌트대학교 교수는 "아이들에게 디저트를 주기 전에 밥부터 잘 먹여야 한다"라고 말했다. 이 교수에게 양자역학은 "균형 잡힌 적절한 식사가 선행되지 않았을 때 지적인 소화불량을 일으킬 디저트"였다.[6]

로버트 오펜하이머와 같은 이들은 가르치는 내용뿐만이 아니라 수업 방식까지 주시했다. 아인슈타인과 슈뢰딩거, 하이젠베르크와 디랙이 초기에 연구를 주도한 이후로 양자역학이라는 주제는 가열한 논쟁을 불러왔다. 불확정성 원리, 슈뢰딩거의 고양이, 양자 얽힘과 같은 양자역학의 핵심 개념들은 일반적인 상식은 고사하고 잘 알려진 다른 물리 이론들과도 잘 들어맞지 않았다. 그러나 파인먼, 레이턴, 샌즈가 새로운 수업을 시도하기 몇 년 전, 오펜하이머가 동료들의 양자역학 교수법을 조사했더니 "과학의 역사나 인간 이해의 위대한 모험이 아니라 일개 지식이자 기술로서, 학생들이 새로운 현상을 이해하고 탐구할 때나 사용하는 과학으로 전수되었다". 양자역학은 "아이들에게 맞춤법과 덧셈을 가르치는 것처럼, 과학자의 도구로서 당연히 받아들이고 사용하는 하나의 행동 양식이 되었다".[7]

얼마나 많은 것들이 달라졌는가. 오펜하이머는 1920년대 중반 유럽에서 공부하고 미국으로 돌아가 아직은 낯선 양자역학의 실전적인 지식을 소개한 최초의 인물 중 하나였다. 그러고 얼마 뒤 버클리에서 오펜하이머가 진행한 양자역학 수업은 전설이 되었다. 그러나 제2차 세계대전이 끝나고 여러 물리학자가 양자역학 수업을 개설할 무렵, 전시 계획으로 인한 물리학과 입학생들의 폭발적인 증가가 젊은 물리학자들을 교육하는 거의 모든 과정에 영향을 미쳤다. 오펜하이머가 1950년대에 아마도 조금은 안타까워하며 주목했을 변화, 즉 양자역학을 과학의 모험 대상이 아닌 도구 상자로 가르치게 된 것은 전쟁 후 이 분야에서 일어난 총체적인 변화의 상징이 되었다. 물밀듯이 밀려오는 학생들 앞에서 미국 전역의 많은 물리학자는 교실에서 가르칠 '양자역학' 내용을 선별했다. 오펜하이머와 같은 전설적인 강사들이 적은 수의 학생들을 대상으로 어려운 개념을 풀어나가는 도전을 즐겼다면, 전쟁 후의 강사들은 학생들을 빼곡히 채운 대형 강의실에서 양자 '역학'을 원자 세계의 숙련된 계산기로서 가르치는 것으로 목표가 점차 바뀌었다.

◆◇◆

오펜하이머는 물리학계에 혜성처럼 등장했다. 1904년 뉴욕의 한 부유한 유대인 이민자 가정에서 태어난 그는 몇 년의 중등교육을 훌쩍 건너뛰고 바로 하버드대학교에 입학했다. (그는 후일 어렸을 적의 자신을 "간살스럽고 역겨울 정도로 착한 아이"로 묘사했다.) 하버드대학교에서 그는 매 학기 학점을 추가로 채워 3년 만에 졸업했다. 특히 학부 1학년 때는 기초 물리학 수업은 아예 듣지 않고 바로 박

사 수준의 과정에 들어갔다.[8]

당시 미국에서 이론물리학에 관심 있는 엘리트 학생들의 전형적인 코스를 따라 오펜하이머도 유럽으로 건너가 처음에는 케임브리지에서, 그다음에는 독일 괴팅겐에서 박사과정을 밟았다. 그곳에서 그는 막스 보른이 하이젠베르크 등과 협력하며 양자역학을 창시하고 그 이상한 이론 체계를 이해하고자 미친 듯이 연구에 몰두할 바로 무렵에 그 밑에서 일했다. 오펜하이머는 새로운 지식을 빠르게 흡수해 괴팅겐에 있는 동안 십수 편의 연구 논문을 발표했고, 1927년 봄 스물세 번째 생일을 한 달 앞두고 박사학위를 받았다.[9]

단기간의 박사후 연구원 과정을 거친 오펜하이머는 1929년에 버클리대학교와 칼텍으로부터 교수직을 제안받았다. 두 학교는 서로 600킬로미터나 떨어져 있었지만, 그를 어떻게든 데려오고 싶어서 가을 학기에는 버클리에서, 겨울과 봄 학기에는 칼텍에서 가르치기로 타협을 보았다. 버클리에서 보낸 첫 학기에 그는 대학원생에게 선택과목으로 양자역학을 가르쳤는데, 정식으로 수강 신청한 학생은 1명뿐이었고 25명이 청강했다. 첫 번째 강의에서 오펜하이머는 학생들이 학과장에게 이의를 제기할 정도로 진도를 빠르게 나갔는데, 정작 본인은 그것도 너무 느리다고 불평했다. 그러나 얼마 지나지 않아 그는 매력적인 강의 스타일을 개발했다.[10] 버클리에서는 대학원생들이 그의 양자역학 수업을 재수강하는 일이 다반사였고, 심지어 어떤 학생은 오펜하이머가 네 번째 수강을 허락할 때까지 단식투쟁을 벌였다.[11]

어느 대학원생이 강의를 필사한 것이 복사본으로 돌아다니던

1939년, 오펜하이머는 물리학적, 철학적 문제들의 "근본적인 해결책"으로서 양자역학을 소개했다. 이어지는 강의에서 그는 슈뢰딩거의 파동함수 ψ를 중심으로 하는 새로운 수학적 형식주의와 그것에 대한 흥미로운 물리적 해석에 초점을 두었다. 그는 다양한 확률을 산출하는 것으로서 $|\psi|^2$을 보는 보른의 해석을 두고, 고전물리학의 경직된 결정론과 양자역학 사이의 놀라운 개념적 단절을 강조했다. 물리학자들은 오랫동안 뉴턴의 법칙과 아인슈타인의 상대성이론을 휘두르면서 B가 A 뒤에 나타난다고 계산할 수 있었다. 하지만 새로운 양자역학의 세계에서 계산할 수 있는 것은 확률밖에 없었다. 물리학자들은 B가 A 뒤에 일어날 '가능성' 이상의 것을 말할 수 없었다. 오펜하이머는 하이젠베르크의 불확정성 원리를 피하려고 아인슈타인식의 사고방식에 빠져든 적도 있었지만 아무리 머리를 굴려도 실패하기 일쑤였고, 그러다가 처음으로 학생들에게 실질적인 양자역학의 계산을 가르치게 된 것이었다.[12]

당시 오펜하이머의 교육 방식이 특이한 것은 아니었다. 하이젠베르크와 함께 연구하다가 1934년에 나치의 눈을 피해 스위스를 탈출하고 스탠퍼드에 정착한 유대인 이론물리학자 펠릭스 블로흐Felix Bloch 역시 대학원 수업에서 놀라울 정도로 비슷한 방식으로 양자역학을 가르쳤다. 한편 1930년대, 칼텍의 대학원생들은 박사 자격시험에서 양자역학의 해석이라는 난제를 풀어내야 했다. 1929년부터 칼텍 학생들 사이에서는 구술시험 대비 방법과 다양한 기출 문제를 모은 이른바 족보가 전해 내려오고 있었다. 1930년대 말, 교수들은 "파동함수와 파동함수의 물리학적 의미를 모두" 말하도록 압박하거나 "$\psi(x)$의 해석은? 슈뢰딩거 방정식은 언제나 변화의 속도를 기술하는가?"라고 물었다. 파동함수에 내재된 확률의 범위가 어떻게 하나의 측정된 결과로 귀결되는지를 묻는 미묘한 문제였다. 이런 문제도 있었다. "양자역학과 고전역학에서의 관찰의 특성을 각각 논하시오."[13]

미국에서 물리학자가 쓴 최초의 양자역학 교재들도 책을 시작하면서 이런 식으로 학생들에게 "떨쳐 낼" 수 없는 "철학적 문제"를 마주해야 한다고 강조했다. 어떤 저자는 수소 원자 안에서 전자의 에너지 준위에 대한 표준적인 계산을 설명하다가, 별안간 실험으로 구분할 수 없는 다양한 수학적 해답이 물리적으로 어떤 의미가 있는지를 따져보았다. 어떤 교재는 '관찰과 해석'이라는 제목으로 장 하나를 통째로 할애했다. 1930년대 교재 검토자들은 양자역학을 가르칠 때 철학적으로 접근해야 한다고 주장했다. 책에 담긴 해석의 특정 부분에는 동의하지 않을지라도, 교재들이 해석에 관한 문제를 다루어야 한다는 점에는 모두 동의했다.[14]

전쟁 직후 전국의 많은 물리학과에서 양자역학 강의가 개설되면서 수업 방식이 바뀌기 시작했다. 1950년대에 들어서는, 불확정성 원리나 양자역학의 이론 체계에서 확률의 '의미'에 얽매이는 강사는 거의 남아 있지 않았다. 뜬금없이 수소에 대한 다양한 파동함수의 철학적 의미를 분석하는 사람은 더더욱 없었다.

변화는 빠르게 진행되었다. 낡은 족보로 공부하던 칼텍 학생들은 당황했다. 1953년, 어느 학생은 "패러독스와 희한한 논리적 요점을 분석하느라 들인 시간은 하등 쓸모없었다"라며 투덜댔다. 시험에는 당시 표준적인 계산에 관한 "직접적이고도 간단명료한 문제"가 출제되었다. 먼저 시험을 치른 다른 학생도 비슷하게 동료들에게 양자역학 계산식이 문제에 나오거든 "정석적인 답을 적거나", "표준적인 답변"을 말하라고 권했다. 당시의 표준적인 계산과 관련해 "답을 외우거나", "연습하기만 하면" 된다고 말한 학생도 있었다. 전국의 대학원생들도 비슷한 변화를 겪었다. 1940년대 후반까지 스탠퍼드와 버클리, 시카고와 펜실베이니아, 컬럼비아, MIT 등의 박사학위 자격시험에서 흔히 광범위하게 논술형으로 출제되던 해석의 문제는 1950년대 중반에 이르러 표준적인 계산 문제로 대체되었다.[15]

교육법의 변화는 물리학과 입학률과 밀접한 연관이 있었다. 1930년대 오펜하이머가 버클리에서 수업할 당시에는 한 강의실에 학생이 20명 정도 있었지만, 전쟁이 끝나고 신입생이 급증한 1950년대 중반에는 신입생을 대상으로 하는 양자역학 수업의 수강생 수가 40~60명 정도로 늘어났다. 버클리대학교와 MIT처럼 미국에서 가장 큰 물리학과에서는 100명도 넘는 학생들이 강의실을 채우는 바람에, 버클리대학교 물리학과 학과장이 학장에게 "일류 대학이라면 참을 수 없는 수치"라며 항의할 정도였다. 그러나 몇몇 대학교에서는 1950년대 초에도 양자역학 수업을 수강하는 1학년생이 상당히 적었고, 시간이 더 흘러서야 늘어나기 시작했다. 이처럼 상황이 제 각각인 대학교들의 강의 노트를 살펴보면 몇 가지 주목할 만한 차이가 있다. 간략히 정리하자면, 입학생이 3배 늘어날 때마다 양자역학의 개념이나 철학적 난제에 할애하는 시간은 5분의 1로 줄었다.[16]

수치와 통계를 떠나 강의 노트 자체도 크게 차이 난다. 1950년 봄, 듀크대학교에서 로타르 노르트하임Lothar Nordheim이 가르친 수업을 보자. 전국의 여타 물리학자들처럼 그도 전쟁 때 맨해튼 프로젝트에 참여했다. 노르트하임은 1945년에서 1947년까지 테네시주의 오크리지 연구소(우라늄 동위원소 U-235를 분리한 주요 시설)에서 물리학 분과를 맡아서 이끌었다. 1947년에 오크리지를 떠나 듀크대학교로 갔지만 오래 머물지는 않았다. 1950년 가을, 비밀 수소폭탄 개발 계획에 전임으로 일했고, 이후에는 주요 핵 방위 산업체인 제너럴아토믹스에서 이론물리학 부서 책임자가 되었다. 한마디로 노르트하임은 군-산업 복합체의 새로운 현실을 잘 알았고, 극도의 시간적 압박 속에서 양자역학 방정식을 사용해 실용적인 결과물을 내놓는 데 뛰어났다.[17]

그럼에도 1950년 듀크대학교에서 양자역학을 강의할 때 노르트하임은 학생들에게 개념을 이해하는 데 도전해야 한다고 말했다. 수강생이 10여 명에 불과한 소규모 수업에서 노르트하임은 첫 시간을 양자역학의 고집스러운 기묘함으로 시작했다. 확률에 대한 새로운 제한을 두고 그는 학생들에게 이렇게 물었다. "이것이 인과관계에 어떤 영향을 미칠까?" 이 질문에 한 학생은 노트에 다음과 같이 적었다. "정답. 완전 좆 된 거지!" 핵심 개념을 명확히 짚고 가기 위해 노르트하임은 전설적인 이중슬릿 실험에 대해 2시간이나 설명했다. 양자역학 발달 초기에 하이젠베르크와 슈뢰딩거가 수업 시간에 파동–입자 이중성, 중첩, 불확정성 원리 같은 양자적 특성의 핵심을 강조할 때 즐겨 소개한 예였다. 에너지 장벽을 통과하는 양자 입자에 대해서도 마찬가지였다. 그는 직관에 어긋나는 현상을 설명하면서 학생들에게 "인과관계가 존재하는지 묻는 것은 의미가 없습니다. 불확정성 원리에 따르면 애초에 상태를 완벽하게 알 수 있는 순간 같은 것은 없으니까요. 따라서 이상적인 관찰이라는 고전물리학의 개념을 버려야 합니다"라고 강조했다.[18]

노르트하임과 마찬가지로 비밀 대형 전시 계획, 전후 방위 프로젝트 자문과 같은 바깥 세상을 공유하는 전국의 많은 물리학자는 대학원생들에게 양자역학을 강의하는 자리에서 노르트하임과 사뭇 다른 태도를 보였다. 노르트하임은 10여 명의 학생들과 수업했지만, 대부분의 다른 강사들은 이미 몇 배나 더 커진 강의실에 서야했다. 시카고대학교에서 엔리코 페르미는 하이젠베르크의 불확정성 원리를 설명할 때보다 2배나 더 많은 시간을 들여 리게르 다항식(수소 원자에서 전자의 행동을 정량화하는 함수)의 성질을 유도했으며, 코넬대학교에서 한스 베테는 지나가는 말로 "불확실성을 피하려는 것은 영구 기관을 설계하려는 것만큼이나 헛된 일"이라고했다. 어린 학생들에게 양자역학을 가르치겠다는 열정으로 가득 차 있던 리차드 파인먼도 강의실에서 수업의 진짜 목적이 계산법을 배우는 것이라고 콕 집어 말했다. 파인먼이 대학원생에게 수업한 양자역학 강의 노트를 보면, 그가 양자역학의 해석(전쟁 전 오펜하이머의 강의와 전쟁 후 노르트하임의 강의를 채운 것과 비슷한 주제)은 어디까지나 "철학적 문제이며 물리학의 발전에 전적으로 필요한 것은 아니다"라고 힘주어 경고했음을 알 수 있다. 노르트하임은 강단에 서서 양자 터널링Quantum tunneling이라는 난해한 개념을 한참이나 살펴보았지만, 듀크대학교에서 노르트하임이 가르친 학생 수보다 거의 3배나 많은 학생들을 코넬대학교에서 가르친 프리먼 다이슨Freeman Dyson은 중양자와 같은 핵 물질의 다양한 상태를 다룰 때 일상적으로 쓰이는 계산법을 가르치며 꾸역꾸역 진도를 나갔다. 다이슨은 첫 강의에서 자신은 교재에 나오는 "지나치게 철학적인" 내용을 고집하지 않겠다고 명확히 밝혔다.[19]

전쟁 직후에 출간된 두 권의 유명한 교과서가 당시의 경향을 잘 반영한다. 레너드 시프Leonard Schiff의 『양자역학Quantum Mechanics』(1949)과 데이비드 봄David Bohm의 『양자론Quantum Theory』(1951)이 그것들이다. 시프와 봄은 1930년대에 버클리에서 오펜하이머와 함께 공부했는데, 두 저자 모두 오펜하이머의 강의가 자신의 수업 방식에 큰 영향을 주었다고 인정했으나 양자역학 수업의 이 보완적 모델들(주안점은 서로 크게 달랐지만 출간되었을 때 똑같이 성공적이었다)은 곧 늘어난 학생 수의 압박에 무너지고 말았다.[20]

  레너드 시프는 1937년에서 1940년까지 오펜하이머와 함께 박사후 과정을 밟았다. 나중에 스탠퍼드대학교 교수가 되었고, 그의 『양자역학』은 1949년에 출간되자마자 극찬을 받았다. 시프의 책은 양자역학을 도구 상자로 바라보는 대표적인 사례였다. 오펜하이머가 슈뢰딩거 방정식의 상세한 내용을 일일이 훑으며 수많은 개념적 난제를 오래오래 즐긴 것과 달리, 시프는 그런 철학적 내용은 대충 건너뛰었다. (1959년 수업 첫날에 그는 이렇게 말했다. "이 수업에서는 철학이 아니라 물리학을 논합니다."[21]) 오펜하이머 강의 노트에서 20퍼센트나 차지하는 부분이 시프의 책에서는 처음 몇 페이지에서 끝나버렸다. 그 대신 시프는 적절한 난이도의 계산 문제들로 이루어진 최고의 과제 문제집을 제공했다.[22]

데이비드 봄은 1942년에 오펜하이머의 밑에서 박사과정을 마쳤고, 몇 년간 프린스턴에서 수업한 내용으로 1951년에 『양자론』을 출간했다. 봄은 프린스턴대학교 물리학과의 규모가 커지기 전인 1947년과 1948년에 진행한 수업 내용으로 이 교재를 썼다. (이때 그의 수업을 수강한 학생은 약 20명 정도로, 1930년대 버클리에서의 오펜하이머 수업을 들은 학생 수와 비슷한 수준이었다.) 봄의 교재도 시프의 책처럼 처음에는 호평 일색이었다. 한 평론가는 "탁월한 표현력, 명확한 과학적 글쓰기의 드문 예"라며 만족스럽게 평가했다. 시프와는 달리 봄은 책의 전반부를 오펜하이머가 강조한 철학적 난제와 개념 퍼즐에 할애했으며, (시프의 책에서 21쪽에 소개된) 슈뢰딩거 방정식은 이 책 191쪽에서야 처음 등장했다.[23]

책에서 개념 설명에 열심이었던 봄의 태도는 초기의 여러 평론가들에게 깊은 인상을 남겼다. 어떤 이는 "형식주의와 해석 사이의 간결하고도 균형 잡힌 대위법적 상호작용"이라며 칭찬했다. 또 어떤 이는 봄과 시프(시프의 책은 전후에 출간된, 유일하게 확실한 미국의 경쟁작이었다)의 책을 나란히 놓고, 비록 시프의 책은 그 길이가

3분의 2밖에 되지 않지만 형식주의를 더 자세하고 풍부하게 적용한 반면, 다루는 주제 면에서 "더욱 명확하고 물리학적으로도 이해하기 쉬운 설명을 제공한 것은 봄의 책"이라고 평가했다.[24]

출발은 똑같이 화려했지만 두 책의 운명은 아주 달랐다. 저자들도 마찬가지였다. 시프는 스탠퍼드대학교의 학과장이 되었고, 자신의 책을 출판한 맥그로힐 출판사의 영향력 있는 교과서 시리즈의 편집자가 되었다. 반면 봄은 책이 출간된 지 몇 개월 만에 프린스턴에서 정직당했고 미국에서도 추방되었다. 전시 맨해튼 프로젝트의 "공산주의자 침투" 의혹에 대한 떠들썩한 조사에서 비미활동조사위원회가 소환할 이들의 이름을 대지 않았기 때문이었다. 봄은 브라질로 떠났다가(그곳에서 미국 여권을 몰수당했다), 몇 년 뒤에는 이스라엘로 이주했고, 결국 런던에 자리 잡았다. 시프의 책은 널리 알려지며 1955년과 1968년 두 차례에 걸쳐 개정판이 나왔지만, 봄의 책은 생전에 다시 재발간되지 않았고 양자역학에 관한 후속 교과서를 출간하려는 시도 역시 무산되었다.[25]

오펜하이머의 버클리 그룹의 세 번째 베테랑인 에드워드 저주이Edward Gerjuoy는 다양한 관점을 소개했다. 그는 1950년대 중반에 시프의 『양자역학』 개정판을 리뷰하면서 초판과 비교했다. 시프는 개정판에서 양자역학의 개념이나 해석적 담론에 할애한 공간을 이전보다 더 줄였는데, 저주이가 보기에 이는 "대응 원리, 불확정성, 상보성 원리, 인과관계와 같은 질문"을 지나치게 등한시한 것이었다. 봄의 책에서 큰 비중을 차지하는 바로 그 주제들이었다. (저주이는 "봄의 『양자론』은 흥미롭고 심지어 재미있기까지 하다"라고 적었다.) 그러나 저주이는 개정판에서 이 주제를 강조하지 않은 시프의 생각을 충분히 이해했다. "이런 주제를 강의 시간에 다루는 것은 쓸모없는 일이다. 학생은 당황하며 무엇을 적어야 할지 모를 테고, 혹여 받아 적더라도 수업 노트를 본 강사는 겁에 질려 학생이 이런 주제로 질문하지 못하게 애초에 거절할 것이 분명하다." 그래서 시프는 실제 사례들에 집중했다. 이제 학생은 "자신이 양자역학을 배우고 있다고 스스로 믿게 되는 상세한 대수적 복잡성에 깊이 빠져들 것이다". 시프의 교육학적 선택을 이해하면서도, 저주이는 (아마도 학생 시절 오펜하이머의 유명한 버클리 수업을 들은 경험에서) 양자역학이 제기하는 철학적 문제를 그렇게 대충 건너뛰어 학생들에게 그 깊이를 가늠할 기회조차 주지 않는 것이 과연 "필요한" 일인지 의심했다.[26]

저주이의 우려에도 불구하고 시프의 책은 빠르게 정석으로 자리 잡았고, 과제로 실린 계산 문제는 특히 대형 강의실에서 많은 학생을 가르칠 때 적합했다. 세 번째 개정판이 나오겠느냐는 질문에 어느 버클리대학교 교수는 두 번의 개정판이 성공한 원인을 16쪽에 걸쳐 작성했다. 그는 "시프의 책은 대단히 실용적인 책입니다"라고 운을 띄우며 "책을 다 읽은 독자는 양자역학에 대한 실질적인 지식을 얻게 됩니다"라고 말했다. 그리고 계속해서, 그 책을 선택한 학생들이 "세심하게 선별된 응용 예시를 배우고 그 예시들을 통해 양자역학이 실제로 어떻게 쓰이는지를 보게" 된다고 적었다. 이 버클리 물리학자 역시 자신이 높이 평가하는 접근법으로 책의 초판에서 같은 주제를 배운 바 있었다. "나는 학생으로서 이런 표현 방식이 완전히 마음에 들었다. 이 책은 양자역학의 '진정한' 의미에 관한 유사 철학적 추론에 빠지지 않도록 나를 아주 바쁘게 해주었다."[27]

미국 전역의 많은 물리학자들도 비슷한 평가를 내렸다. 과거에는 평론가들이 부분적으로라도 자신의 철학적 입장에 근거해 양자역학 교과서를 평가했지만, 1950년대와 1960년대에는 계산에 집중하지 못하게 만드는 "철학적 논의를 피하고", "철학적으로 오염된 문제"를 생략하는 최근의 추세를 높이 보았다. MIT의 허먼 페시바흐Herman Feshbach가 "위치와 운동량에 관한 케케묵은 호들갑은 이제 그만"이라고 일갈했다.[28]

새로운 접근법이 책의 목차를 결정했다. 1949년에서 1979년까지 미국 물리학자들은 대학원 신입생 대상의 양자역학 교재를 총 33권 출간했다. 이 교재들에 나오는 연습 문제를 모두 합치면 6,261개에 달한다. 물론 중복되는 문제들도 많다. 대부분은 학생이 슈뢰딩거 방정식의 변수를 바꾸거나 적분 계산을 하는 등 본문에 예시된 방정식을 수정해 계산하는 문제였다. 전체 문제의 약 10퍼센트만이 본문의 방정식을 벗어나 계산 과정을 말로 설명하게 했다. 오펜하이머처럼 양자역학의 개념이 변하는 놀라운 과정을 직접 지켜보았던 일부 나이 든 물리학자들은 이런 방식에 우려를 표했다. 1960년대 초, 누군가는 우후죽순 출간되는 새로운 교재들을 보고 "가르치기 쉬운 것", 즉 "이론의 기술적이고도 수학적인 측면"을 학생들이 반드시 알아야 하는 개념적 이해와 혼동하고 있다고 불평했다.[29]

그런데 물리학과 진학률이 급락하자 두 종류의 문제들이 혼합된 새로운 교재가 등장하기 시작했다. 로버트 아이스버그Robert

Eisberg와 로버트 레스닉Robert Resnick이 1970년대 초에 공동 집필한 두꺼운 교과서인 『원자, 분자, 고체, 핵, 입자의 양자 물리학Quantum Physics of Atoms, Molecules, Solids, Nuclei, and Particles』이 그런 예다. 1974년에 책이 출간될 무렵, 이 책의 독자인 물리학과 대학원 신입생 수가 1960년대 최고치와 비교해 60퍼센트 넘게 추락했다. 아이스버그와 레스닉의 책은 새로운 강의실의 현실을 반영했다. 레너드 시프의 『양자역학』을 채운 수백 개의 정량적 문제에 덧붙여 각 장마다 말미에 긴 "토론 주제" 목록을 추가했다. "흑체는 항상 검게 모이는가? '흑체'라는 용어를 설명하시오"가 한 가지 예시다. "입자는 에너지 장벽을 통과하는 동안 탐지될 수 없으므로 그 과정이 실제로 일어난다고 말하는 것은 무의미하다.' 이 문장의 오류는 무엇인가?" 이는 로타르 노르트하임이 듀크대학교 강의에서 가장 좋아하던 예시를 떠오르게 한다. 라이스대학교의 두 물리학자가 쓴 『원자, 분자, 그리고 고체의 양자적 상태Quantum States of Atoms, Molecules, and Solids』(1976)의 연습 문제도 절반은 이와 같은 서술형 문제였다.[30]

◆◇◆

1950년대 초, 버클리의 한 젊은 이론물리학자는 수업 규모의 팽창이 물리학 연구와 교육 방식에 미치는 영향을 뼈아프게 배웠다. 버클리대학교 물리학과 교수로 재직한 지 1년 반 만에 이 이론물리학자는 학교를 그만두어야 했는데, 연구 실적이 부족해서도 수업에 충실하지 않아서도 아니었다. 학과장은 이 젊은 교수의 연구와 수업이 모두 평균 이상이었다고 했다. 다만 이 학자가 선택한 연구 주제가 새로운 교육 현실에 맞지 않는다는 점이 문제였다. 그는 양자역학 중에서도 다소 난해한 분야를 연구했는데, 주제 자체는 훌륭할지도 모르지만 (학과장은 아직 단정해서 말하기에는 이르다고 했다) 중요한 시험에서 실패했다. 학과장이 설명하기로, 학과의 젊은 교수는 대학원생들이 학위를 따기에 적절한 파생 프로젝트를 만들어 낼 수 있는 연구 주제를 골라야 한다. 학생들에게 "너무 가볍지도, 그렇다고 터무니없이 어렵거나 시간이 지나치게 많이 들지도 않는 주제"를 제공해야 한다는 것이다. 장기적인 성공 여부를 떠나, "박사 논문으로 쉽게 쓰일 수 있는 연구가 아니었습니다". 대학원생이 200명 넘게 진학하다 보니, 버클리대학교 물리학과는 "우리에게 보다 유용한 사람"을 필요로 했다. 실제로 같은 시기에 그 학과장은 많은 대학원생에게 적절한 연구 주제를 줄 능력이 있는 다른 젊은 교수를 빠르게 승진시켰다.[31]

버클리처럼 규모가 크거나 빠르게 확장된 학과는 드물었지만, 다른 대학교들도 전쟁 후 입학생 증가로 압박을 느끼기는 마찬가지였다. 가까운 스탠퍼드대학교 물리학과의 경우, 교수들은 버클리 "공장"과 차별되는 친밀한 소규모 수업을 제공한다는 자부심을 내세웠다. 1950년대 초, 매년 10명에서 12명 정도의 신입생이 들어오던 시절 스탠퍼드대학교 교수진은 학생별로 상세하게 기록된 구술 시험 평가를 보관하고 있었다. 이 시험은 교과 수료를 마치고 논문 연구에 들어가는 관문이었는데, 기록을 보면 "배경지식이 다소 부족함, 수줍음이 많고 대답할 때 주저함, 긴장함" 또는 "훌륭한 대답,

임기응변에 뛰어남"과 같이 적혀 있다. 그러나 1950년대 후반에 들어서는 매년 최대 30명, 1969년에는 최대 37명까지 입학생이 늘어나자 개인별 기록도 중단되었다. 필기시험은 서술형에서 계산식 문제로 바뀌었고, 심지어 채점을 쉽게 하기 위해 OX 문제까지 출제되었다.[32] 일리노이대학교 물리학과 교수진도 비슷한 압박을 느끼며 1963년에는 장난삼아 (미국과 소련이 아닌 교수와 학생 사이의) "시험 금지 조약"을 요청하기도 했다. 반면 학생들은 "낙제 방지"를 위한 로비에 나섰다.[33]

그리고 나서 입학생 수가 곤두박질쳤다(부록 참고). 스탠퍼드대학교 물리학과의 경우 1970년에는 불과 18명, 1972년에는 16명이 입학했다. 이런 분위기에서 학과가 다시 한번 논문 자격시험을 전면적으로 개정하면서 "서술형과 토론식 문제의 상당 부분"이 부활했다. 1972년 9월, 개정된 시험은 40퍼센트가 단답형 또는 서술형으로 이루어졌고, 그 2배가 과거의 시험과 비슷한 문제들로 구성되었다. 같은 해에 물리학과는 "물리학의 추론"을 주제로 하는 비공식 세미나를 새로 도입했다. 이는 20년 전 버클리의 젊은 이론물리학자가 교수 자리를 내놓아야 했던 종류의 것이었다.[34] 칼텍의 리처드 파인먼 역시 이와 비슷하게 뒤바뀐 교육 현실의 이점을 누렸다. 그는 '물리학 X'라는 비공식 강좌를 개설하고 흥미진진한 과학 퍼즐을 해결하고자 하는 모든 학부생을 초대했다. 내가 제일 좋아하는 이 시기의 사진 하나는 1976년에 파인먼이 칠판 앞에서 수업하는 모습으로, 1960년대 『파인먼의 물리학 강의』 시절의 정장과 넥타이는 단추를 푼 셔츠로 대체되었고, 학생들도 일부는 머리띠를

그림 7.2.　리처드 파인먼이 1976년에 칼텍에서 비공식 수업 '물리학 X'를 가르치고 있다.

하고 발은 책상 위에 올린 채 수업을 듣고 있다.[35]

　양자역학을 가르치는 단 한 가지 '최고의' 방법은 없었다. 특히 입학생 증가로 인한 실용주의, 즉 제2차 세계대전 이후 미국 대학교의 물리학과에서 노골적으로 나타난 실용주의를 결코 "지나친 하향 평준화"로 볼 수만은 없다. 예를 들어, 레너드 시프의 호평을 받은 『양자역학』의 두 번째, 세 번째 개정판에는 10, 20년 전만 해도 물리학자들을 기함하게 했을 대학원 신입생용 기초 문제들이 포함되어 있었으나, 계산 기술의 누적은 눈에 띄지 않는 대가를 치렀다. 1950년, 1960년대 물리학도들은 복잡한 계산과 추가로 씨름하느라 저 화려한 방정식이 무엇을 의미하는지 고민할 시간이 상대적으로 부족했다.[36] 양자역학, 그리고 양자역학이 물리학자에게 어떤 의미를 가져야 하는지를 둘러싼 다양한 이상들은 입학생이 많았던 시기에 번성하다가 나중에는 거품처럼 터져버렸다.

8장

현대물리학과 동양사상
Zen and the Art of Textbook Publishing

어떤 책은 토템이자 시대의 아이콘이 된다. 다락방이나 헌책방에서 우연히 발견해 반갑게 펼치는 순간 쩍 하고 갈라지는 소리나 퀴퀴한 곰팡내가 과거 그 책을 읽은 장소는 물론이고 그 책을 처음 읽은 당시의 자신에 대한 기억까지 불러온다. 전 세계 수십만 독자에게 프리초프 카프라Fritjof Capra의 『현대 물리학과 동양사상The Tao of Physics』이 그런 대표적인 책이다. 1975년에 초판이 발행된 이 신기한 책은 출판계에 일대 파란을 몰고 왔고, 예상치 못한 상업적 성공에 힘입은 모방의 물결이 뒤따라 일어나면서 양자역학의 신비를 다루는 교양 과학 책이라는 잠자던 장르가 부활했다. 현대물리학이 동양 신비주의의 오랜 지혜를 되살린 것이고 심지어 동양의 철학을 요약한 것에 불과하다는 주장이 아주 새로운 것은 아니었다. 1920년

8장　　　현대물리학과 동양사상　　　137

대와 1930년대에 양자역학의 여러 창시자도 비슷하게 선언한 바 있다. 그러나 닐스 보어와 에르빈 슈뢰딩거, 그리고 그들의 동료들이 내놓은 비유가 오랜 시간 잊혀 있었던 것과 달리, 카프라의 책은 엄청난 대중적 관심을 끌었다. 수 세대의 반문화 추종자들에게 『현대 물리학과 동양사상』은 서구 과학과 뉴에이지의 통합을 약속했다.

카프라의 책은 과학의 냉철함이 반문화의 환락에 휘말려 그 둘 사이의 명확한 경계가 모호해지던 1970년대의 커다란 흐름 가운데 일부였다. 이 책이 집필된 상황과 그것의 다양한 쓰임은 학문으로서의 물리학이 전후에 대중과 함께 호흡하고 잠시나마 근사한 학문으로 여겨지는 과정을 명확하게 보여준다.[1]

카프라의 책과 그 역할을 납득하려면, 1968년이나 1975년이 아니라 1945년으로 돌아가야 한다. 1950년대와 1960년대 물리학 수강생의 증가는 물리학자들이 강의실에서 양자역학과 같은 주제를 다루는 방식을 일순간에 바꾸었다. 그러나 1970년대 초에 이르러 환상적으로 늘어나던 학생 수가 급락하면서 강의 환경이 갑작스레 변하자, 추측과 해석에 관한 표현들도 강의실로 다시 돌아올 여지가 생겼다. 교수법의 공백은 책들이 메워주었는데, 이들은 당시 미국 전역의 대학교 캠퍼스에서 성행하던 뉴에이지와 반문화 운동에 영향을 받았다. 그 시대를 상징하는 일부 도서들은 대중을 위한 교양서와 과학도를 위한 교과서라는 두 가지 역할을 모두 충실히 수행하며 다양하게 활용되었다. 그중에서도 가장 상징적이고도 성공적인 것이 『현대 물리학과 동양사상』으로서, 당시의 신간 도서들이 지닌 하이브리드적인 특성과 다양한 역할들을 잘 보여준다.[2]

◆◇◆

『현대 물리학과 동양사상』은 미국 대학교 강의실에 입성하기까지 저자와 함께 먼 길을 걸어왔다. 오스트리아 태생인 카프라는 1966년 빈대학교에서 이론입자물리학으로 박사학위를 받고 파리에서 박사후 연구원으로 일했다. 그곳에서 1968년 5월에 일어난 학생 봉기와 총파업은 카프라에 깊은 인상을 남겼다. 그는 캘리포니아대학교UC 산타크루즈에서 파리로 안식년을 온 선배 물리학자를 만났는데, 마침 그 교수가 자기 실험실의 박사후 연구원 자리를 제안했다. 카프라는 기쁘게 승낙했고, 그렇게 1968년 9월 미국 산타크루즈에 도착했다.[3]

카프라는 캘리포니아에서 여러 방면으로 시야를 넓혔다. 산타크루즈에서 낮에는 양자물리학자로 열심히 연구하고 밤에는 히피로 살아가는 "다소 분열된 삶"을 살았다. 그리고 1968년 파리에서부터 고무된 정치 활동을 계속 이어나가며 흑표당 강연과 집회에 참가하고 베트남전쟁 반대 시위에 나갔으며, 산타크루즈 반문화 집단에서 필수적인 '록 페스티벌, 사이키델릭, 새로운 성적 자유, 공동생활'에도 동참했다. 또한 영화를 제작하던 형의 영향으로 동양의 정신적 전통에 관심을 두기 시작해 불교, 힌두교, 도교 전문가인 앨런 와츠의 글을 읽고 강의를 들었다.[4]

그러던 1969년의 어느 여름날, 그는 산타크루즈 해변에서 잊을 수 없는 강력한 경험을 했다. 파도가 들고 나는 모습을 지켜보다가 무아지경에 빠진 것이다. 자신을 둘러싼 모든 물리적 과정에 말할 수 없는 친밀감을 느꼈고, 모래, 바위, 물의 원자와 분자의 진동, 대기에 내리꽂히는 고에너지 우주선 등 모든 것이 강의실에서 공부한 공식이나 그래프 이상의 의미로 다가왔다. 그는 그 모든 것을 온몸으로 느꼈다. 모든 것이 힌두 신화의 시바 신이 추는 춤이었다. 이 경험으로 카프라는 최신 양자역학과 동양철학의 핵심 교리 사이에 존재하는 유사성을 깨달았다. 양쪽 모두 정적인 대상들이 아니라 전체성과 상호 연결성, 역동적인 상호작용을 강조하고 있었다.[5]

1970년 12월, 미국 비자가 만료된 탓에 카프라는 유럽으로 돌아왔지만 아직 무직 상태였다. 그는 안정된 일자리를 찾아 지인들을 만나고 다녔다. 캘리포니아에서 만난 적 있는 런던 임페리얼칼리지의 이론물리학과 교수를 찾아갔지만 영국 물리학자도 연구비 사정이 어려웠던 터라 그를 받아주지 못했다. 하지만 경기 침체로 빈 책상들은 남아 있는데, 카프라는 그곳에서 둥지를 틀었다. 직책도 수입도 없었지만 자신만의 연구 공간을 갖게 된 것이다.[6]

생계를 이어갈 일이 막막해진 카프라는 과외를 가르치고 《피지칼리셰 베리히테Physikalische Berichte》라는 물리학 학술지에서 최근 물리학 논문의 초록을 작성하는 프리랜서로 일했다. 여유가 있을 때면 해변에서의 신비한 경험만큼이나 그를 자극한 앨런 와츠의 가르침에 따라 동양 문헌을 더 깊이 파고들며 자신이 어렵게 공부한 물리 지식을 활용할 계획을 세웠다. 카프라는 자신이 사랑하는 양자역학으로 교과서를 쓸 생각이었다. 집필 속도를 올리고 대형 출판사를 잡을 수만 있다면 빠른 시간 안에 경제적 문제를 해결할 수 있을 듯했다. 게다가 책이 출간되면 교수 자리에 지원할 때도 훨씬 유

리할 터였다.[7]

1972년 11월, 카프라는 책의 개요를 짜고 초고를 쓰기 시작했다. 그는 조언해 줄 사람을 찾았다. 얼마 전 이탈리아 여름 학교에서 만난 MIT 물리학자 빅토어 바이스코프Victor Weisskopf였다. 카프라와 동향인 바이스코프는 이론물리학계 원로로, 당시 스위스 제네바의 다국적 고에너지물리학 연구소인 유럽입자물리연구소European Organization for Nuclear Research, CERN의 연구소장 임기를 막 마치고 성공적인 대중 과학서 작가로 제2의 길을 걷고 있었다. 또한 바이스코프는 대단히 영향력 있는 핵물리학 교재를 출간했는데, 그가 늘 자랑스럽게 말하기를, 'MIT 도서관에서 가장 자주 도난당하는 책'이라는 명예를 갖고 있었다. 바이스코프는 여름 학교에서 카프라에게 교재 집필을 권한 적이 있었다. 카프라는 격려를 기대하며 책의 각 장에 대한 개요를 보냈고, 그 밖에도 바이스코프가 인맥을 동원해 출판사에 줄을 대주고 일이 잘 풀려 선인세까지 받을 수 있기를 은근히 바랐다.[8]

이렇게 두 사람 사이에 서신이 오갔고, 바이스코프는 카프라의 기획서와 각 장의 초안에 대한 의견을 말하기 시작했다. 카프라는 서평에 감사하면서도 실질적인 지원을 받고자 그를 압박했다. "아시다시피 제 경제 상황이 여의찮아서요." 1973년 1월, 카프라는 이렇게 편지를 시작했다. 그리고 지금 단계에서 "출판사에 연락해 계약 여부를 물어봐도 될지", 그렇다면 어떤 출판사를 추천하는지, 그리고 바이스코프가 직접 출판사에 이 책을 추천할 의사는 없는지를 물었다. "이런 문제로 번거롭게 해드려 죄송합니다만, 책을 쓸 시간이 정말 부족합니다. 아무런 지원도 받지 못하는 형편이라 창의적이지 못한 방식으로 생계를 꾸려가고 있거든요." 하지만 바이스코프는 그저 원고를 더 달라고만 하면서 받은 원고에 코멘트할 뿐 정작 카프라에게 시급한 문제는 회피했다. 이에 카프라는 출판사에 줄을 대고 경제적 지원을 받는 게 시급하다며 호소를 거듭했다.[9]

몇 주, 그리고 몇 챕터를 보내고 나서야 바이스코프는 카프라의 걱정에 대해 언급했다. "자네 스타일이 마음에 드네. 아주 잘 표현했어." 바이스코프는 이렇게 서신을 시작했다. "끝까지 원고를 잘 마무리하길 응원하네." 하지만 그는 원고가 완성될 때까지 출판사에 연락하지 말라고 조언했다. 또한 이런 교재에 선인세를 제공하는 출판사는 거의 없다고 말했다. "경제적으로 어렵다는 건 알겠지만 어차피 이런 성격의 책으로 큰돈을 벌 수 없다는 건 자네도 잘 알고 있을 걸세. 기껏해야 첫해에 1,000달러 정도의 수익이 있을까 말까 하고 그 뒤로는 그보다도 받기 어렵지." 바이스코프의 조언에 따르면 교과서를 쓴다는 것은 고매한 일이지만 단시간에 많은 돈을 벌 방법은 되지 못했다.[10]

바로 그 무렵 카프라는 버클리의 물리학자 제프리 추Geoffrey Chew의 연구실로부터 세미나 초청을 받았다. 카프라는 예전에 추가 연구하는 입자물리학의 핵심 개념인 자기일관성 입자 '부트스트랩bootstrap'을 불교 사상의 핵심 교리와 비교하는 에세이를 보낸 적이 있었다. 그런데 마침 그의 두 대학원생이 이 글을 읽고 카프라를 초청해 달라고 요청한 것이었다. 캘리포니아로 다시 돌아온 카프라는 UC 산타크루즈에서 박사후 과정 당시의 지도교수와도 연락해 동양의 정신적 전통을 탐구하는 동시에 교과서를 쓰는 자신의 프로젝트에 관해 얘기했다. 카프라가 보기에 이 물리학자는 "단호한 면이 있고 실용적인 물리학자"라서 주변의 활기찬 반문화 조류에 휩쓸리지 않는 사람이었다. 그런데 그런 그가 카프라에게 집필의 방향을 바꾸어 두 관심사를 결합해 보라고 권했다. 단순히 물리학 교재를 쓰는 대신, 해변에서의 초월적 경험 이후로 줄곧 카프라를 사로잡은 동양 사상과 물리학의 유사점을 탐구하는 책을 써보라고 제안한 것이다. 교재는 잘 팔리지 않는다는 바이스코프의 현실적인 충고와 함께 그는 전 지도교수의 조언을 받아들여 런던으로 돌아오자마자 동양 전통(힌두교, 불교, 유교, 도교, 선종)에 대한 장들을 쓰고 이를 과거에 작업한 물리학 글들과 엮기 시작했다.[11]

새로운 시도에서 가능성을 본 카프라는 출판사에 문을 두드렸다. 12번의 거절 끝에 런던에 있는 한 작은 출판사가 도박에 나섰고, 비록 얼마 안 되지만 그가 오랜 시간 그토록 갈구한 선인세를 받고 책을 마무리 지을 수 있었다. 완성된 원고를 들고 카프라는 미국에 있는 소규모 출판사와도 계약에 성공했다. 버클리에 본사를 둔 샴발라라는 고작 5년 된 신생 출판사였는데, 동양 신비주의와 영성에 관한 책을 주로 출판하는 곳이었다. 이렇게 『현대 물리학과 동양사상』은 1975년 영국과 미국에서 동시에 출간되었다.[12]

몇 개월 뒤 카프라는 캘리포니아에서 열린 한 학회에서 바이스코프에게 책을 주었다. 매사추세츠로 돌아오는 비행기 안에서 책을 읽은 바이스코프는 "아주 마음에 든다"라고 하면서도 "자네의 성공 여부를 내가 판단하기는 어렵겠네. 이 책은 동부에서 찾아보기 어려운 아주 특수한 집단을 독자로 삼고 있으니 말일세"라고 말했다. (해석하면, MIT에는 히피가 없다는 뜻이다.) "하지만 분명 좋은 책이고, 이 책을 읽고 나면 많은 이들이 물리학에 대해 더 나은 생각을 하게 되리라고 믿어 의심치 않네." 바이스코프는 "도교적인 내용에 겁을 먹는" 독자가 있을지 모른다고 염려하면서도 "모두의 입맛을 다 맞출 수는 없는 법"이라며 한발 물러섰다. 그는 밝은 문장으로 편지를 끝냈다. "행운을 비네. 책이 얼마나 팔릴지 궁금하구먼."[13]

책은 아주 잘나갔다. 샴발라 출판사가 찍은 초판 2만 부가 1년 만에 다 팔렸다. 1977년에는 밴텀 출판사가 '뉴에이지' 시리즈의 하나로 작은 판형을 출간했는데 첫 인쇄 부수만 15만 부였다. 1983년에는 50만 부가 인쇄되었고, 추가로 여러 외국어로 판본이 제작되었다. 25년 뒤에는 『현대 물리학과 동양사상』은 독일어, 네덜란드어, 프랑스어, 포르투갈어, 그리스어, 루마니아어, 불가리아어, 마케도니아어, 페르시아어, 히브리어, 중국어, 일본어, 한국어 등 23개국어의 번역본을 포함해 총 43개의 판본이 나왔고, 전 세계에서 수백만 부가 팔리면서 진정한 블록버스터 자리에 올랐다.[14]

책의 판매량이 대기권을 뚫고 솟아오르게 한 여러 요인들이 있다. 첫째, 카프라는 물리학에 대한 탄탄한 지식을 갖추고 있었다. 잘 훈련받았다는 말이다. 이 책에서 다루어지는 물리학은 대부분 원래 교재로 출판하려던 원고 초안에서 시작된 것이었고, 특히 빅토어 바이스코프 같은 일류 물리학자가 세심하게 검토한 것이 카프라가 하이젠베르크의 불확정성 원리와 양자 비국소성과 같은 어려운 개념을 일목요연하게 설명하는 데 도움이 되었다. 그를 무시하는 종교 전문가들도 있었지만, 이 책에 동양 사상이 유입된 동기는 어디까지나 순수하고 진심 어린 열정에서 비롯한 것이었다.[15] 카프라는 자신이 구할 수 있는 모든 자료를 읽으면서 구도자가 되었고, 책을 끝낼 무렵에는 이미 세상을 마주하는 다양한 방식을 몇 년째 시험하면서 고대의 신비한 전통이 주는 통찰을 흡수하기 위해 스스로를 다그쳤다. 기막힌 타이밍도 한몫했다. 뉴에이지가 만개한 1970년대 중반은 『현대 물리학과 동양사상』과 같은 책이 등장하기 위한 조건이 제대로 무르익은 상태였다. 카프라의 책은 세속의 인간사를 초월하는 우주의 의미를 발견하고자 하는 널리 공유된 열망을 잘 활용했다. 카프라의 책이 나온 시장은 펄펄 끓기 직전의 거대한 냄비 속 물처럼 바글거리고 있었다. 『현대 물리학과 동양사상』은 엄청난 반응을 촉발한 촉매가 되었다.

◆◇◆

책을 홍보하러 나선 카프라는 그 시대의 전형적인 젊은이로 묘사되었다. 《워싱턴포스트》 기자는 카프라가 "키가 크고 호리호리하며 갈색 곱슬머리가 목덜미를 덮고 있다"라며 호의적으로 썼다. "카프라, 캘리포니아에서 그을린 갈색 피부에 숄더백을 메고 캐주얼한 재킷에 음양 무늬 배지를 달고 있는 그는 물리학자가 아닌 자아 인식 방법의 새로운 전달자처럼 보인다." 그러나 겉모습과 달리 그는 현대 물리학의 근간을 탐구하는 것은 물론이고 서구 문명의 틀을 바꾼다는 임무를 품고 있었다. 그가 책의 에필로그에서 적은 대로, 이것이야말로 "진정한 의미에서의 문화 혁명"이었다. 그가 본 것처럼 현대물리학은 현실을 이해하는 관점에서 지대한 변화를 겪었지만 대중은 말할 것도 없고 대부분의 물리학자 역시 그 결과를 제대로 인

그림 8.1. 1977년 11월, 『현대 물리학과 동양사상』을 설명하고 있는 프리초프 카프라.

지하지 못하고 있었다. 고전물리학의 "기계론적이고 파편화된 세계관"이 양자역학과 상대성이론으로 무너진 지 오래이지만 서구 사회는 여전히 아인슈타인, 보어, 하이젠베르크, 슈뢰딩거가 한 번도 펜을 들지 않은 것처럼 굴러가고 있었다. 그는 "현대물리학이 제시하는 세계관은 현대 사회와 일치하지 않는다. 현대 사회는 우리가 자연에서 관찰한 조화로운 상호 연결성을 반영하지 않는다"라고 설명했다. 현대물리학의 성과, 특히 "철학적, 문화적, 정신적 함의"를 올바로 이해한다면 너무 늦기 전에 균형을 회복할 수 있을 것이다.[16]

『현대 물리학과 동양사상』의 주요 논점은 현대물리학자들이 불교와 힌두의 경전, 고대 중국의 역경에서 가르침을 재발견해야 한다는 것이다. "미시적인 아원자 세계에 깊이 들어갈수록 우리는 현대물리학자들이 어떻게 이 세계를, 동양의 신비주의자들과 마찬가지로, 서로 분리할 수 없고 상호작용하며 끊임없이 움직이는 구성 요소들로 이루어진 시스템으로 보는지, 또한 인간을 그 시스템의 필수적인 일부로 보는지 깨닫게 된다." 카프라는 이러한 유사성을 계속 끌고 나갔다. 무엇보다 그는 양자역학에서 말하는 상호 연결성이 암시하는 "유기체설organicism" 또는 전체론holism을 중요시했다. 궁극적으로 양자 세계는 이음매 없는 하나의 전체로 짜여 있기에 별개의 부분으로 분할할 수 없다는 것이다.[17] 또한 카프라는 불교 사상의 선문답이나 도가 사상에서의 상반되는 것들의 끊임없는 상호작용, 양자역학의 역설들 사이에서 깊은 유사성을 보았다. 닐스 보어의 상보성은 물리학자들에게 서로 반대되어 보이는 것을 초월하라고 촉구한다. 파동도 입자도 아닌 둘 다인 것처럼 말이다. 카프라는 이렇게 설명한다. 비록 "상보성의 개념은 이제 물리학자들이 자연을 생각하는 중요한 방식이 되었지만", 카프라가 설명하기를, 물리학자들은 잔치에 늦게 합류한 것뿐이다. "사실 상보성이라는 개념은" 중국의 현자들이 음양의 변증법을 우주 중심에 올려놓은 "2,500년 전에 이미 극도의 유용성이 입증되었다". 그러면서 그는 보어가 가문의 상징으로 음양의 문양을 채택한 것도 놀랍지 않다고 결론지었다. 한편 $E = mc^2$을 통해 물질과 에너지의 상호 변환을 제시한 아인슈타인의 상대성이론은 동양 사상이 역동성과 흐름을 강조하는 것과 비슷하다면서, 우주는 정적인 물체들의 집합이 아니라 멈추지 않는 춤이라고 말했다. 그에 따르면, 시간과 공간을 시공간으로 통합한 것 역시 물리학자들이 그리는 우주의 그림을 동양의 오래된 직관과 일치시키는 과정이었다.[18]

『현대 물리학과 동양사상』은 크로스오버라는 드문 분야에서 크게 성공했다. 이 책은 물리학자가 아닌, 심지어 학계와도 아무 관계없는 수십만 독자들에게 놀라운 호소력을 발휘했다. 초판이 출간되고 몇 년 뒤에 어느 서평가는 카프라의 책이 "동양 종교에 심취한 샴발라 신봉자만이 아니라 공학자, 칼텍 대학원생, 몇 년 뒤에는 칼 세이건Carl Sagan을 읽는 일반 대중에게도 신기할 정도로 잘 팔렸다"라고 놀라움을 금치 못했다. 서평가들은 하나같이 카프라의 명료한 설명 방식을 높이 샀다. 사실 이 책은 학술적인 관심도 많이 받았다. 철학, 역사, 사회학 전문 학술지에서 이 책의 리뷰를 실었는데, 특히 《테오리아에서 이론까지Theoria to Theory》라는 학술지는 철학과 종교 전문가 3명의 상세한 서평과 함께 이 책에 대한 긴 리뷰를 실었다. 사회과학자와 과학철학자도 비슷하게 이 책에서 주장하는 유사성을 살피고 비판하면서 많은 논문을 썼다.[19]

그러나 가장 놀라운 반응을 보인 것은 과학자들이었다. 어떤 이들은 예상대로 『현대 물리학과 동양사상』을 단순히 대중화에 편승한 책으로 깎아내리면서 이 책의 반문화적 색채를 저속한 시대정신이라며 무시했다. 유명한 생화학자이자 과학 작가인 아이작 아시모프Isaac Asimov도 "주눅 든 이성"이 동양에 "비굴하게 무릎을 꿇었다"라면서 한탄했다. 하버드대학교에서 공부한 물리학자이자 《뉴요커》의 전속 작가인 제러미 번스타인Jeremy Bernstein은 한술 더 떠서 "과학에 신비주의가 필요 없고 신비주의에도 과학이 필요 없지만 인간에게는 둘 다 필요하다는 카프라의 글에 동의한다. 다만 내 생각에는 심각한 오해를 불러오는 이 얄팍한 책은 어느 누구에게도 필요하지 않다"라고 썼다.[20]

그러나 충분히 예측할 수 있었던 이런 반응들이 결코 일반적인 것은 아니었다. 신비주의를 차치하면, 카프라는 물리학자들이 결집할 수 있는 비전을 제시했다. 책을 시작하면서 그는 서구 사회, 특히 젊은이들 사이에 "널리 퍼진 불만"과 "뚜렷한 반과학 정서"를 지적했다. 카프라는 "이들은 과학, 특히 물리학을 현대 기술에서 비롯하는 만악의 근원이며 상상력이 부족하고 편협한 학문으로 보는 경향이 있다"라면서 "이 책의 목적은 과학의 이미지를 개선하는 것"이라고 선언했다. 현대물리학의 통찰과 즐거움은 단순한 기술을 넘어서 더 멀리까지 확장되는 것이다. 실제로 "물리학은 영적 지식과 자기 깨달음으로 가는 마음의 길이 될 수 있다". 평론가들도 이 점을 놓치지 않았다. 《피직스 투데이Physics Today》에서는 코넬대학교 천문학자의 서평을 실었는데, 그 서평은 물리학자의 고민을 장황하게 인용하면서 시작한다. 그에 따르면, 카프라와 그의 비평가들을 똑같이 괴롭힌 시대의 "반과학적 정서는 기초과학 연구비 감소에서부터 동양 신비주의와 다양한 형태의 오컬티즘으로의 전환까지, 우리 사회의 어디에서나 나타난다". 그러나 불길한 서두와 달리 이 평론가는 카프라의 책이 크게 성공했다고 판단했다. 무엇보다 이 책은 물리학을 제대로 아는 사람이 쓴 책이며, 더 중요하게는 "과학의 추상적이고도 이성적인 세계관을, 이 시대 최고의 엘리트 학생들을 그토록 강렬하게 매혹한 즉각적이고도 감정 지향적인 신비주의적 비전"과 통합했다고 평가했다.[21]

이 평론가의 평은 단순히 한 사람의 의견이 아니었다. 이 서평이 발행될 무렵, 카프라는 버클리대학교에서 자신의 책을 바탕으로 새로운 학부 강의를 진행하느라 바빴다. 그는 MIT의 빅토어 바이스코프에게 자신의 수업을 듣는 학생들의 3분의 1이 과학 전공이고 현대물리학의 기초를 알고자 하는 열정이 넘친다고 자랑했다. 학생들이 다른 물리학 강의에서 듣지 못한 철학을 다루기 때문이었을 것이다. 얼마 지나지 않아 물리 교육의 혁신을 주로 소개하는 《아메리칸 저널 오브 피직스American Journal of Physics》는 수업 시간에 『현대 물리학과 동양사상』을 (교재로 쓸지 말지에 관한 것이 아니라) 가장 잘 활용하는 방법에 관한 논문을 싣기 시작했다. 한 얼리 어댑터는 어느 글의 서두에서 『현대 물리학과 동양사상』의 엄청난 흥행을 언급했다. "이 책의 성공은 물리학자가 수업에서 어떻게 이 책으로 대중의 관심을 사로잡을 수 있을지를 묻게 한다." 후속 논문에서는 조금 더 객관적으로 논평했다. "물리학을 가르치는 사람이라면 누구라도 한 번쯤은 [현대물리학과 동양 신비주의 사이의] 유사성에 관한 의견을 질문받을 것이다. 이런 발상을 무시했다가는 학생들 사이에서 새롭게 유행하는 관심과 멀어지기 쉽다. 이 분야에는 상상력에 호소하는 잠재력이 있으므로, 아마도 주의 깊게 탐구하고 심지어 '활용'하는 것이 마땅해 보인다." 예산이 줄고 진학률이 추락하면서 물리학자들은 학생을 다시 강의실로 불러올 수 있는 것이라면 그것이 무엇이든 함부로 무시할 수 없는 처지였다.[22]

1990년 말까지도 북아메리카에서 대학교 물리학과 강의 계획서에는 "유용한 참고 자료"에 『현대 물리학과 동양사상』이 기본적으로 실려 있었다.[23] 일부 평론가들이 카프라의 책을 두고 학생들을 계몽하는 것 못지않게 혼란을 준다고 불평할 때("왜 가뜩이나 어려운 양자역학의 개념들을 하필 똑같이 어려운 동양 사상의 개념들로 설명해서 더 큰 혼란을 주는 것인가?"), 강의실에서 카프라의 책을 사용하는 물리학자들은 이에 빠르게 대응했다. "학생들 대부분은 이 책이 아니었다면 물리학과에 들어오지도 않았을 것이다." 어느 교수는 대담하게 답했다. 그가 가르치는 '도道, Tao' 중심의 물리학 수업이 자기네 학과에서 학생들의 "머릿수를 채우는" 최고의 수업이 되었다고 말이다.[24] 실제로 카프라의 책에 영감을 받은 이 물리학자는 벨 부등식이나 양자 얽힘(아인슈타인이 "유령 같은 원격 작용"이라며 무시한 매혹적인 상호 연결성)에 관한 새로운 강의 계획을 세웠는데, 이는 기존의 물리학과 교과과정이나 교과서에 아직 등장하지

않은 것이었다.[25]

◆◇◆

이렇게 카프라는 간접적으로나마 소기의 목적을 달성했다. 마침
내 성공한 교과서를 써낸 것이다. 대륙 어디에서나 물리학자들은
『현대 물리학과 동양사상』을 집어 들었다. 교실에서 이 책은 불만
투성이 학생들에게 물리학자들 역시 자신들도 "그것과 함께한다"
라는 것을 보여주었다.[26] 『현대 물리학과 동양사상』의 놀라운 상업
적 성공 이후로, 게리 주커브의 『춤추는 물리The Dancing Wu Li Masters』
(1979), 프레드 앨런 울프의 『과학은 지금 물질에서 마음으로 가
고 있다Taking the Quantum Leap』(1982), 닉 허버트의 『양자 현실Quantum
Reality』(1985)을 비롯한 유사 도서들이 쏟아져 나왔다. 카프라의 책
처럼 이 책들도 잘 팔렸고, 그중 많은 책이 전미도서상을 받았다.
이 책들도 물리학 강의실에서 제2의 삶을 찾았다. 평론가들이 『현
대 물리학과 동양사상』을 두고 그랬듯이, 물리학자들도 유용한 교
과서의 대용품으로 대중 도서가 갖는 장점을 내세우기 시작했다.
처참한 물리학과 입학률이 '뉴노멀'로 자리 잡은 후에 집필된 차세
대 양자역학 교과서는 대중 과학 책을 자유롭게 인용하고 더 읽을
거리로 추천하기도 했다.[27]

『현대 물리학과 동양사상』과 같은 책은 한때 견고해 보였던 모
든 것이 거의 공중분해되는 순간을 포착한다. 엄격한 학문 분야로
서의 물리학과 이제 막 시작된 반문화적인 청년운동 사이, 그리고

동료 과학자가 검토한 교과서와 블록버스터급 베스트셀러 사이의 굳건하지 않은 경계들도 그중 하나였다. 하나의 영역에서 다른 영역을 일방적으로 가리키는 하나의 화살은 없었다. "진짜" 물리학의 일부가 확산이나 삼투를 거치며 뉴에이지 추종자들에게 밀반입되거나 반출되었지만, 그와 동시에 똑똑하고 정식으로 교육받은 젊은 과학자들, 즉 직업에서의 역할과 기대의 지각 변동에 묶여 있으면서도 광범위한 질문들을 추구하는 데 진심이며 총천연색으로 만개한 반문화에 몰입해 있는 이들이 1970년대라는 홀치기염색 시대에 물리학자가 되는 새로운 길을 개척한 것이다.[28]

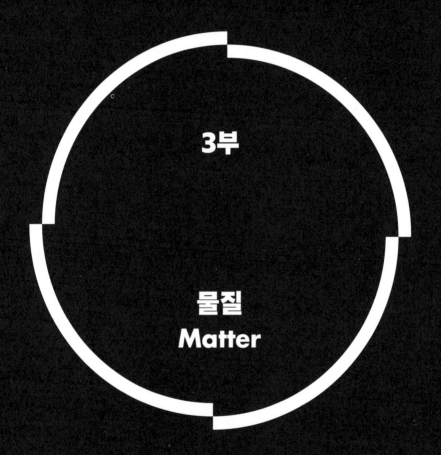

3부

물질
Matter

9장

두 거인 이야기:
초전도 슈퍼충돌기와 대형 강입자 충돌기
Pipe Dreams

2008년 9월 10일, 동료들과 노트북 주위에 모여 웹 브라우저의 '새로고침' 버튼을 미친 듯이 클릭했다. 우리는 스위스 제네바 근방에 설치된 신상 입자 가속기인 대형 강입자 충돌기Large Hadron Collider, LHC에서 양성자가 처음으로 주행하는 장면을 실시간으로 지켜보고 있었다. 냉각된 초전도 자석의 힘으로 상상을 초월하는 속도에 도달한 양성자는 총 둘레 27킬로미터의 거대한 고리를 질주했다. 양성자들은 프랑스와 스위스 사이의 국경을 1초 동안 1만 번 넘게 가로지르다가 서로 충돌하며 태곳적의 불꽃놀이를 연출했다.

LHC가 가동하는 것을 보며 짜릿하면서도 한편으로는 달곰씁쓸했다. 작은 노트북 화면을 심각한 표정으로 보다가 머릿속에서 온갖 생각이 들기 시작했다. 나는 어느 평행 우주에서 비슷한 이

벤트가 열리는 모습을 상상했다. 우리 우주에서는 끝내 치러지지 못했지만. 거의 정확히 15년 전, 이와 비슷한, 심지어 LHC보다 더 거대한 장비의 건설이 일순간에 중단되었다. '초전도 슈퍼충돌기 Superconducting Supercollider, SSC'로 알려진 이 시설은 텍사스주 댈러스 외곽의 웍서해치라는, 다른 볼거리라고는 사우스웨스턴의 하나님 성회대학교뿐인 작은 마을에 세워지고 있었다.

1992년 당시 학부생이었던 나는 캘리포니아 북부의 로런스버클리국립연구소에서 몇 달간 인턴으로 일하고 있었다. UC 버클리에서 나는 SSC에 사용될 대형 감지기를 건설하는 대규모 국제 공동 연구의 한 분과에 소속되어 있었다.[1] 나는 친구들에게 버클리에서 '유학'하고 있다고 농담하고는 했는데, 동부 해안가에서 나고 자란 나에게 버클리는 에든버러, 피렌체, 도쿄에서 학기를 보낸 친구들의 이야기만큼이나 이국적이고 낯설었기 때문이다. 연구소에서 언덕을 따라 내려가면 버클리의 메인 캠퍼스가 나오는데, 그곳에 도착한 첫날에는 학생 시위대가 90미터 높이의 종탑 꼭대기에 올라가서 승강대를 위태롭게 설치하고는 캠퍼스에서 동물을 사용하는 모든 실험을 중단하기 전까지는 내려가지 않겠다고 버티고 있었다. 게다가 그것은 내가 텔레그래프 애비뉴를 발견하기 전의 일이었다. 차라리 화성의 환경이 덜 낯설었을 것 같다.

나는 버클리국립연구소에서 인턴으로 지내면서 SSC가 관찰할 아원자 입자들의 상호작용을 예측하는 논문을 썼다. 첫 번째 초안은 어린 학생들이 으레 재빨리 모방하는, 사실 중심의 무미건조한 산문체로 다음과 같이 자신 있게 운을 떼었다. "SSC 가동으로 가능해지는 고에너지와 광도는 표준 모형의 다양한 확장에 대한 흥미를 증폭시켜 왔다." 동시대 물리학자들의 눈은 SSC와 이 장비가 밝혀낼 사실들에 집중되었다. 나는 수십억 달러짜리 과학 프로젝트의 변방에서 얼쩡대는 쇠파리로라도 그들의 일부가 되고 싶은 마음이 굴뚝같았다.

그러나 논문이 동료 심사에서 고전하는 동안, SSC에서 우리가 예상한 입자들의 충돌보다 훨씬 더 강력한 힘이 작용하기 시작했다. 논문의 수정본을 투고할 무렵 SSC의 정치적 운명이 시험대에 올랐다. 나는 논문에서 SSC에 대한 언급을 모두 지우고, 그 대신 기약할 수 없는 어느 미래 세대의 가속기에 대한 일반적인 글로 대체했다.[2] 그리고 얼마 되지 않아 미 의회는 SSC 자금 지원 중단에 대한 최종 표결을 실시했다. 공교롭게도 내가 고에너지물리학으로 박사 과정을 시작한 지 고작 3주밖에 안 되던 때였다. 표결 결과가 나오기 며칠 전, 한 젊은 교수가 나를 연구실로 부르더니 결과가 좋지 않으면 대학원을 그만두라고 진심을 담아 조언했다. 하지만 나는 그대로 과에 남았고, 그는 1년 뒤 학과의 다른 많은 학생, 동료 교수들과 함께 월스트리트로 떠났다. SSC 지원 중단이라는 한 번의 표결로, 미 의회는 고에너지물리학에 투입되는 연간 지원금을 절반으로 줄였다. 이 분야의 지원은 지속적으로 줄어들었고, 그로부터 10년간 인플레이션에 대항할 기반마저 잃었다.

이후로 과학자, 정책 입안자, 역사학자 들은 SSC의 종말을 불러온 원인을 두고 많은 이야기를 쏟아 냈다. (심지어 『케인호의 반란 The Caine Mutiny』으로 유명해진 소설가 허먼 워크도 2004년 작인 『텍사

그림 9.1. 1993년 초, 텍사스주 웍서해치에 건설 중인 초전도 슈퍼충돌기. 의회가 프로젝트를 취소시켰다.

스의 구멍A Hole in Texas』에서 이에 동참했다.) 누군가는 막대한 비용 초과를, 또 누군가는 과학 연구 전반에 대한 제한된 자원의 분배를 둘러싼 의견 충돌을 강조했다. 하지만 하나같이 공통으로 입에 올린 요인이 있으니 바로 냉전의 종식이었다.[3]

◆◇◆

1990년 초, 세상은 이전과 얼마나 달랐던가. 버클리의 물리학자 어니스트 로런스Ernest Lawrence는 1930년대에 캠퍼스가 내려다보이는 언덕에 사이클로트론cyclotron이라는 입자 가속기를 연달아 건설하며 미국 물리학에 거대화 물결을 도입하는 데 크게 일조했다. 첫 모델은 탁자 위에 올려놓을 정도의 작은 크기였지만 점점 규모가 커지면서 이윽고 방을 채우고 마침내 공장 안의 대형 설비 수준으로 자리를 차지하게 된 것이다. 로런스는 이 기계의 크기로 발전을 가늠했다. 1932년 1월에 로런스의 연구팀은 직경 28센티미터짜리 모형에서 졸업해 12월에 69센티미터짜리로 대체했고, 1937년 가을에는 94센티미터짜리 사이클로트론을 운영했는데, 그조차도 2년이 채 지나지 않아 1.5미터짜리 기계에 밀려났다. 1940년에 막대한 연구비가 들어오면서 로런스는 4.7미터짜리 사이클로트론을 위해 1,000톤에 달하는 콘크리트를 들이부어야 했다.[4]

1940년대 후반, 하루는 육군청장이 로런스의 연구소를 방문했다. 연구소는 제2차 세계대전 기간에 맨해튼 프로젝트의 주요 계약 장소였다. 사업 수완이 뛰어났던 로런스는 육군청장에게 연구소를 둘러보게 한 다음 최신 프로젝트에 연구비를 추가로 지원할 의향이 있는지 물었다. 기꺼이 사업 지원을 약속한 육군청장은 그곳을 떠나면서 아무렇지도 않게 물었다. "그런데 로런스 교수, 200만 달러라고 했소, 아니면 20억 달러라고 했소?" 둘 다 가능하다는 뜻이었다.[5] 당시 로런스의 버클리 입자 충돌기는 해군연구청Office of Naval

그림 9.2.   1946년, 버클리방사선연구소에서 새로 개조한 4.7미터 싱크로사이클로트론 앞에 선 어니스트 로런스와 그의 연구팀.

Research과 미국 원자력위원회가 수십 대의 입자 가속기와 원자로 건설을 지원하면서 전국에 여러 경쟁자를 두고 있었다. 그중에서 로런스의 최초 모형처럼 소형으로 시작한 장비는 없었고, 1954년에 처음 가동한 대형 베바트론Bevatron처럼 로런스 자신이 계속해서 그것의 견본을 제공한 선도적인 모형을 좇았다.[6]

같은 시기에 정책 입안자들은 입자 가속기와 같은 장비의 건설이 국가 안보에 중요하다고 판단했다. 거대한 장비가 폭탄 제조 기술과 직접적인 연관이 있다고 우기는 것은 아니었지만, '과학 인력'이 국가의 중요한 자원이라는 관점에서 이 기계들이 국가의 위급 상황에서 언제든지 동원할 수 있는 전문가 풀을 확장하는 일종의 훈련 장치가 되리라고 예상했다. 예를 들어, 1948년에 원자력위원회는 2대의 대형 가속기 지원에 동의했다. 하나는 로런스의 버클리 연구소, 다른 하나는 뉴욕 롱아일랜드의 신생 시설에서 요청한 것이었는데, 과학 자문단이 이런 기계는 하나만 있어도 과학 발전에 충분하다고 위원회에 주장했음에도 지원이 강행되었다. 선택되지 못한 연구소의 물리학자들은 사기가 떨어지지 않겠느냐는 우려 때문이었다. 이듬해에 어느 위원이 설명한 것처럼, 그런 대형 시설에 자금을 대면 정부는 "거대한 장비"는 물론이고 "국가의 명령을 수행할 대규모 과학자 집단을 얻게 될" 터였다.[7] 둘의 연관성은 미국이 한국전쟁에 참전하면서 더욱 확실해졌다. 1951년 7월, 원자력위원회의 한 관계자는 위원회가 입자 가속기를 더 많이 건설해야 한다고 주장했다. 그는 n명의 핵물리학자가 "입자 가속기의 사용을 원하고, 가속기 1대당 평균 5명의 과학자가 배정될 때 가장 효율이 높다면" 위원회는 $n/5$대의 가속기를 지원해야 한다"라며, "국제 정세가 현재와 비슷하게" 유지될 경우 매년 2대씩 더 지어야 한다고 주장했다.[8]

입자 가속기와 같은 대형 기계에 대한 연방 정부의 지원이 영원하지 않을 것이라는 첫 번째 징후가 1960년대 말에 나타나면서 결과적으로 물리학과 진학률의 곡선을 심하게 떨어뜨렸다. 1969년에 로런스의 제자 한 명은 중서부 지역에 현재보다 훨씬 더 큰 입자 가속기를 지어야 한다는 제안서를 통과시켜야 했다. 그는 지나치게 높은 비용과 비실용적인 목적에 의구심을 품는 의회의 날카로운 질문을 슬쩍 피해 가면서, 제안된 시설은 국가를 지키는 데는 도움이 되지 않지만 국가를 "지켜야 할 가치가 있게" 만들 것이라고 차분히 설득했다.[9] 그 말은 먹혀들었고, 시카고 외곽의 페르미연구소에 새로운 가속기가 설치되었다. 하지만 이는 오로지 연구소장의 공개적인 증언이 과학자들과 정책 입안자들로 이루어진 연합의 밀실 로비로부터 힘을 얻은 덕분이었다. 1983년 레이건 정부에서 방위 관련 지출이 부활하자 두 집단의 연합체는 훨씬 더 큰 기계인 SSC의 건설을 시작하는 승인을 받아내고야 말았다. 그러나 그로부터 10년 뒤 SSC의 운명이 시험대에 오를 무렵에는 이미 연합이 해체된 지 오래였다. 노벨상 수상자들이 나서서 SSC가 우주의 비밀을 풀고 웅장한 발견의 모험에 기여할 것이라고 의회에 약속했지만 아무런 호응도 얻지 못했다.[10] 1990년대 초반, (실질적이었든 그저 상상뿐이었든) 소련이라는 위협이 사라지자 거대 과학에 백지 수표를 쥐여주던 시대도 막을 내렸다.

◆◇◆

SSC 계획이 중단되고 1년 뒤, 제네바의 유럽입자물리연구소 관리이사회는 자체적으로 대형 강입자 충돌기를 추진하는 계획을 승인했다. CERN의 지도층은 SSC와 비슷한 목표를 조금 더 싼 값에 달성할 수 있음을 깨달았다. 연구소는 과거 다른 실험에 사용된 터널을 재활용함으로써 엄청난 굴착 비용을 절약할 수 있었다. 물론 이상적인 선택은 아니었다. 오래된 기존 시설을 사용한다는 것은 SSC의 3분의 1밖에 되지 않는 터널 길이에 만족해야 한다는 뜻이었다.

터널의 규모는 입자가 충돌했을 때 얻을 수 있는 에너지양과 직접적인 관련이 있다. 이 터널은 높이도 SSC에서 계획된 것의 3분의 1밖에 되지 않았다. 그럼에도 CERN의 입자충돌기는 SSC 건설에 들어가는 비용의 5분의 1만 쓰고도 엄청난 에너지에 도달할 수 있었고, 그래서 14년 후인 2008년 9월에 LHC가 첫 번째 양성자 빔을 돌고 돌게 만든 바로 그날을 우리가 기념하게 된 것이다.

기계는 며칠 뒤에 멈추었다. LHC 터널 깊은 곳에서 전기 배선의 결함으로 자석이 과열되는 바람에 액체 헬륨이 든 수조 하나가 파열되었기 때문이다. (액체 헬륨은 초전도 자석을 극저온으로 유지하는 데 필요하다.) 전 구역이 가동을 멈추고 온도가 어느 정도 올라갈 때까지는 문제가 생긴 지역에 접근할 수 없기 때문에 손상 부위를 조사하고 수리할 수 없었다. 14개월이라는 시간과 4,000만 달러를 추가로 지출한 다음에야 수조가 수리되었고, 유사한 전류 스파이크에 대한 저항력을 강화하는 새로운 장비를 설치하고 나서야 다시 기계 전체가 가동 온도까지 냉각되었다. 새로운 양성자 빔은 어지러운 여행을 다시 출발해 거대한 가속기 안을 계속 맴돌았다.[11]

2009년 11월 말, 연구팀은 세계 기록을 세웠다. 지구상에 존재하는 모든 입자 가속기 가운데 가장 고에너지의 입자 충돌을 이끌어 낸 것이다. 이는 페르미연구소의 더 작은 기계가 달성한 이전 기록을 아슬아슬하게 넘긴 것이었지만, 에너지가 애초에 LHC를 설계할 당시 예상한 에너지보다 10배는 더 낮았다. 게다가 이어서 쓰라린 실망이 또 한번 환호의 순간을 빠르게 덮어버렸다. 2010년 봄, 연구소는 2011년 말까지 LHC를 최고 성능의 절반만 가동한 다음 기계 전체를 끄고 다시 비싼 수리에 들어간다고 발표했다. 이번에도 민감한 초전도 자석의 주위에서 일어난 전기 차폐가 문제였다. 몇 년 뒤에는 분명 이솝이 즐거워했을 법한 일이 일어났다. 울타리를 넘어 들어온 작은 족제비 한 마리가 전기 케이블을 물어뜯어 1만 8,000볼트의 충격을 받으며 이 거대한 괴물을 꺼뜨린 것이다.[12]

　족제비의 훼방에도 LHC는 계속해서 CERN에서 큰일을 수행했고, 미완성으로 끝난 SSC는 기억에서 점차 멀어졌다. 1993년 10월에 의회가 SSC 건설 지원을 중단했을 때 연방 정부는 이미 20억 달러를 쏟아부은 상태였는데, 지하 터널을 24킬로미터나 파고 들어간 후였다. 의회는 폐쇄 비용으로 10억 달러를 추가로 책정해야 했다. 한때는 과학자들과 정책 입안자들에게 너무나 당연했던 냉전 모델, 즉 냉전이 격화될 경우를 대비해 과학자를 훈련하고 준비시키려는 목적으로 대형 연구 프로젝트에 지원한다는 명분의 약발이 떨어진 것이다. 반면 1954년에 설립된 CERN의 전제는 달랐다. 이 연구소는 정치적 입장이 다르더라도 국제 협업을 위한 플랫폼을 제공하고 유럽 전역의 과학자들을 하나로 모으기 위해 출발한 조직이었다. 시작부터 CERN 프로젝트는 비밀 연구는 물론이고 어떠한 잠재적인 군사적 연관성에서도 자유로웠다.[13] 1950년대 초반에는 유럽 정부가 그토록 많은 돈을 들여 거대 입자 가속기를 세울 것이라고 여겨지지 않았지만, 일단 그것이 세워지고 나자 CERN의 사업을 뒷받침하는 논거들은 냉전 이후의 정치적 현실에 더 부합했다.

　현재 차세대 LHC와 같은 다국적 프로젝트에도 더 높은 에너지로 입자를 충돌시키는 데 들어가는 막대한 비용이 큰 걸림돌이다.

그래서 적어도 지금 입자물리학자들의 바람은 땅속 깊이 묻혀 있는 LHC의 냉동된 진공 터널에 집중되어 있다. 과연 이 기계가 지구상 마지막 거인의 지위를 끝까지 지킬 것인지 궁금해하면서 말이다.

10장
표준 모형, 무에서 유를 창조하다
Something for Nothing

1954년이 시작되기가 무섭게 머리 겔만Murray Gell-Mann은 학술지 《피직스 레터스Physics Letters》에 물리학자들의 어휘를 영원히 바꾸어 놓은 짧은 논문 한 편을 투고했다. 그는 신기한 질량 패턴과 새로 발견된 수십여 개 입자들의 상호작용을 연구하고 있었다. 2쪽짜리 짧은 논문에서 그는 양성자와 중성자처럼 익숙한 입자는 물론이고 낯선 핵입자들도 그보다 더 작은 입자들로 구성되었다고 주장했다. 제임스 조이스의 『피네간의 경야Finnegans Wake』에 나오는 의미 없는 말을 빌려 그는 이 새로운 입자들을 '쿼크quark'라고 불렀다. (조이스의 소설은 겔만의 논문 말미의 짧은 참고 문헌에 여섯 번째로 실렸다. 거의 비슷한 시기에 CERN의 조지 츠바이크George Zweig도 기본적으로 같은 개념을 소개하는 장문의 논문을 썼는데, 그는 그 가상의 실체를

그림 10.1.　머리 겔만은 1964년 초 물리학자들의 사전에 '쿼크'라는 용어를 등재했다. 그는 입자 물리학자들이 기본 입자들과 그것들의 상호작용에 관한 표준 모형을 세우는 데 일조했다.

'에이스ace'라고 불렀다. 겔만의 논문은 투고한 지 3주 만에 출간되었고, 5년 뒤에는 노벨상 위원회에서 이 연구를 인용하며 겔만에게 노벨 물리학상을 수여했다. 하지만 츠바이크의 논문은 게재가 거절되었고, 이 논문도, 그 후의 더 긴 후속 연구도 발표되지 못했다. 이것이 전 세계 물리학자들이 매일같이 강연에서 에이스가 아닌 장난스러운 '쿼크' 라는 용어를 쓰게 된 사연이다.)[1]

　　겔만이 조이스의 표현을 빌린 지 10년이 지나, 물리학계는 쿼크의 행동에 관한 이론을 완성하고, 쿼크에 대한 이 새로운 이해를 미시 세계를 요동치게 만드는 입자들과 힘들에 관한 다른 참신한 개념들과 결합할 수 있게 되었다. 많은 학자들이 일구어 낸 산물이자 이 새로운 개념들의 응집체는 간단히 '표준 모형'이라고 알려졌다.

'표준 모형'이라는 용어는 위원회에 맡긴 작명의 전형적인 결과물로서, 겔만의 엉뚱하고 색다른 용어와는 거리가 한참 멀다. 표준 모형은 쿼크와 전자에서부터 철저히 통제된 실험에서만 모습을 드러내는 이국적인 그 사촌들까지, 당시에 알려진 모든 아원자 입자들 사이의 힘과 상호작용을 설명해 냈다. 거의 50년 가까이 이 모델은 복잡한 실험 결과를 해석하고 새로운 질문으로 인도하는 나침반이자 북극성이 되어주었다. 표준 모형은 1980년대 이후 지속적으로 정확성을 시험받아 왔는데, 거의 모든 테스트에서 예측이 결과와 맞아떨어졌다. (현재 물리학계를 애태우는 유일한 불일치가 중성미자에서 나타나는데, 중성미자의 작지만 0이 아닌 질량은 최초의 표준 모형에 통합되지 못했다.) 심지어 오랫동안 그 정체를 숨겨온 힉스 보손Higgs Boson(표준 모형이 예측한 마지막 입자)조차 예측과 거의 일치했다. 결국 표준 모형은 과학사에서 가장 따분한 이름을 가진 가장 흥미로운 진보였다.[2]

이런 성공에도 불구하고 물리학계는 표준 모형이 최종 이론이 아니라는 데 동의한다. 첫째, 표준 모형에는 설명할 수 없는 일련의 임의적인 특징들이 나타난다. 전자와 아주 비슷한 뮤온muon이라는 입자는 왜 자신의 가벼운 자매보다 정확히 206.7683배 더 무거운가? 왜 하필 특정한 두 상호작용의 힘은 1, 0.25, 17이 아니라 0.23120배 세거나 약한 것인가? 연구자들은 매개변수들을 입력했을 때 놀라운 정확도로 일치하는 실험 결과들을 얻었지만, 왜 그 값들을 넣어야 하는지는 알지 못했다. 수십 년간 고에너지물리학자들은 기본 원칙 안에서 매개변수들을 설명하고자 분투했다. 이들은 표준 모형을 포괄하면서도 임의적으로 보였던 값들이 자연스럽게, 심지어 필연적으로 따라 나오는 더 큰 이론 틀을 개발하고자 했다. 그러나 임의성을 차치하더라도 대부분의 물리학자들은 표준 모형의 불완전성을 인정한다. 표준 모형은 자연의 네 가지 기본 힘들 가운데 전하를 끌어당기거나 밀어내는 힘, 핵입자가 원자핵으로 똘똘 뭉치는 힘, 핵의 일부가 방사능에 의해 붕괴되는 힘, 이렇게 세 가지를 아우르지만, 천체 수준에서 가장 중요한 힘인 중력에 대해서는 침묵하기 때문이다.

기존 표준 모형의 임의성을 교정하고 중력이 비집고 들어갈 방법을 모색하는 대부분의 노력은 대칭에 초점을 맞춘다. 대칭은 한 시스템을 아무리 흔들어 젖히거나 비틀어도 변형할 수 없는 성질을 말한다. 피아노로 바흐의 푸가를 연주한다고 가정해 보자. 그런데 어떤 장난꾸러기 악마가 아무도 모르게 피아노 건반을 장 3도 올려 놓았다고 해보자. 그러면 다 음을 누를 때마다 피아노 건반의 해머는 실제로 마 현을 칠 것이고, 라 음의 건반을 누르면 해머는 올림 바의 현을 칠 것이다. 악마의 행동이 건반상의 위치와 상관없이 모든 음에 대해 같은 방식으로 영향을 주며 그 법칙을 오랫동안 바꾸지 않으면 그것은 '전역 변환global transformation'이다. 음과 음 사이의 상대적 거리는 그대로 유지되지만 그렇다고 곡이 변하지 않은 것은 아니다. 절대음감의 소유자라면 대번에 그 차이를 집어낼 것이다.

이런 상황에서도 피아노 안에 살고 있는 착한 요정이 우리가 모르게 복잡한 도르래와 톱니 장치를 적절히 연결한다면 곡은 변하지 않을 수 있다. 즉, 전역 변환 아래에서도 대칭성이 유지된다는 말이다. 피아노 건반을 치고 거기에 연결된 해머가 현에 떨어지는 순간 요정의 톱니 장치가 해머의 방향을 원래의 현으로 바꾸어 준다. 그러면 기계가 많이 추가되더라도, 즉 새로운 종류의 입자와 상호작용이 도입되더라도, 요정은 악마의 만행을 수정해 작품을 원본과 다름없이 연주하게 할 것이다.

전역 변환 아래에서의 대칭도 이와 비슷하다. 심지어 그보다 더 복잡한 변형도 가능하다. 예를 들어, 악마가 다 음을 마 음으로, 라 음을 내림 나 음으로 바꾸는 식으로 건반마다 다른 변화를 적용할지도 모른다. 최악은 악마가 중간에 마음을 바꾸어서 다 음을 사 음으로, 라 음을 올린 라 음으로 처음과 다르게 바꾸는 것이다. 물리학자들은 이런 변환을 '국소 변환local transformation'이라고 부른다. 하지만 이런 경우에도 착한 요정이 톱니와 도르래를 적절히 조합함으로써 악마의 복잡한 변덕에 맞추어 기계를 조정한다면 푸가의 원곡은 달라지지 않을 수 있다. 이 우화에서 요정의 장치는 대칭을 유지시키는 존재다. 애초에 도르래와 톱니를 들고 있는 요정을 떠올린 이유, 즉 세상에 우리가 생각한 것보다 더 많은 종류의 물질이 있다고 가정한 이유는 저 이론상의 대칭을 지키기 위한 것이었다. 이 대칭이라는 생각, 즉 특정한 수학적 대칭은 아원자 세계에 어떤 입자들이 존재할지 가늠하도록 한다.[3]

표준 모형이 설명하는 힘, 즉 핵을 한데 묶거나 떼어놓는 힘들은 국소적 변환하에서도 대칭성을 유지한다. 수십 년 전 물리학자들은, 마치 요정의 훌륭한 장비들처럼, 보정하는 역할을 지닌 핵력을 생산하며 전체적인 대칭을 보장하는 특별한 입자들이 존재한다고

그림 10.2.　1983년, 카를로 루비아와 동료들이 CERN에서 코드명 UA1과 UA2(여기서 'UA'는 지하 영역Underground Area을 뜻한다)라는 일련의 실험들을 통해 표준 모형에서 W와 Z힘을 갖는 입자들의 증거를 발견했다.

가정했다. 그 입자들이 보정해야 하는 변환들이 무엇인지 보고, 그것을 바탕으로 그 입자들이 실제로 존재한다고 했을 때 지녀야 할 성질들이 무엇인지 명확히 규정할 수 있었다. 그리고 짜잔! 1980년대에 연구자들이 페르미연구소, CERN 등에 있는 대형 입자 가속기를 이용해 이런 예상과 일치하는 입자를 수색했더니, 정말 그 입자

가 있는 것이 아닌가. 게다가 이는 이론물리학자들이 예측한 바와 거의 일치하는 것이었다.[4]

실로 놀라운 정확도였다. 다양한 실험에서 얻은 작은 단서들은 그 아래에 놓인 대칭성이 자연의 힘들을 지배함을 암시한다. 이론가들이 머리를 열심히 굴린 끝에 나온, 악마와 요정의 피아노 이야기보다도 훨씬 정교하고도 믿기 어려운 이 기이한 개념은 어떤 작고 새로운 것들이 분주하게 여기저기를 돌아다니며 기저의 대칭성을 견고하게 다지고 있다고 예측했다. 그렇다면 새로 진행할 실험들의 목적은 열심히 작업 중인 작은 요정을 포착하거나, 적어도 예측되는 상호작용의 원인으로 내세울 만한 경험적 데이터를 찾는 것이었다. 표준 모형은 이렇게 1960년대부터 1980년대까지 이론과 실험이 광적으로 결과를 주고받거니 하면서 하나로 통합되었다.

표준 모형의 가장 놀라운 성공은 물체가 질량을 가지는 이유를 설명한 것이다. 다음 장에서 다룰 힉스 메커니즘Higgs mechanism은 쿼크와 전자를 비롯한 기본 구성 요소들이 힉스장Higgs field에 잠겨 있다가 질량을 얻는 과정을 설명한다. 그러나 양성자와 중성자와 같은 쿼크들의 복합체는 어떨까? 우리가 아는 거의 모든 물질, 당신과 나, 그리고 지구와 하늘에서 보이는 거의 모든 것이 양성자와 중성자로 구성된다. (우주 바깥에는 우리가 볼 수 없는 '암흑 물질dark matter'이 꽤 많이 존재하는데, 암흑 물질은 양성자나 중성자로 구성되지 않았다. 하지만 지금은 양성자와 중성자의 질량이라는 우주의 미스터리부터 살펴보자.) 양성자와 중성자와 같은 보통의 입자들에서 쿼크들은 질량의 고작 5퍼센트만을 차지할 뿐이다. 양성자 질량의 나머지 95퍼센트, 즉 당신과 나의 질량 95퍼센트가 가공되지 않은 날것의 에너지 raw energy에서 온다. 질량은 무거운 물체를 여러 개 뭉쳐놓는다고 생기는 것이 아니다. 질량은 거의 아무것도 없는 곳에서, 즉 질량 없는 입자들이 흥분하며 추는 양자 댄스에서 온다.[5]

이 춤을 주로 담당하는 댄서는 글루온gluon이다. 이 글루온이 바로 나의 바흐 이야기에서 나오는 요정에 해당한다. 이들은 여기저기 돌아다니며 특정 부위의 대칭성을 보강한다. 이들이 조절하는 대칭성은 강한 핵력strong nuclear force, 즉 쿼크들을 모아 양성자나 중성자와 같은 복합체로 묶는 힘을 지배한다. 글루온이라는 이름에서 알 수 있듯이 이 입자는 핵 접착제다. 글루온은 질량이 없으므로, 힉스장에서 거칠게 떠미는 것들을 피해 다닐 수 있다. 그러면서도 글루온끼리, 그리고 쿼크와는 늘 상호작용한다. 가장 중요한 것은 이들이 요정의 역할을 톡톡히 해낸다는 점이다. 예를 들어, 누군가가 쿼크 하나를 격리해 요정이 지키는 대칭성을 교란하려고 하면 글루온은 즉시 행동에 나설 것이다. 다시 말해, 격리한 쿼크의 전하를 상쇄하는 보완적인 핵전하를 지닌 다른 쿼크를 끌고 와서 전체적인 대칭성을 복원한다는 뜻이다.

보완하는 역할을 하는 쿼크가 원래의 쿼크 위에 오도록 강제할 수 있다면 상쇄는 완성된다. 그러면 어떤 쿼크의 전하도 새지 않아 핵력의 대칭은 위협받지 않는다. 그러나 한 가지 방해 요인이 있는데, 이는 이러한 완벽한 상쇄를 방해한다. 양자역학의 주축인 불확정성 원리는 양자적 물체의 위치와 운동량을 정확하게 특정하는 일에 필수적인 제한을 요구한다. 그 어떤 것도, 심지어 글루온조차도 쿼크를 고정된 위치에 가만히 앉아 있게 강제할 수 없다는 말이다. 그래서 더 많은 글루온이 새로운 쿼크들을 원래의 쿼크 위에 정확히 고정하려고 할수록, 마치 꼬마들 여럿이 떼를 쓰는 것처럼, 쿼크들은 더 활기차게 뛰어다닌다. 저 두 가지 경향 사이에서, 즉 새로운 쿼크들의 몸부림을 최소화하면서 원래 쿼크의 전하를 최대한 많이 상쇄하는 자연스러운 균형점에는 일부 잔여 에너지가 남게 된다. 아인슈타인의 $E = mc^2$ 덕분에 우리는 그 에너지를 양성자 질량의 한 형태로 본다. 그러니까 질량이란 말하자면 우주가 저지른 계산 실수인 셈이다.

질량이 주어지는 이 과정의 기본 메커니즘에 대한 가설은 겔만이 쿼크를 처음 생각해 내고 불과 10년 후인 1970년대에 세워졌으나, 그 아이디어를 제대로 평가하기까지는 오랜 시간이 걸렸다. 한 가지 이유는 쿼크-글루온 상호작용의 구체적인 계산량이 실로 어마어마해서 2008년에 이르러서야 비로소 강력한 컴퓨터 시뮬레이션을 통해 양성자 질량에 대한 이론적 예측을 실험 데이터와 비교하는 현실적인 시나리오를 다룰 수 있게 되었기 때문이다. 예측과 데이터는 놀라울 정도로 정확했고 계산도 확실했다. 상상 속의 요정이 정말로 그곳에서 표준 모형이 지시하는 대로 과제를 수행하고 있는 것만 같았다.[6]

이렇게 해서 우리는 지금에 이르렀다. 대부분이 빈 공간인 바글거리는 원자들, 그리고 그 안에서 글루온이 선보이는 양자 댄스의 소용돌이 속에서 무게를 얻고 대칭성을 유지하는 아원자 입자들 말이다. 말 그대로, 우리가 가진 '표준 모형'이다.

11장

힉스 사냥: 한밤중의 숨바꼭질
Higgs Hunting

입자물리학이란 대단히 우아하면서도 난폭한 과학이다. 우아함은 그것이 지닌 광범위한 대칭성과 정교한 수학적 구조에서 나온다. 난폭함은 아원자 세계의 정보를 얻기 위해 물리학자들이 이 작은 물질 조각들에 엄청난 에너지를 싣고는 무자비하게 충돌시킨다는 데에서 나온다. 리처드 파인먼은 한때 입자물리학의 연구 방식이, 서로 빈틈없이 맞물린 스프링과 톱니들로 정교하게 제작된 회중시계가 어떻게 작동하는지 알아낸답시고 시계 2개를 힘껏 내던져서 서로 부딪히게 한 다음 부서져 날아다니는 잔해들을 관찰하는 것과 다를 바 없다고 말했다.[1] 입자물리학에는 여기에 한 가지 반전이 있다. 잔해들의 일부가 원래의 물질에는 없는 것이라는 점이다. 마치 박살 난 시계에서 스프링과 톱니 말고도 도르래, 밧줄, 동전, 요요 따위가 튀어나오는 것과 같다. 아원자 입자들이 서로 충돌할 때 날아다니는 이런 새로운 것들은 가공되지 않은 에너지가 응집한 것이다. 충돌한 두 입자가 싣고 있던 에너지의 일부는 아인슈타인의 유명한 $E = mc^2$ 방정식 덕분에 작은 물질 덩어리로 변형되는데, 이런 기막힌 변형은 제네바 근방의 CERN의 대형 강입자 충돌기와 같은 거대한 기계에서 초당 수십억 번 일어난다.

2008년 9월, LHC가 가동하자마자 대규모 연구팀이 특별한 입자를 찾아 나섰는데, 다름 아닌 힉스 보손이었다. ('보손boson'은 빛의 광자처럼 정수 단위의 스핀, 또는 내부 각운동량을 싣고 있는 입자들에 대한 일반적인 명칭이다. 양성자와 전자처럼 보통의 물질을 구성하는 대부분의 입자들은 반정수 단위의 스핀을 지닌 '페르미온fermion'으로 알려졌다.) 힉스 보손은 '신의 입자'라는 별명으로 불린다. 나는 왜 힉스 입자를 두고 다른 물질보다 더 신성하다는 듯이 말하는지 잘 모르겠는데, 수십 년 동안 입자 가속기의 규모를 점점 더 키우는 데 주요한 구실을 했다는 점을 고려하면 이보다는 '10억 달러짜리 보손'이라는 기술적인 별명이 더 어울릴 듯하다.[2]

힉스 보손이라는 개념은 50여 년 전에 절망 속에서 탄생했다. 실험들에서 (방사성 붕괴 현상 등을 일으키는) 약한 핵력은 특정한 대칭성을 따르는 것으로 보였다. 여러 이론물리학자가 알아냈듯이, 전자기력에서처럼 아원자 입자들이 힘을 운반하는 특별한 입자들을 교환할 때 약력이 발생한다면 그런 힘에 대한 모형은 얼마든지 세울 수 있었다. 하지만 문제가 있었다. 약력의 대칭성은 그 힘을 매개하는 이론상의 입자들에 질량이 없을 때만 유지된다는 것이었

그림 11.1.　2012년 5월 말, CERN에 있는 ATLAS 검출기에 포착된, 단일 사건으로 재구성된 입자 경로. 빛의 속도에 가깝게 가속된 양성자가 충돌해 찰나의 순간에 힉스 보손을 형성했다. 검출기가 측정할 수 있는 흔적을 남기기도 전에 힉스 입자는 2개의 타우 중간자로 붕괴되었고, 그것은 다시 전자(충돌 지점에서 거의 수직으로 위로 올라가는 가는 선) 1개와 뮤온(대각선으로 위 그리고 왼쪽을 가리키는 선) 1개로 붕괴되었다.

다. 마치 질량이 없는 광자가 전자기력을 일으키는 것처럼 말이다. 그러나 전자기력과 달리 약력은 힘이 미치는 범위가 아주 짧아서, 원자핵 안에서처럼 입자들이 서로 아주 가깝게 있을 때만 효과가 있었다. 그런데 이는 역으로 힘을 매개하는 입자들의 질량이 꽤 클 것임을 암시했다. 학자들은 이러지도 저러지도 못하는 상황에 부닥쳤다. 약력의 대칭성 모형이든 단거리 모형이든 둘 중 하나만 선택할 수 있지, 둘 다를 선택할 수는 없었기 때문이다.[3]

　몇몇 물리학자들이 현명한 차선책을 제시했다. 약력을 매개하는 입자가 정말로 질량은 없지만 항상 어떤 매질 안에서 몸을 힘겹게 끌고 돌아다니는 것이라면 어떨까? 공간 전체를 채우는 그 매질이 마치 당밀 속을 구르는 구슬처럼 매개 입자의 동작을 늦춘다고 가정해 보자는 것이었다. 비슷한 아이디어가 여러 버전으로 1964년 여름과 가을에 걸쳐 《피지컬 리뷰 레터스Physical Review Letters》에 등장했다. 프랑수아 앙글레르François Englert와 로버트 브라우트Robert Brout(6월 26일에 투고, 8월 31일에 게재), 피터 힉스Peter Higgs(8월 31일에 투고, 10월 19일에 게재), 제럴드 구랄닉Gerald Guralnik과 칼 하겐Carl Hagen, 토머스 키블Thomas Kibble(10월 12일에 투고, 11월 16일에 게재)의 짧은 논문들이 대표적이다. 피터 힉스는 자신의 논문에서, 당밀 같은 매질이 있다는 것은 그 매질과 관련된 새로운 입자가 존재하는 것이라고 강조했다. 바로 그 입자가 이후 '힉스 보손'으로 알려지게 되었다.[4]

논문에서 힉스 보손은 입자물리학계에 새로 등장한 표준 모형의 핵심 역할을 맡게 되었다. 비록 이론적으로 힉스 입자는 전하도, 고유 각운동량도 없고, '기묘함strangeness'이나 '색전하color charge'와 같은 난해한 양자적 속성도 없어서 표준 모형이 기술한 모든 입자 중에서도 가장 단순한 입자이지만, 질량이 없는 입자에 질량을 부여하는 기능 때문에 절대적으로 중요해졌다. 힉스는 다른 입자들에게 무게를 준다. 노벨상 수상자 프랭크 윌첵Frank Wilczek이 힉스 보손에 장난스럽게 "어디에나 있는 저항의 양자quantum of ubiquitous resistance"라는 별명을 붙여주었다. CERN에 소속된 이론물리학자 존 엘리스John Ellis는 힉스 보손을 눈 덮인 들판을 헤치고 나가는 사람에 비유했다.[5]

무척이나 설득력 있던 이 이론은 수십 년간 그저 하나의 아이디어에 머물렀다. 시간이 지나면서 입자물리학자들은 모든 물질이 그 안에서 무겁게 움직이는 보편적인 매질을 가정하는 것이 그런 매질이 존재한다는 경험적 증거를 찾아내는 것, 즉 그 매질을 작은 조각(개별적인 힉스 입자)으로 깨트린 다음 그것의 속성을 측정하는 것과는 전혀 다른 일이라는 점을 깨달았다.

힉스 입자에 대한 증거를 찾는 전략은 뻔했다. 양성자와 같은 입자를 아주아주 빠른 속도로 충돌시켜 그 잔여 에너지로 힉스 보손(그리고 다른 많은 물질이)이 응집하게 하는 것이었다. 하지만 아무리 구석구석 뒤져도 이 입자를 찾지 못하자 물리학자들은 힉스 보손의 질량에 한계를 두었다. 그런 입자가 자연에 정말로 존재한다면 개별적인 힉스 입자는 금의 원자만큼이나 무거워야 한다고 말이다. 다만 진짜 금 원자와 달리 힉스 입자는 수명이 대략 10^{24}분의 1초에 불과해 순식간에 사라질 것이라고 예상했다. 그런 입자는 사진을 찍는 동안 기다려 주지도, 어떤 흔적을 남기지도 않을 것이라는 점을 다들 알고 있었다. 다른 입자로 붕괴하기 전, 온전한 힉스 입자로 이동하는 가장 긴 거리조차 10조분의 1센티미터일 터였다.[6]

그렇다면 힉스 입자의 증거를 찾는 유일한 길은 붕괴의 산물이나 그 붕괴의 산물의 붕괴의 산물을 이 잡듯이 뒤지면서 입자 가속기의 충돌 지점에서 멀리 흘러간 아원자 잔해들 가운데 이미 오래전에 사라진 힉스 보손의 신호를 구분하는 것뿐이었다. 마치 전국 인구조사 데이터 전체를 뒤져가며 이미 오래전에 돌아가신 할머니의 존재와 할머니의 키와 몸무게를 유추하는 꼴이었다. 그러려면 검출기에 붙잡힌 보통의 입자에서 예상되는 패턴에서 벗어난 통계 편차를 찾아야 한다. 특정한 에너지를 지닌 특정한 종류의 입자들이, 그 입자들로 붕괴되는 힉스 보손이 없을 때 예상되는 양보다 더 많은가?

이런 종류의 수색은 한 장의 사진에 담긴 '결정적 사건'으로 끝나지 않는다. 곧바로 내지르는 '유레카!' 하는 비명도 없다. 이런 발견은 복잡한 통계적 근거에 의존할 수밖에 없기 때문이다.[7] 연구자들은 충돌로 인한 수조 번의 산란과 상호작용에서 얻은, 몇 테라바이트에 달하는 데이터를 수집한 다음 히스토그램으로 쌓아 올린다. (히스토그램은 특정한 에너지에서 특정한 종류의 사건이 발생하는 빈도수를 보여주는 그래프다.) 그런 다음 '배경', 그러니까 힉스 보손의 생성이나 붕괴가 아닌 기존에 알려진 다른 과정으로 예상되는 입자 붕괴 패턴들을 제거하고 어떤 신호가 남는지를 확인한다. (대학원생 시절에 나는 『힉스 사냥꾼을 위한 안내서The Higgs Hunter's Guide』라는 책을 아주 좋아했는데, 이 책은 다양한 에너지 상태에서 힉스 입자가 붕괴될 때 예측되는 신호와 배경을 계산한 값들로 빼곡했다.[8] 책의 제목을 보면 꼭 내가 인디애나 존스가 된 기분이 들었다.) 힉스 사냥은 마치 어두운 밤에 숨바꼭질을 하는 것과 같아서, 히스토그램에서 작지만 다른 식으로는 설명할 수 없는 편차를 찾아야만 한다.

2011년 12월, CERN의 두 대규모 연구팀의 대표들은 기자회견을 열고 신출귀몰한 힉스 입자의 흔적을 쫓고 있음을 밝혔다. 그러나 아직 발견했다고 주장할 근거는 없었다. 당시 두 연구팀은 수조 번의 아원자 입자들의 충돌에서 골라낸 아주 많은 양의 데이터를

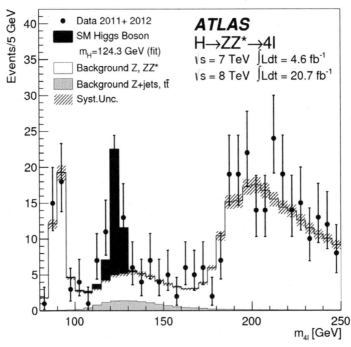

그림 11.2. 약 125GeV/c^2의 질량과 관련된 추가적인 붕괴 사건에 대한 통계적 증거. 이는 힉스 보손이 한 쌍의 Z 보손으로 붕괴되고, 그것이 다시 4개의 (전자, 뮤온, 중성미자와 같은) 경입자로 붕괴한다는 사실과 일치한다. 특정 질량에서의 사건 수가, 그 에너지에서 측정되어야 하는 다른 '배경' 사건의 낮은 수준을 감안했을 때, 약 125GeV/c^2의 질량을 가진 순수한 힉스 보손이 부재할 때 예상되는 것보다 유의미하게 더 높았다.

수집해 분석했지만 통계적 요행을 제거하기에는 충분하지 않았다.[9]

데이터에 나타난 작은 충돌들이 힉스와 관련 없는 일련의 사건들이 아니라 새로운 입자에 의한 것이라는 점을 명확히 하려면 연구팀은 훨씬 더 많은 산란물에서 정보를 수집해야 했다. 동전을 10회 던지면 앞면이 여섯 번 나올 수 있다. 사실 10회 중에서 여섯 번 앞면이 나올 확률은 약 20퍼센트로 그리 드물지 않은 통계적 우연이다. 고작 10회라는 제한된 데이터로는 실험자가 공정한 동전을 사용하는지, 뒷면보다 앞면이 더 자주 나오는 동전을 사용하는지 자신 있게 말할 수 없다. 그러나 동전을 1만 번 던졌는데 그중에서 6,000번이 앞면으로 나왔다면 동전이 앞면에 편향되어 있다고 자신 있게 말할 수 있다.

수년 전 입자물리학자들은 새로운 입자의 발견을 주장하려면 최소한 표준편차 5(대개 '5 시그마5σ'라고 표시하는)의 통계적 유의성이 필요하다는 협약을 채택했다. 그 말은 관찰된 사건의 특별한 결과가 새로운 입자 때문이 아니라 운 좋게 보통의 입자 때문일 확률이 약 300만분의 1이라는 뜻이다. 2011년 12월에는 힉스 보손을 연구하던 어떤 CERN 팀도 5σ의 수준으로 데이터를 모으지 못했다.* 그러나 몇 달 사이 상황은 급변했다. 2012년 7월 4일에 열린 기자회견에서 두 팀은 6월까지 수집한 데이터가 5σ를 넘어섰다고 발표했다. 힉스 보손에 대한 확실한 증거를 모은 것이었다.[10] 이듬해 피터 힉스와 프랑수아 앙글레르는 노벨상을 동반 수상했다.

이런 성취가 지니는 가치는 어떻게 평가할 수 있을까? 누군가는 돈에 초점을 맞출 것이다. 실패한 초전도 슈퍼충돌기에 쏟아부은 수십억 달러와, CERN이 LHC를 짓고 유지하는 데 추가로 지출한 수십억 달러로 말이다. 예산은 특히 경제가 어려운 시기에는 확실히 중요한 척도가 되지만 유일한 평가 기준은 아니다.

---

* 그리스 문자 'σ'는 표준편차를 나타내는 기호로서, '5σ'의 정확한 뜻은 평균으로부터 표준편차의 5배 떨어진 사건이라는 뜻이다. (옮긴이 주)

그림 11.3. 2012년 7월 4일 CERN에서 열린 기자회견에서 ATLAS 협동 연구 대변인 파비올라 자노티(왼쪽)가 오랫동안 찾지 못한 힉스 보손을 검출했다는 증거를 발표한 직후 입자물리학자 피터 힉스(오른쪽)와 축하하고 있다.

2012년 7월 4일에 CERN 기자회견에서 전 세계 물리학자들이 느낀 벅찬 기쁨을 설명하려면 다른 종류의 계산서를 내미는 것이 좋겠다. 당시 과학 출판물의 표준 데이터베이스를 보면 1960년대 초기부터 시작해서 힉스 입자에 대한 논문만 1만 6,000편이 넘게 발표되었다.[11] 그 논문의 90퍼센트 이상이 1990년대 이후에 출간되었고, 2011년에만 거의 1,000건에 이르렀다. 1만 6,000편의 논문은 1만 1,000명의 저자가 쓴 것인데, 수십 년간 전 세계에서 힉스 입자에 초점을 두고 이 입자의 이론적 역할과 실험적 검출 가능성을 연구한 물리학자만 1만 1,000명이라는 뜻이다. 그중 500명은 같은 주제로 각각 최소한 55편의 논문을 출판해 연구 인생의 대부분을 힉스 입자에 투자했다. (리스트에는 전체의 0.03퍼센트를 차지하는 내 논문 네 편도 포함된다. CERN의 존 엘리스가 150편으로 선두를 달렸다. 그가 눈 덮인 들판에 힉스장을 비교한 것은 그저 허투루 한 말이 아니었다.)

따라서 그해 7월에 LHC의 소식에 환호한 것은 CERN의 두 연구팀에 소속된 500여 명의 물리학자만이 아니라 반세기에 가깝게 그 임무에 기여한 전 세계 수천여 명의 물리학자들 모두였고, 모두를 위해 기념한 것이었다. 물리학자 매슈 스트라슬러Matthew Strassler는 2012년 7월 4일을 '힉스 독립기념일IndependHiggs Day'라고 선언했다.[12]* 축포를 터트리기에 이보다 더 좋은 날이 있을까?

* 7월 4일은 미국의 독립기념일이다. (옮긴이 주)

12장

두 개로 보이는 것이 하나라면
When Fields Collide

때로 코앞에 있던 것을 간과한 실수로 자신을 한없이 원망할 때가 있다. 나는 2010년에 세계적인 물리학 프리프린트 서버인 arXiv.org 에 올라온 논문 한 편을 보았을 때가 그랬다. 이 새로운 논문의 저자들은 머지않아 '힉스 인플레이션Higgs inflation'이라는 별칭으로 불리게 될 아름다운 모형을 제안했다. 우주의 첫 순간에 일어난 특별한 현상을 설명하는 모형이었다. 이는 표준 모형의 힉스 입자도 중력과 표준적이지 않은 특정한 결합을 이루고 있다면 어떨까 하는 질문에 대한 답이었다. 다소 다른 맥락이기는 했지만, 이 가설은 수십 년 전에 세워진 바 있던 종류의 가설이었다. 이것이 사실이라면 입자물리학자들이 표준 모형의 일부로 진작부터 필요로 했던 바로 그 힉스 보손이 우주 전체의 구조와 진화에 관한 큰 질문에 답할 수

있을지 모른다는 것이었다.[1]

나는 이 개념을 왜 진작 제안하지 않았을까 자책했다. 나도 초기 우주에서의 힉스장 같은 것들을 연구한 여러 논문을 발표한 적이 있지 않았던가. 그 논문들도 비표준적 중력 상호작용을 통합한 것이었다. 아닌 게 아니라 저 논문의 저자들은 내 연구를 인용하기까지 했다.[2] 그러나 나는 뻔히 보였어야 마땅한 다음 단계로 넘어가지 않았고, 그들은 그렇게 했다. 사실 이런 뼈 아픈 경험은 어떤 학자에게는 너무나 명백해 보이는 문제가 그들과는 다른 교육 과정을 거치고 다른 관점에서 그 분야를 바라보는 다른 학자들에게는 완전히 간과되는 상황을 되짚는 계기가 되었다. 나의 경우에는 이 새로운 모형이 '입자우주론particle cosmology'이라는 내 전공 분야에 딱 들어맞음에도 간과한 것이었다.

입자우주론은 최근 크게 번창하고 있다. 이 분야는 우주에서 가장 작은 단위의 물질들과 그 물질들이 우주 전체의 모양과 운명을 결정하는 역할을 연구한다. 최근 이 분야는 정부와 민간 재단으로부터 연구비를 아주 넉넉하게 받았다. 이 지원금으로 최첨단 인공위성 임무가 가능해지고 거대한 지상 망원경을 건설했을 뿐만 아니라 전 세계 수천 명의 이론물리학자가 후원받았다. 입자우주론을 주제로 하는 새로운 프리프린트는 밤, 주말, 명절을 모두 포함해 매일 매시간 두 편씩 arXiv.org에 올라온다.[3]

이 분야의 역사가 40년도 채 되지 않았다는 점에서 이 극적인 성공은 더욱 놀랍다. 입자우주론의 빠른 부상은 내가 정말 대단하다고 생각하는 개념과 제도의 강력한 연금술을 보여준다. 얽힘은 종종 지나고 났을 때 가장 명확해 보이는 법이니까 말이다. 이 새로운 하위 분야는 일부 물리학자들이 당시 새롭게 등장한 표준 모형을 뛰어넘고자 하는 과정에서 그 모습을 드러냈다. 1970년대 중반에 나타난 보다 새로운 개념들은 특히 미국에서 전례 없는 변화가 학계를 뒤흔들면서 더욱 두드러졌다. 미국에서 의회가 초전도 슈퍼 충돌기 건설을 중단하기 한 세대 전, 입자물리학자들은 모두 비슷한 위기를 맞이했다. 이에 따라 1970년대 중반, 제도적으로나 교육 과정에서나 빠른 대응이 이루어지면서 다른 연구 프로그램들이 휘청이는 와중에 특정한 문제들을 연구의 최전선으로 밀어붙이는 역할을 했다.

이런 복잡한 힘들은 두 가지 물리학 개념의 운명을 따라갈 때 가장 극명하게 드러난다. 하나는 중력 전문가들이 도입한 것이고, 다른 하나는 입자물리학자들의 골머리를 썩인 것이다. 이 두 개념 중 어느 것도 입자물리학과 우주론을 통합시키지 못했다. 하지만 시간에 따른 이들의 운명을 추적하다 보면 더 큰 과정이 명확해진다. 정치적, 제도적 변화가 지식인들의 생활에 어떤 영향을 미치는지를 밝히려면 먼저 질량의 문제로 돌아가는 것이 좋겠다.

1950년대와 1960년대에 적어도 두 하위 분야의 물리학자들은 물체가 어떻게 질량을 가지게 되었는지를 이해하려고 분투했다. 질량은 물질의 너무나도 자명하고 본질적인 속성이라 설명이 필요하다는 생각조차 들지 않는다. 하지만 현대물리학의 다른 개념들과 양립하는 질량의 기원을 찾기란 영 쉽지 않았다.[4] 그 문제는 여러 형태를 띠었다. 중력과 우주론 전문가들은 그 문제를 마흐의 원리Mach's principle의 관점에서 바라보았다. 물리학자이자 철학자이자 뉴턴의 비평가이자 어린 아인슈타인에게 영감을 준 것으로도 유명한 에른스트 마흐Ernst Mach의 이름을 딴 이 원리는 정식화하기도 지독하게 어렵지만, 다음과 같은 질문들로 거칠지만 나름대로 요약할 수 있다. 국소적인 관성 효과를 과연 먼 거리에서의 중력의 상호작용에 따른 결과라고 볼 수 있는가? 다른 말로 표현하자면, 운동의 변화에 대한 저항의 척도로서 한 물체가 지닌 질량은 궁극적으로 그 물체와 우주에 존재하는 다른 모든 물질과의 중력 상호작용에서 비롯한 것인가? 만약 그렇다면, 일반 상대성이론general theory of relativity을 지배하는 아인슈타인의 중력장 방정식은 이러한 의존성을 제대로 반영하고 있는가?[5]

한편 중력과 우주론 집단보다 규모가 큰 입자물리학자 커뮤니티 안에서 질량의 문제는 다른 형태로 제기되었다. 이론물리학자들은 핵력을 지배하는 대칭성을 위반하지 않고 기본 입자의 질량을 통합하려고 애썼다. 1950년대부터 입자물리학자들은 딜레마에 봉착했다. 핵력의 대칭성을 모형으로 세우려면 모든 입자의 질량이 0이라는 말도 안 되는 설정이 필요했고, 그들의 방정식에 입자의 질량을 포함하려면 대칭성을 파괴해야 했다.[6]

비슷한 시기에 양쪽의 물리학자들은 질량의 기원을 설명하는 틀을 고안해 냈다. 둘 다 우주에는 새로운 장이 존재하며 그것과 다른 모든 물질의 상호작용이 물체에 질량이 있는 것처럼 보이는 이유를 설명한다고 가정했다. 중력을 다루는 집단에서는 프린스턴대학교 대학원생인 칼 브랜스Carl Brans와 그의 논문 지도교수인 로버트 디키Robert Dicke가 1961년에 발표한 논문을 통해 중력에 대한 지배적인 설명인 아인슈타인의 일반 상대성이론 안에서 중력의 강도는 뉴턴의 중력 상수 G에 의해 완전히 고정된다는 점을 지적했다. 아인슈타인에 따르면, 지구에서의 G 값은 지구와 가장 멀리 떨어진 은하에서도 동일하다. 또한 그 값은 수십억 년 전이나 지금이나 일정하다. 하지만 브랜스와 디키는 만약 중력의 세기가 시간과 공간에 따라 변한다면 마흐의 원리를 만족할 수 있다고 주장했다. 이러한 변화를 구체화하기 위해 그들은 새로운 물리적 장인 φ가 우주 전체에 퍼져 있으면서 이곳과 저곳, 과거와 현재에 서로 다른 값을 지닌다는 가설을 세웠다. 새로운 장에서 중력은 $G \sim 1/\varphi$ 이므로, G는 이제 φ와 반비례해 변하게 된다. (φ의 값이 큰 지역에서 G는 작아지고, 그 반대도 마찬가지다.) 브랜스와 디키는 아인슈타인의 중력 방정식에서 G를 $1/\varphi$로 바꾸었다. 그렇게 만들어진 모형에서 보통의 물질은 보통의 일반 상대성이론에서와 똑같이 공간과 시간의 곡선에 반응하고, 동시에 φ에서 오는 국소적인 중력 세기의 변이에도 반응한다. 모든 물질이 φ와 상호작용하므로, 새로운 장의 행동은 보통의 물질이 공간과 시간 속에서 움직이는 방법을 결정한다. 그러므로 한 물체가 지닌 질량의 측정 값은 국소적인 φ 값에 따라 달라진다. 브랜스와 디키가 제시한 개념은 설득력이 대단해서 칼텍의 중력 연구 단체 회원들은 월요일, 수요일, 금요일에는 아인슈타인

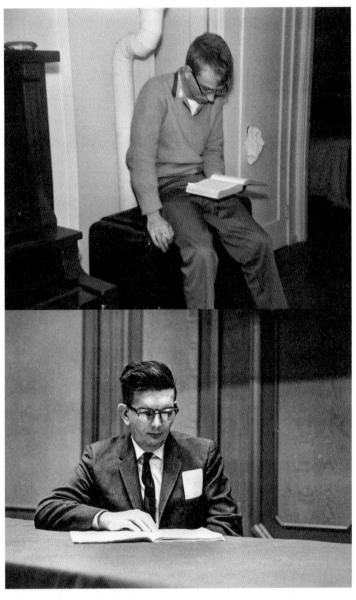

그림 12.1. (위) 1959년 대학원 과정 중에 있는 칼 브랜스. (아래) 프린스턴대학교에서의 브랜스의 논문 지도교수인 로버트 디키.

의 일반 상대성이론을, 화요일, 목요일, 토요일에는 브랜스-디키의 중력을 믿는다고 농담할 정도였다. (일요일에는 다들 해변에 가서 쉬었다.)[7]

그즈음 입자물리학의 전문가들도 질량 문제를 공략하면서 우주에 만연한 가상의 장을 새롭게 도입했다. 예를 들어, 1961년에 제프리 골드스톤Jeffrey Goldstone은 다양한 방정식의 해들이 방정식 자체와 똑같은 대칭성을 따를 필요가 없다고 주장했다. 간단한 예로 골드스톤 또한 φ라는 이름의 새로운 장을 도입했다. 골드스톤의 이 새로운 장에서 퍼텐셜 에너지는 2개의 최솟값을 가지는데, 하나는 장 φ의 $-v$ 값을, 다른 하나는 $+v$ 값을 가진다.

그 계의 에너지는 이 최솟값들에서 가장 낮고, 따라서 그 장은 결국 이 값들 중 하나에 이를 것이다. 이 장은 결국 둘 중 하나에 도달함에도 불구하고, 이 퍼텐셜 에너지는 이런 두 값들에 대해 정확히 동일하다. 즉, 대칭적이다. 이 독창적인 아이디어는 곧 '자발적 대칭 깨짐spontaneous symmetry breaking'으로 알려지게 되었다. 퍼텐셜 에너지의 곡선은 완전한 좌우대칭인 반면 φ에 대한 해는 왼쪽이든 오른쪽이든 둘 중 하나로만 주어진다.[8]

몇 년 뒤인 1964년에 피터 힉스는 골드스톤의 연구를 다시 파고들었다. 그는 골드스톤의 생각을 고도로 대칭적인 핵력 모형에 대입하면 자발적 대칭 깨짐이 '질량'을 지닌 입자들로 나타난다는 점을 발견했다. 이런 모형에서 새로운 장 φ는 핵력을 생성하는 매개 입자들과 같은 다른 입자들과 상호작용한다. 힉스는 이런 상호작용을 지배하는 방정식들이 필수적인 모든 대칭을 준수한다는 것을 증

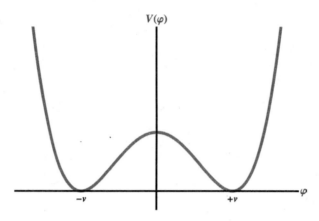

그림 12.2.　이중 우물 퍼텐셜double-well potential, $V(\varphi)$. 계의 에너지는 그 장이 $+v$ 또는 $-v$ 중 하나에 도달할 때 최솟값을 가진다. 비록 장의 퍼텐셜 에너지는 대칭적이지만, 그 장의 해는 이 두 최솟값 중에서 하나만 선택하므로 그 방정식의 대칭성은 깨진다.

명했다. φ가 퍼텐셜의 최솟값들 중 하나에 이르기 전까지 이러한 다른 입자들은 방해받지 않고 즐겁게, 가볍게 뛰어다닌다. 그러나 φ가 $+v$든 $-v$든 어느 하나에 도달하고 나면, 마치 구슬들이 당밀에 빠지듯이, 이 장은 자신과 상호작용하는 모든 것을 끌어당길 것이다. 그렇게 되면 아원자 입자들은 질량이 0이 아닌 것처럼 행동할 것이고, 그러면 그 입자들의 질량 측정 값은 국소적인 φ의 값에 따라 달라질 것이다.[9]

　브랜스와 디키의 논문, 그리고 힉스의 논문은 즉각적으로 동료들에게 주목받았다. 그 영향력을 가늠하는 한 가지 방법은 논문 인용 횟수다. 물리학자들은 어느 한 논문을 참조하거나 인용한 다른 과학 논문들의 수를 집계하며 오랫동안 인용 횟수 계산법을 다듬었다. 고에너지물리학, 즉 입자물리학에 대한 표준 인용

그림 12.3. (위) 제프리 골드스톤은 1961년에 자발적 대칭 깨짐의 개념을 내놓았다. (아래) 1964년, 피터 힉스는 골드스톤의 대칭 깨짐 개념을 핵력 모형과 통합했다.

추적 데이터베이스는 축적된 인용 횟수에 근거해 각 논문에 범주를 할당한다. 다른 문헌에서 한 번도 인용되지 못한 논문은 '알려지지 않음unknown'에 속한다. 1~9회 인용된 논문은 '덜 알려짐less known', 10~49회 인용된 논문은 '알려짐known', 50~99회 인용된 논문은 '잘 알려짐well-known', 이런 식이다. 가장 높은 범주인 '저명함renowned'은 최소 500번 이상 인용된 희귀한 논문을 위한 자리다.[10] 이 기준에서 브랜스-디키의 논문과 힉스의 논문은 둘 다 1981년에 이미 인용 횟수가 500회 이상 축적된 '저명한' 논문들로 분류되었다. 현재까지도 두 논문은 전체 기간에 가장 많이 인용된 논문 상위 0.01퍼센트 안에 들어간다.[11] (몇 년 전에 내 논문 중에서 가장 많이 인용된 물리학 논문이 인용 수 100회에 가까워질 무렵 데이터베이스 관리팀이 새로운 범주를 추가했다. 과거에는 100~499회 인용된 논문은 모두 '유명함famous' 범주에 할당되었지만, 이제 이 범주는 적어도 250회 이상 인용된 논문을 위한 자리다. 내 논문은 아직 250회를 넘지는 못했지만 200회 이상 인용된 내 논문이 '거의 유명함'에 해당한다고 믿고 있다. 물론 심리학자인 내 아내에게는 이런 내 심리 상태를 설명할 이론이 차고 넘칠 테지만.)

이 저명한 두 논문은 φ라는 새로운 장을 도입하고 그것과 다른 물질들의 상호작용을 통해 질량의 기원을 설명한다. 두 논문은 비슷한 시기에 《피지컬 리뷰》라는 동일한 학술지에 실렸다. 그러나 20년간 어떤 물리학자도 브랜스-디키의 장과 힉스의 장을 합칠 생각은 하지 못했다. 1981년까지 브랜스-디키의 논문과 힉스의 논문을 인용한 논문만 모두 1,083편이었다. 그중에서 0.6퍼센트에 불과한 여섯 편만이 브랜스-디키의 논문과 힉스의 논문을 동시에 인용했으며, 그것도 가장 먼저 발표된 논문이 1972년이었고 나머지는 1975년 이후였다.[12] 1,083편의 이 논문들은 990명의 저자가 썼는데, 1961년에서 1981년 사이에 그중 21명의 저자가 두 연구를 모두 (하지만 대개는 각각 다른 논문에서) 인용했다. 다시 말해, 두 개념이 각각의 하위 분야에서 모두 '저명한' 논문이 되었음에도, 1970년대 이전에는 누구도 브랜스-디키의 장과 힉스의 장이 물리적으로 유사하다고 판단하거나, 심지어 두 논문을 나란히 놓고 들여다볼 생각도 하지 못했다는 말이다.

◆◇◆

브랜스, 디키, 골드스톤, 힉스가 각자 φ 장을 소개했을 때만 하더라도 미국에서는 입자물리학과 우주론의 구분이 아주 뚜렷했다. 예를 들어, 미국국립과학원의 물리학조사위원회Physics Survey Committee는 1966년에 '물리학: 조사와 전망'이라는 제목으로 정책 보고서를 발간했는데, 미국에서 향후 몇 년간 입자물리학에 대한 연구비와 박사급 인력이 2배가 되어야 한다고 권고하면서도(이는 모든 물리학 분야를 통틀어 지금까지 가장 큰 폭으로 제시된 것이다), 중력, 우주론, 천체물리학처럼 가뜩이나 규모가 작은 영역의 확장에 대해서는 침묵했다.[13] 중력과 우주론에 관한 가장 영향력 있는 소비에트 교과서가 핵력에 관한 최신 추론에 관한 논의로 시작하는 동안에도, 미국 교과서에서는 그런 종류의 뒤섞임을 전혀 찾아볼 수 없었다.[14]

1960년대 정책 보고서에 명확히 드러나고, 실제로도 브랜스-디키과 힉스 장을 분리해서 취급한 미국의 연구 패턴이 영구히 고정된 것은 아니었다. 1970년대 말이 되자 우주론과 입자물리학의 분리는 예전만큼 극단적이지는 않아서, 브랜스-디키와 힉스의 논문이 같은 논문에서 인용되기 시작했고, 입자우주론과 같은 새로운 하위 분야가 모습을 드러내기 시작했다. 물리학자들은 입자물리학자들이 강력한 개념의 힘만으로 우주론에 대해 생각하기 시작했다고 주장하면서, 입자우주론이 급격하게 부상한 원인이 오로지 1970년대 중반에 참신하게 등장한 몇몇 개념들 때문이었다고 설명하는 경향이 있었다. 그러한 새로운 개념들에는 1973년에 처음 발표된 '점근 자유성asymptotic freedom'과 1973~1974년에 발표된 최초의 '대통일 이론Grand Unified Theory, GUT'이 포함된다.

점근 자유성은 국소적 변환 아래 대칭성을 유지하는 힘들에 관한 모형들 안에서 예상치 않게 일어나는 현상을 지칭한다. 이는 대부분의 다른 힘들과 달리 입자들이 서로 가까워지면서 힘의 강도가 약해지는 현상과 같은 것을 말한다. 처음으로 입자물리학자들은 아주 짧은 거리로 계산을 제한하는 상황에서는 강한 핵력(쿼크를 양성자와 중성자 안에 묶어두는 힘)과 같은 현상을 정확하고 신뢰할 만한 수준으로 계산할 수 있게 되었다. 그런 짧은 거리는 대단히 큰, 그동안 실험에서 다루는 그 어떤 것보다도 큰 에너지의 상호작용에 해당하는 것이었다.[15] (휴 데이비드 폴리처H. David Politzer, 데이비드 그로스David Gross, 그리고 프랭크 윌첵은 점근 자유성의 발견으로 2004년 노벨상을 공동 수상했다.)

대통일이론의 도입도 입자물리학자들의 관심을 대단히 높은 에너지로 향하게 하는 데 일조했다. 물리학자들이 함께 표준 모형의 퍼즐을 꿰맞추는 동안, 많은 이들이 이 모형으로 설명되는 전자기력, 약한 핵력, 강한 핵력의 세 가지 힘의 강도가 아주 높은 에너지에서는 같아질지도 모른다고 생각하게 되었다. 이론물리학자들은 그렇게 큰 에너지에서 세 힘이 서로 구분할 수 없는 단일한 힘으로 존재한다는, 이른바 '대통일'이 일어난다는 가설을 세웠다. 반면 에너지가 낮아지면 대통일 이론의 대칭성이 자발적으로 깨지면서 각각 특정한 강도를 띤 세 가지 별개의 힘을 구성하는 세 가지 별개의 대칭이 남는다는 것이었다.[16]

대통일이 시작되는 에너지 규모는 말 그대로 천문학적이다. 입자물리학자가 지구에 설치된 입자 가속기로 조사할 수 있는 것보다 1조 배는 더 큰 에너지다. 물리학자들이 전통적인 경로로 그런 에너지에 접근할 방법은 없었다. 40년 동안의 기술 향상에도 불구하고, 오늘날의 가장 강력한 입자 가속기조차 1조 배에는 턱없이 모자란 고작 1,000배만큼만 에너지를 증가시켰을 따름이다. 그래서 대통일 규모의 에너지는 물리학자의 실험실에서는 결코 만들어질 수 없다. 그런데 이 시점에 누군가가 만약 우주 전체가 뜨거운 빅뱅으로 시작했다면 우주에서 입자의 평균 에너지가 우주 역사 초기에 이례적으로 높았다가 시간에 따라 우주가 확장되면서 식어갔을지도 모른다고 깨닫기 시작했다. 점근 자유성과 대통일 이론의 도래로 입자물리학자들은 초기 우주의 고에너지 상태에 관해 '자연스럽게' 질문할 빌미를 갖게 된 것이다. 우주론은 많은 이들이 '빈곤한

자의 가속기'라고 부르게 될 것을 제공했다.[17]

　이것이 이야기의 전부일까? 분명 새로운 아이디어들이 크게 일
조한 것은 사실이지만, 그것만으로는 어떻게 입자우주론이라는 새
로운 하위 분야가 등장하고 또 성장했는지를 설명하지 못한다. 첫째
로, 타이밍이 맞지 않는다. 우주론에 관한 논문은 미국만이 아니라
전 세계적으로 1973년과 1974년 이전에 가파르게 증가했고, 그 증가
속도는 점근 자유성과 대통일 이론 논문의 등장과 무관했다. 게다
가 대통일 이론이 1973~1974년에 소개되었다고는 하나 1970년대
말과 1980년대 초까지는 입자물리학자들 사이에서조차 크게 주목
받지 못했다. 1978년에서 1980년대 사이에 입자우주론이라는 신생
분야를 다룬 초창기 리뷰 논문 세 편이 발표되었는데, 여기에서도
다른 연구만 강조했지 점근 자유성과 대통일 이론은 완전히 무시되
었다. 심지어 그중 한 논문은 점근 자유성이나 대통일 이론이 소개
되기도 전인 1972년에 발표되었다.[18]

　입자우주론의 탄생의 배경에는 새로운 개념들을 벗어나는 어떤
것이 있었다. 정치, 제도, 기반 시설도 중요한 역할을 했다. 1970년
쯤 냉전의 거품이 터지면서 물리학계는 완전히 무너졌다. 거의 전
과학, 공학 분야가 같은 시기에 쇠퇴기에 들어섰지만 물리학만큼
빠르고 낮게 추락한 분야는 없었다. 물리학과 진학률만큼 연구비
지원도 빠르게 줄어들어 1967년에서 1976년 사이에는 3분의 1로 곤
두박질쳤다. 1970년대 초반, 미국 물리학자들은 이 분야가 시작된
이래로 최악의 위기를 맞이했다.[19]

　연구비 삭감은 물리학 전반에서 고르게 나타나지 않고 입자물

리학에 가장 큰 타격을 가했다. 입자물리학에 들어가는 연방 예산은 직접적인 삭감과 인플레이션에 맞물리며 1970년에서 1974년 사이에 절반으로 줄었고, 고에너지물리학자에 대한 정부의 수요도 급작스럽게 감소했다.[20] 갑작스러운 삭감으로 입자물리학자들이 빠르게 빠져나가면서, 1968년에서 1970년 사이에 미국에서는 유입되는 수보다 2배나 많은 물리학자들이 입자물리학을 떠났다. 하향 추세는 1970년대 내내 계속되었다. 미국에서 매년 졸업하는 물리학 박사의 수는 1969년에서 1975년 사이에 44퍼센트나 줄어들었는데, 이는 모든 분야를 통틀어 가장 빠르게 감소한 것이었다. 입자물리학자들이 운명의 장난에 놀아나는 동안 천체물리학과 중력은 미국물리학에서 가장 빨리 성장하는 하위 분야로 떠올랐다. 1960년대 중반에 발표된 일련의 새로운 발견들(퀘이사, 펄서, 우주 마이크로파배경 복사cosmic microwave background radiation)과 실험 설계에서의 혁신들에 힘입어, 매년 신규 박사학위 취득자 수가 1968년부터 1970년까지는 60퍼센트, 1971년부터 1976년까지는 추가로 33퍼센트 증가했다. 이는 전체 물리학 박사학위자 수가 빠르게 감소하는 상황에서 일어난 일이다.[21]

몇 년의 침체기를 조사한 물리학조사위원회는 1972년에 새로운 보고서인 『물리학 조망Physics in Perspective』을 발간했다. 위원회는 입자이론물리학자가 예산 삭감의 타격을 가장 크게 받았다고 언급했다. 입자물리학자의 수요가 감소하면서 너무나도 많은 젊은 입자물리학자가 방향을 전환하는 데 어려움을 겪었다. 미국 내 물리학과들에서는 입자이론물리학자의 교육 방식을 쇄신해야 한다면서 엘리트 위원회에 다음과 같이 촉구했다.

> 입자이론물리학자의 고용 상황은 다른 물리학자보다 훨씬 심각
> 해 보인다. 최근 이론물리학자들이 대량 배출되었다는 점, 그리
> 고 이들의 높은 전문성이 이번 어려움의 원인으로 보인다. 물리
> 학의 어느 분야에서든 진정으로 성공하려면 폭넓은 교육이 필요
> 하다는 면에서 이런 편협한 전문성은 입자 이론을 전공하는 학
> 생들에게 이미 현명하지 못한 선택이 허용되었다는 뜻으로 볼
> 수 있다. … 대학교는 가장 뛰어나고 능력 있는 학생들에게 물리
> 학의 모든 하위 분야를 경험할 기회를 제공할 책임이 있다.[22]

전체 2,500쪽짜리 보고서에서 그 많은 물리학 하위 분야들 가운
데 하필 입자이론물리학자가 비판의 대상으로 지목되었다. 대학원
생을 물리학의 다양한 분야, 특히 중력이나 우주론을 중심으로 폭
넓게 노출시키자는 취지에서 교과과정은 빠르게 수정되었다. 전국
의 물리학과가 이 주제로 새로운 강의를 제공하기 시작했다. 미국
출판사들은 갑작스러운 수요를 감당하기 위해 그때까지 수십 년이
나 무시되었던 중력과 우주론을 다루는 수십 권의 교과서를 새롭게
찍어 냈다. 과거 1959년에는 주요 교과서 출판사가 시리즈 편집자
들에게 작은 분야의 교과서를 낼 때는 특히 주의해야 한다고 경고
했지만("아무리 훌륭해도 일반 상대성이론을 다루는 교과서 시장이 크
지는 않을 테니까"), 1970년대에 미국 출판사들은 이 주제에 관한 대
학원생 수준의 교과서를 26종이나 내놓았다. 교과과정이 급변하는

상황에서 일부 물리학과는 공식 교과서가 출간될 때까지 기다리지 못했다. 예를 들어, 1971년에 칼텍은 리처드 파인먼의 1962~1963년 중력 강의 노트의 등사판 복사본을 돌리기 시작했고, 보스턴의 어느 출판사는 1974년에 일반 상대성이론에 관한 다른 물리학자의 비공식 강의 노트를 서둘러 출간했다.[23]

미국 물리학계에서 일어난 이런 지대한 변화는 이론물리학자들이 브랜스-디키와 힉스의 장들처럼 난해한 개념을 다루는 방식에도 그 흔적을 남겼다. 1979년, 미국의 두 물리학자는 독립적으로 브랜스-디키의 장과 힉스장이 사실 하나일지도 모른다고 제시했다. 이는 두 장들이 물리적으로 서로 비슷하다고 생각하기는커녕 두 φ 장들을 같은 논문에서 언급한 사람조차 없이 20년이란 세월을 보낸 후의 일이었다. 앤서니 지Anthony Zee와 리 스몰린Lee Smolin은 각각 브랜스-디키의 중력 방정식을 골드스톤-힉스의 대칭 깨짐 퍼텐셜과 결합해 사실상 φ 장들의 두 측면을 하나로 묶음으로써 '중력의 깨대칭 이론broken-symmetric theory of gravity'을 소개했다.[24] (당시에는 별다른 관심을 받지 못하고 넘어갔지만 도쿄, 키이우, 브뤼셀, 베른의 이론가들이 1974년과 1978년 사이에 시험적으로 비슷한 아이디어를 소개한 적이 있었다.)[25] 이 모형에서는 뉴턴의 '상수' $G \sim 1/\varphi^2$에 의해 지배되는 중력의 국소적인 강도가 (브랜스-디키의 연구에서처럼) 시간과 공간에 따라 다양할 뿐 아니라, 오늘날 알 수 있듯이 그것의 값은 φ가 그 대칭 깨짐 퍼텐셜의 최솟값으로 안정된 다음에야 나타난다. 이런 식으로 지와 스몰린은 왜 중력이 다른 힘과 비교해 그렇게 약한지를 설명하려고 했다. 즉, 그 장은 최종 상태인 $\varphi = \pm v$에 이를 때 $G \sim 1/v^2$을 작은 값으로 밀어붙이면서 φ를 0이 아닌 모종의 큰 값으로 고정시킨다.[26]

앤서니 지가 두 φ 장들을 통일한 과정은 미국 물리학자들이 냉전의 거품이 터진 이후로 입자 이론에서 방황하다가 우주론으로 방향을 튼 한 가지 예시다. 그는 1960년대 중반 프린스턴대학교에서의 학부 시절에 중력 전문가인 존 휠러John Wheeler와 일을 했다가 하버드대학교에서 입자 이론으로 박사과정에 들어갔고, 이 분야가 크게 무너지기 시작한 1970년에 학위를 받았다. 그가 나중에 회상하기로, 우주론은 그가 대학원에 다닐 당시에는 어디에서도 언급된 적이 없었다. 박사후 과정을 거쳐 지는 프린스턴대학교에서 가르치기 시작했다. 그는 1974년에 파리로 안식년을 떠나면서 어느 프랑스 물리학자와 아파트를 맞바꾸어 사용했는데, 이 집에서 그는 우연히 우리 우주에 반물질보다 물질이 더 많은 이유와 같은 다양한 우주론적 특징을 입자물리학의 개념으로 설명하는 유럽 물리학자들의 논문 더미를 보았다. 비록 논문에 나온 발상들이 솔깃하지는 않았지만, 이 우연은 중력에 대한 그의 소싯적 관심에 다시 불을 지폈다. 안식년을 마치고 휠러와 다시 만나면서 지는 연구 방향을 입자우주론 쪽으로 다시 조정하기 시작했다.[27]

한편 리 스몰린은 교과과정의 쇄신이 막 효력을 나타내기 시작하던 1975년에 하버드대학교 대학원에 입학했다. 대학원에서 중력에 관해 들어본 적이 없었던 앤서니 지와 달리, 스몰린은 입자물리학 수업과 함께 중력과 우주론 수업도 들었다. 그는 입자물리학에서 중력을 우연히 만날 필요가 없었다. 스몰린은 근처 브랜다이스대학교 소속으로 당시 하버드대학교 물리학과를 방문 중이던 스탠리 데서Stanley Deser와 긴밀하게 일했다. 데서는 1960년대에 양자 중력에 관심을 보인 몇 안 되는 미국 물리학자였다. 그는 양자역학과 양립할 수 있는 중력을 기술하고자 노력했다. 또한 데서는 브랜드-디키와 힉스의 연구를 같은 논문에서 언급한 최초의 물리학자였다. (비록 1972년에 출간된 논문에서 두 φ 장을 별개인 것처럼 따로 다루기는 했지만 말이다.) 스몰린의 다른 주 지도교수는 입자물리학자 시드니 콜먼Sidney Coleman으로, 그는 그로부터 불과 몇 해 전부터 하버드대학교 물리학과에서 일반 상대성이론에 관한 첫 번째 강의를 연 참이었다. 스몰린은 영향력 있는 교과서『중력과 우주론Gravitation and Cosmology』(1972)을 출간한 스티븐 와인버그Steven Weinberg의 수업을 들었다. 또한 하워드 조자이Howard Georgi와 방문교수였던 헤라르뒤스 엇호프트Gerard ´t Hooft를 비롯한 여러 설계자들이 표준 모형 물리학과 대통일 이론에 관해 집중적으로 강의한 수업을 수강했다. 이처럼 폭넓은 수업을 바탕으로 스몰린은 양자 중력 연구에 초점을 맞추었고, 1979년에 학위 논문을 마무리하면서 브랜스-디키와 힉스 장이 서로 같다고 제안했다.[28]

스몰린의 경험은 1970년대 중후반에 중력과 입자 이론의 접점에서 연구하도록 훈련받은 또래 이론가들의 새로운 일상이 되었다. 폴 스타인하트Paul Steinhardt, 마이클 터너Michael Turner, 에드워드 "록키" 콜브Edward Kolb 등과 같은 이론가들(모두 스몰린처럼 1978년과 1979년 사이에 박사학위를 받았다)은 대학원에서 입자물리학은 물론이고 중력에 대해서도 공식적으로 연구했다. 곧 스몰린, 스타인하트, 터너, 콜브 등은 새로운 융합 영역에서 연구하는 대학원생들을 길러 내게 되었다. 이 젊은 이론가들과 점점 늘어나는 그들의 학생에게 브랜스-디키의 장과 힉스의 장을 연결하는 것은 '자연스러운' 일이 되었다. 터너, 콜브, 스타인하트는 각각 1980년대에 두 φ 장들 사이의 연결 고리를 더 깊이 탐색하는 연구팀을 이끌면서 브랜스-디키의 장과 힉스장이 서로 나란히 나타나거나 하나로 취급되는 우주론 모형을 세웠다. 일부는 열렬한 프로그램 제작자가 되기도 했다. 예를 들어, 콜브와 터너는 1983년에 최초로 입자천체물리학센터Center for Particle Astrophysics를 세우고 페르미연구소 안에서 새로운 연구를 위한 공간을 개척했다. 이어서 1990년에는 이 새로운 하위 분야에 대한 최초의 교과서인 『초기 우주The Early Universe』를 집필했다.[29]

◆◇◆

콜브와 터너의 『초기 우주』가 나왔을 때 나는 학부 2학년이었다. 이런 책들 덕분에 나 같은 학부생도 입자우주론 수업을 들을 수 있었다. 나는 영감을 주는 선생들(학위 과정에서 페르미연구소의 입자천체물리학센터 같은 곳에서 공부했던 젊은 물리학자들), 그리고 콜브와 터너의 책에서 적지 않게 영향을 받아 이내 입자우주론에 빠져들었다. (나는 이 책을 세 권 사서 적어도 한 권은 언제 어디서든 바로 집어 들 수 있게 두었다.) 우리 세대 학생들에게는 브랜스-디키의 장과 힉스의 장과 같은 이론적 대상들을, 수십 년 전만 하더라도 너무 낯설었던 이 움직임에 대해 일말의 주저함도 없이 연구에 이용하는 것이 일상이 되었으며, 심지어 제2의 본능이나 다름없게 되었다. 실제로 오늘날의 관점에서 보면, 과거 물리학자들이 힉스장과 브랜스-디키 장을 그토록 오랫동안 서로의 견지에서 보지 못했다는 것이 신기할 지경이다. 몇 세대 만에 이 두 분야의 통일은 생각도 할 수 없었던 것에서 눈에 띄지도 않는 것으로 바뀌었다.

겉으로 보기에 당연한 이것들(두 분야를 결합하는 것이 너무나도 뻔한, 멀리하는 것이 오히려 낯선 오늘날의 상황)은 어떻게 지식인들의 삶의 윤곽이 제도와 기반 시설의 빠른 변화에 따라 재형성될 수 있는지, 그래서 궁극적으로는 젊은 물리학자들이 매력적이라고 느끼거나 연구할 가치가 있다고 느끼는 경계를 바뀌는지를 잘 보여준다. 그래서 2007년 가을의 그날 아침 arXiv 프리프린트 서버를 검색하면서 '힉스 인플레이션'을 우연히 보았을 때 약간의 슬픔과 함께 이내 떠올려 보게 된 것이다. 나는 왜 그것을 진작 생각하지 못했을까?[30]

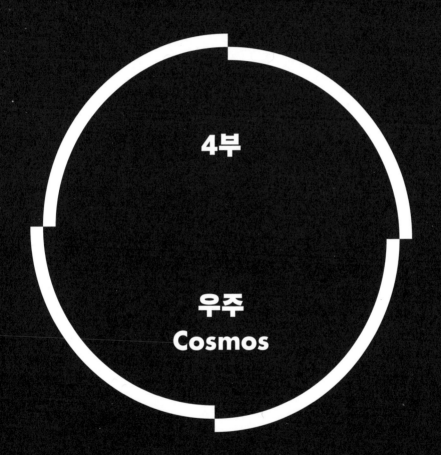

4부

우주
Cosmos

13장
호킹의 외계인이 남긴 메시지
Guess Who's Coming to Dinner

어머니는 전화로 내 연구에 대해 묻지 않는다. 그런데 실로 서쪽에서 해가 뜨는 사건이 2010년 4월에 생겼다. "너는 스티븐 호킹이라는 작자의 말에 동의하니?" 이런 질문은 보통 답하기가 쉽다. 블랙홀의 행동에서부터 초기 우주의 구조까지, 다양한 주제에 관한 물음에는 대체로 '그렇다'라고 대답하는 것이 안전하다. 하지만 엄마가 알고 싶은 건 그런 것이 아니었다. 엄마는 외계인과의 접촉을 시도하는 것이 아마도 좋지 못한 생각일 것이라는 호킹의 말에 내가 동의하는지가 궁금해 죽을 지경이었던 것이다. 호킹은 우리가 보낸 메시지를 받은 어느 외계 문명이 친절하게 지구까지 찾아와 집 앞에 나타날지도 모르지만 그리 우호적인 손님은 아닐 것이라고 경고했다. 그의 추측에 따르면 "그렇게 발전한 문명을 이룬 외계인이라

면 자신들이 갈 수 있는 행성은 모두 식민지로 삼고 싶어 할 것"이
다.[1] 그 말이 호킹의 음성 합성기에서 나와 즉시 전 세계의 블로그
에 퍼지면서 어머니까지 나한테 전화하게 된 것이다.

그래서 그해 봄, 마침 외계 지적 생명체 탐사Search for Extraterrestrial
Intelligence, SETI 프로젝트의 50주년을 기념하는 시기에 '외계인'이라
는 단어가 모든 이의 입에 오르내리고 화면을 도배했다. 오랫동안
철학자들이나 시인들이 외계 지적 생명체를 상상해 왔으나, SETI의
최근 역사는 저명한 과학 저널 《네이처Nature》에 실린 짧은 논문으
로 시작한다. 1959년에 코넬대학교 천체물리학자인 주세페 코코니
Giuseppe Cocconi와 필립 모리슨Philip Morrison은 외계 지적 문명이 우리
와 소통하기 위해 추적하는 주파수가 전자기파의 마이크로파 구간
에 존재할지 모른다고 가정했다. 미국 웨스트버지니아주에 새로 세
워진 국립 전파천문대 소속 천문학자인 프랭크 드레이크Frank Drake
도 비슷한 생각을 했다. 1960년에 드레이크는 '오즈마 프로젝트
Project Ozma'라는 코드명 아래 직접 하늘을 수색하며 특정 주파수에
서 울리는 지적 생명체의 신호를 찾아다녔다. 주로 쉭쉭거리는 소
리밖에 안 들렸다. 한번은 꽥꽥거리는 소리를 듣고 심장이 팔딱팔
딱 뛰었으나, 곧 하늘이 아니라 근처 비밀 군사 시설에서 나온 것임
이 확인되었다. 하지만 드레이크는 쉽게 낙담하지 않았고 결국 동
료들까지 끌어들이며 본격적으로 외계 지적 생명체를 탐색하기 시
작했다.[2]

코코니와 모리슨의 《네이처》 논문은 오늘날에도 훌륭한 읽을거
리다. 이 논문은 스푸트니크호 발사 후 2년이 채 되지 않아 출간되

었는데, 이는 초기 우주 시대의 특징인 '할 수 있어'와 '맙소사'의 정신으로 무장된 경솔한 낙관론과 냉정한 계산이 결합한 결과물이었다. 외계인의 신호를 수색하는 이유를 묻는 말에 코코니와 모리슨은 이렇게 답한다. "왜냐하면 우주에는 별이 너무 많으니까." 세상에는 태양을 닮은 별이 많이 있다. 따라서 우리 종이 진화한 지구와 같은 조건을 갖춘 행성이 은하계에는 흔하디흔할 것이다. 이어서 코코니와 모리슨은 외계에는 "현재 인류에게 가능한 것보다 훨씬" 대단한 "과학적 관심사"와 "실현 가능한 기술"이 발달한 문명이 수없이 많을 것이라고 확신했다. 두 사람의 추론에 따르면, 지구와 비슷한 조건의 장소에는 생명이 있고 생명이 있는 곳에는 과학이 있을 것이다.[3]

이 짧은 논문에서 코코니와 모리슨은 기이한 수사법을 선보였다. 현재의 과학과 기술을 고려했을 때, 진보한 외계인들이 우리에게 어떤 방식으로 연락을 취할 것이라고 예상해야 할까? 인류는 당시 수소 원자가 특정 주파수에서 방출하는 마이크로파에 대해 막 알게 된 참이었다. 1951년에 한 하버드대학교 실험실에서 처음 측정된, 이른바 '21센티미터 선'으로 불리는 스펙트럼 선이었다. 코코니와 모리슨은 수소가 우주에서 가장 단순하고도 풍부한 원소이므로 틀림없이 "우주의 모든 관찰자에게 알려진 고유하고도 객관적인 표준 주파수를 제공할 것이다"라고 썼다. 어쨌거나 우리 인간도 이미 그 사실을 알고 있으니 말이다. 두 사람의 계산에 따르면 이 특별한 주파수는 전자기 스펙트럼상에서 자연적으로 발생하는 배경 소음으로부터 멀리 떨어진 아주 적절한 자리에 포진하고 있었다.

이 특별한 주파수의 보편적인 속성으로 미루어, 외계인들은 우리와 마찬가지로 다른 문명에서도 전파천문학radio astronomy 발달 초기에 이 주파수에 맞추어진 민감한 수신기를 제작했을 것이라는 합리적인 예상에 도달했을 것이다. 그렇다면 외계인들이 내릴 수 있는 유일한 '합리적' 선택은 언젠가 우리가 자신들과 비슷한 경로로 과학과 기술이 발달할 것이라는 확신하에 똑같은 주파수로 메시지를 방송하는 것뿐이다. 다른 이들에 대한 추론은 필연적으로 자기 자신의 투영이 될 수밖에 없다.[4]

정신분석가나 문화 분야의 박사학위가 없더라도 코코니와 모리슨의 논문에 담긴 감상적이고도 조용한 갈망을 어렵지 않게 읽어낼 수 있다. 그들이 주장하기로는, 그저 발달한 외계 문명이 존재할 가능성이 높다는 것이 다가 아니다. 외계인들은 아마도 친절하고 상냥한 원로들로서 "태양 가까운 곳에서 과학의 발전을 기다리며", "참을성 있게" 신호를 보내고는 우리 인류로부터 "지적 생명체 집단에 새로운 사회가 합류"했음을 알리는 신호를 되돌려받기를 고대하며 우주 이웃을 감시하고 있을 것이다.[5] 모리슨은 SETI 연구를 시작하기 전, 전시 맨해튼 프로젝트의 일원으로 핵무기를 설계한 인물이다. 그는 1945년 원자폭탄 투하 직후 몇 주간 최초의 과학 조사팀에 들어가 히로시마와 나가사키를 조사했다. 그 경험에 그을린 모리슨은 당시 싹트기 시작한 군비 통제 운동에 힘을 쏟았다. 1950년대 초에 그는 급진적인 "세계 정부"에 관한 발상을 가지고 있다며 반공주의 비평가들로부터 괴롭힘을 당했다.[6] 그가 보다 합리적이고 호의적인 문명 공동체를 찾아 하늘로 눈길을 돌린 것도 무리는 아

그림 13.1.   (위) 1967년 천체물리학자 주세페 코코니가 CERN에서 강연하고 있다. (아래) 천체물리학자 필립 모리슨.

니다.

이렇듯 SETI는 핵 시대의 부산물로 시작되었다. 전파천문학자인 드레이크가 코코니와 모리슨의 뒤를 이었다. 1961년, 소규모 SETI 워크숍을 조직하면서 그는 오늘날 '드레이크 방정식Drake equation'이라고 알려진 식을 급조했다. 드레이크는 우주에 고도로 발달한 외계 문명이 존재할 가능성을 계산할 도구가 필요했다. 새로운 항성이 형성되는 평균 속도, 행성이 있는 항성의 비율, 생명체에 적합한 조건이 발달한 행성의 비율 따위가 이 식에 들어가는 변수다. 드레이크 방정식의 마지막 항인 L은 외계 문명의 평균 수명이다.[7]* 코코니와 모리슨의 논문이 우주 시대 초기의 희망적인 쾌활함을 반영한다면, 드레이크 방정식에는 냉전의 흔적이 남아 있다. 드레이크에게 L은 그의 동료 대부분에게 그러했듯이 언제나 핵 전면전의 대리인이었다. 코코니와 모리슨이 생명체는 반드시 과학으로 이어진다고 보았다면, 드레이크는 한발 더 나아갔다. 과학은 반드시 핵무기로 이어진다.

폴 데이비스Paul Davies는 『침묵하는 우주The Eerie Silence: Renewing Our Search for Alien Intelligence』(2010)에서 SETI 개척자들에게 생기를 불어넣은, 벗어날 수 없었던 당시 분위기를 다루었다. 이론물리학을 공부한 데이비스는 현재 우주론과 우주생물학을 연구하면서, 애리조나주립대학교 산하 기초과학개념비욘드센터Beyond Center for

---

* SETI 웹사이트에서는 L을 '외계 문명이 신호를 보내올 평균 시간'이라고 정의한다.

Fundamental Concepts in Science를 이끌고 있다. (가장 영향력 있는 초기 연구들 가운데 일부는 물리학자가 생각하는 진공 개념에 대해 상세히 논술했다. 그는 말 그대로 무nothing에 관한 모든 것을 알고 있다.) 이 책에서 그가 가장 강조하며 경고하는 것은 필요조건과 충분조건을 혼동하지 말라는 것이다. 멀리 떨어진 어느 행성에서 물이나 아미노산의 존재는 (적어도 우리가 알고 있는) 생명체에 꼭 필요한 조건이다. 하지만 물과 아미노산이 있다고 해서 반드시 생명이 탄생하는 것은 아니다. 항성 주위를 공전하는 지구 같은 행성의 존재도 마찬가지다. 코코니, 모리슨, 드레이크가 외계 신호 탐색 전략을 세우던 시기에는 천문학자들에게 우리 태양계 바깥의 행성에 대한 직접적인 증거가 없었다. 오늘날 천문학자들은 이런 '외계 행성'을 수천 개나 찾아냈는데, 관측 기술이 개선되면 더 많은 발견이 이어질 것이다. 그러나 데이비스가 올바르게 지적했듯이, 설령 우리 은하계에 외계 행성이 놀라울 정도로 많다고 밝혀지더라도 생명의 불꽃은 그보다 더 놀라울 정도로 개연성 없는 것이라고 증명될지도 모른다. SETI 초창기에 항성에서 행성으로, 생명체에서 지적 생명체로의 간편한 도약은 그저 추측에 머물렀다. 따라서 데이비스는 '섬뜩한 침묵', 그러니까 50년간 합심해 귀를 기울였음에도 확인된 그 어떤 외계 지적 생명체의 접촉도 없다는 사실이 단지 우리가 아는 형태의 생명체가 드물다는 신호일 뿐 문명이 필연적으로 핵 재앙으로 인한 자기 파괴에 이른다는 증거는 아닐 것이라고 결론 내렸다.[8]

데이비스는 초기 SETI 연구를 뒷받침한 다른 가정들을 되짚었다. 코코니와 모리슨은 지적 문명이라면 반드시 과학적 조사를 시

그림 13.2.   1985년에 웨스트버지니아 그린뱅크의 미국국립전파천문대에 다시 모인 프랭크 드레이크(오른쪽에서 두 번째)와 오즈마 프로젝트의 원년 멤버들. 하워드 E. 테일틀 앞에 1960년 최초 오즈마 실험에 사용된 26미터짜리 전파망원경이 보인다.

도할 것이라고 가정했지만, 데이비스는 과학은 지구에서조차 보편적인 활동이 아니라며 반박했다. 게다가 기초과학이 반드시 기술의 개선을 낳는다는 1950년대와 1960년대의 낡은 발상은 인간 자신의 역사 기록과도 맞지 않는 것처럼 보인다. 고대 중국 문명에서는 놀라운 기술이 여럿 발달했지만 서구 방식의 과학과 닮은 것은 거의 없었다. 만약 인류라는 종에서 과학과 기술의 동행이 (우주론적인 측면에서) 비교적 짧은 기간에 그저 우연히 나타난 것이라면, 어떤 근거로 외계 문명의 지능이 우리처럼 과학과 기술로 전진했다고 가정해야 한단 말인가?

　데이비스는 어떤 의미에서 과학의 보편성에 의문을 제기했다. 다시 말해, 과학 탐구의 추구, 과학적 활동의 보편성에 의문을 가진 것이다. 우리가 알고 있는 과학 지식의 보편성과 관련된 더욱 급진적인 의문도 제기했다. 자연 세계를 과학으로 기술하는 것이 과연 보편적인 것일까? SETI 프로젝트가 진행된 반세기 동안 코코니, 모리슨, 드레이크와 그 후발 주자들은 전자기파 스펙트럼의 어느 영역대가 가장 '합리적인' 탐색 구간일지를 두고 논쟁해 왔다. 이들은 21센티미터 수소선, 또는 이와 비슷한 물 분자 방출처럼 자연적으로 발생하는 과정에 근거를 두었다. 그러나 외계에 발달한 다른 문명이 (실제로 과학적인 조사를 수행한다고 하더라도) 짜증 날 정도로 와글거리고 혼란스러운 이 자연 세계를 우리와 같은 방식으로 구획할 것이라고 누가 장담할 수 있겠는가. 우리의 지식이 과연 우리의 탐구 방식과 독립적일까? 우리는 이제 세상을 원자, 전자, 양자 전이, 전자기파로 생각한다. 그러나 이것이 물리적인 세상과 현상을 이해하는 유일한 방법일까? 서구 과학의 지적 역사가 보편적 경로일까? 다시 말해, 서구 과학의 역사가 우주 어디에서나 지능의 진화가 따르는 고정된 길이라고 볼 수 있느냐는 말이다.

보편성의 문제는 데이비스의 설명에 다른 방식으로 등장한다. 그는 국제항공우주학회International Academy of Astronautics에서 설립한 SETI탐지후특별위원회SETI Post-Detection Taskgroup의 의장을 맡고 있다. 이 위원회의 임무는 외계에서 기원했을 가능성이 농후한 신호를 실제로 감지했을 경우 따라야 할 프로토콜을 개발하는 것이다. 오늘날 정부가 UFO나 외계인과의 접촉을 은폐했다는 의혹만큼 말도 많고 탈도 많은 음모론 주제도 없을 것이다. 따라서 데이비스 연구팀은 군대식의 비밀 유지와 모든 거짓 경보의 규제 없는 방송 사이에서 중간 경로를 걷고자 했다. 현재의 프로토콜에 따르면 믿을 만한 외계 신호의 증거가 발견되었을 때는 제일 먼저 '국제천문연맹International Astronomical Union의 중앙천문전신국Central Bureau for Astronomical Telegrams'을 통해 다른 천문학자들과 이 사실을 공유해야 한다. (중앙천문전신국이라는 이름을 듣고 웃지 않을 수 없다. 실제로 전보를 쳐서 발견을 발표하라는 뜻이니까.) 국제 전문가 커뮤니티가 그 증거를 조사한 다음, 1960년대에 프랭크 드레이크를 감쪽같이 속였던 지상 신호처럼 해당 신호를 설명할 다른 가능성들을 가정하고 제거해 나간다. 이 과정을 통과하면 잠정적인 외계 신호를 발견한 자가 직접 국제전기통신연합International Telecommunication Union, 국제학술연합회의International Council for Science, 마지막으로 UN 사무총장에게 이 사실을 알린다. 이 국제단체들에 정보를 보낸 후에는 발견자가 발견 사실을 대중에게 공개한다.[9]

긴 '전보'의 수신인 목록에 국가 정부가 없다는 것이 눈에 띈다. 이는 SETI 활동이 더 이상 정부의 지원을 받지 않기 때문이다. 미

항공우주국NASA은 한때 SETI에 참여했지만 발을 뺀 지 오래다. 필립 모리슨은 1975년에 최초로 NASA로부터 SETI 연구를 위한 지원을 받았다. 돈은 곧 전국의 연구 집단으로 흘러 들어갔다. NASA는 크리스토퍼 콜럼버스가 신대륙에 도착한 지 500년 만인 1992년의 콜럼버스의 날에 대대적인 환호를 받으며 자체적인 SETI 관측 프로젝트를 시작했다. 1975년에서 1993년까지 항공우주국은 SETI에 총 5,700만 달러를 지원했고, 추가로 1억 달러를 약속했다. 이는 다른 '빅 사이언스'에 투자되는 돈에 비하면 초라한 액수였지만 어쨌든 진짜 돈이었다. 그러나 1992년 콜럼버스의 날 축제가 열리고 1년이 지나 미 의회는 SETI에 대한 연방 정부의 모든 지원을 끊었다. 그 후로 미국과 전 세계 SETI 활동은 개인 기부로만 운영된다.[10]

의회에서 SETI 지원을 중지한 것은 1993년 가을 대대적인 예산 삭감 물결의 일부였다. 실제로 SETI 예감 삭감은 더 큰 타깃을 노린 전초전이었음이 드러났다. SETI에 대한 지원 중단을 선언하고 몇 주 후, 의원들은 초전도 슈퍼충돌기의 지원까지 끊었다. 슈퍼충돌기는 SETI에 들어가는 항공우주국의 연간 지출보다 1,000배는 더 비싼 가격표를 달고 있었지만 어쨌거나 둘 다 같은 도끼에 쓰러졌다. 슈퍼충돌기와 달리 SETI의 규모는 작고 잘 관리되었으며 예산에 맞추어 효율적으로 운영되고 있었다. 그러나 SETI를 방어하기 위해 결집할 도급업자들이 없었고, 의회 입장에서도 지역구에 선심을 쓸 만한 정부 사업을 이끌어 낼 수 없었다. SETI는 학계에서도 소외되었다. 물리학과 천문학의 도구를 사용했지만 어느 쪽에서도 구심점 역할을 하지 못했고, 생명과 진화, 지능에 관한 전문가인 생물학자들에게도 공분을 샀다.

　예산 삭감과 의례적인 정치적 흥정 말고도 SETI는 이미지 문제로 골치를 앓았다. SETI를 옹호하는 이들은 '웃음거리'가 될까 염려했다. 1990년에 요란하게 호통친 어느 의원의 말마따나, 사람들의 눈길을 끌려는 정치가들은 "동네 마트에서 75센트만 내면 타블로이드 신문"을 살 수 있는데 왜 정부가 외계의 지적 생명체 탐색에 수백만 달러를 지불해야 하는지 의문을 품었다. 1993년에 SETI 지원금 중단에 관한 최종 수정안을 제출하면서 한 상원의원은 "바라건대 이번 일을 계기로 국민이 낸 세금으로 화성에 사냥을 나가는 일은 끝이 날 것이다"라고 선언했다. 실리콘밸리 사업가들과 다른 민간 자선가들은 대신 셈을 치르며 SETI 연구자들이 프로젝트의 명맥을 이어가게 해주었다.[11]

　외계인에 관한 모든 이야깃거리와 함께 SETI는 종종 초자연적인 주제나 유사 과학으로 묶이고는 한다. 코코니와 모리슨의 논문을 참고한 다른 연구를 검색하면 뉴에이지 샤머니즘 전문가 카를로스 카스타네다나 가이아 가설을 옹호하는 신비주의 환경운동가들의 책이나 논문의 링크가 나온다. 비평가들은 아직 확인된 접촉이 하나도 없는 상황에서 이 연구가 오직 믿음, 희망, 추측으로 유지되고 있다고 비난한다. 옹호자들은 이에 천천히 반박한다. SETI는 지난 30년간 미국 국립과학원National Academy of Sciences의 리뷰에서 높은 점수를 받았다. 프랭크 트레이크의 최초 SETI 탐색은 단일 채널 수신기에 의존했으나, 1990년대 중반에 SETI의 설비는 최신 해상도로 2억 5,000만 채널을 동시에 훑을 수 있었다. 미국 연방항공국Federal

Aviation Administration과 국가안보국National Security Agency이 SETI의 파생 효과에 눈독 들인 것도 당연했다. 다른 SETI 기술들은 열핵무기 내부 작동을 시뮬레이션하는 차세대 기술에 조용히 통합되었다.[12] SETI는 아직 핵 망령을 떨쳐 내지 못했다.

데이비스는 다른 종류의 파생 효과를 크게 기대하고 있다. SETI는 과학에 대한 더 큰 흥미를 자극함으로써 젊은이들이 큰 질문을 던질 수 있게 고무할 수 있다. 우주의 광대함이나 진화만이 아니라 인간의 조건, 그리고 우리를 하나의 종으로 통합하는 모든 것에 대한 질문이 여기에 해당된다. 데이비스는 외계인에 대한 스티븐 호킹의 음울한 관점도 예상했다. SETI는 외계에 직접 신호를 보내지 않고 다른 이들이 보내는 신호를 수동적으로 감시하기만 하지만, 데이비스는 '외계 지적 생명체에게 메시지 보내기Messaging to Extraterrestrial Intelligence, METI'를 제시한다. 그는 외계인에게 호킹이 부여한 모종의 인간적인 특성(질투, 식민지화 성향 등)이 있을 것이라는 근거를 찾지 못했다. 데이비스는 외계인에게 어떤 메시지를 보내려고 할까? '가까이 오지 말고 자신을 지켜라'? 인류는 교화되지 않는 군국주의적 집단이고 핵무기로 완전무장 했다.[13] 데이비스는 거울에서 호킹의 외계인을 보았으니, 그것은 곧 우리였다.

사실 오늘날 SETI는 핵 무대에서 가장 크게 기여할지도 모른다. 현재 SETI는 유사 과학이나 오컬트가 아닌 미국 에너지부의 최근 사업에 가장 근접하다. 국가에 비축된 핵무기 감독관들은 엄청나게 쏟아지는 방사성 폐기물을 안전하게 저장할 시설을 설계하기 위해 지난 20년간 없는 창의력까지 끌어모아야 했다. 플루토늄 동위원소를 비롯해, 핵 시대의 가장 위험한 부산물들은 수십만 년의 반감기를 지니고 있다. 치명적인 독성 폐기물이 우리와 억겁의 세월을 함께할 것이라는 뜻이다. 그래서 우리에게 주어진 한 가지 임무는 저 긴긴 시간 폐기물을 묻을 수 있는, 지질학적으로 안전한 틈새를 찾는 것이다. 두 번째 어려운 임무는 지금으로부터 30만 년 뒤 지구에서 살아갈 후손들에게 방사성 물질로 오염된 구역을 파지 말라고 경고하는 상징 체계를 설계하는 것이다. 하버드대학교 역사학자 피터 갤리슨Peter Galison의 말처럼 미국의 핵 기구들은 상상할 수 없는 먼 미래의 존재들과 소통하기 위해 언어학자, 인류학자, 조각가 등 각계각층에서 전문가의 지혜를 빌려왔다.[14] 로마 문자도 결국 2,600년의 역사를 거슬러 올라갈 뿐이고, 인간이 가장 오래전에 사용한 것으로 알려진 설형 문자도 그보다 불과 수천 년 전에 만들어졌을 뿐이다. 오직 분별없는 자만심만이 지금 우리에게 익숙한 소통 방식이 30만 년 뒤에도 쓰일 것이라고 상상할 것이다.

핵 관료들은 언어학자, 예술가들과 더불어 SETI 전문가들의 협력을 구해왔다. 인류 자신의 미래와 소통하려는 분투가 SETI 연구에 필요한 종류의 급진적인 상상력을 불러온 것이다. 두 프로젝트 모두 학문 간의 경계를 가로지르며 의미 없는 소음에서 의미 있는 정보를 끌어내고자 노력한다. 두 프로젝트 모두 멀리 있는 누군가와 소통하기 위해 우리 자신의 문명을 투영하는 전문가들을 필요로 한다. 이 둘은 서로의 거울상이자, 저 유명한 드레이크 방정식의 L에서 벗어날 수 없는, 핵 시대의 쌍둥이다.

14장

중력에 보내는 찬사
Gaga for Gravitation

1973년 9월, 출판계에 놀라운 사건이 일어났다. 『중력Gravitation』이라는 간단한 제목으로 2.7킬로그램이 넘는 무게에 1,279쪽에 달하는 책이 출판된 것이다. 책이 나오자마자 재담꾼들은 이 책이 그저 중력을 다룬 책이 아니라 중력의 주요 원천이라고 농담했다. 이 책은 (책의 두께 때문에) '전화번호부', (반짝거리는 현대적인 표지 때문에) '빅 블랙 북'과 같은 별명도 여럿 얻었다. 보통은 저자인 찰스 미스너Charles Misner, 킵 손Kip Thorne, 존 휠러John Wheeler의 이니셜을 따서 'MTW'라고 불렸다.[1]

『중력』은 알베르트 아인슈타인의 놀라운 중력 이론인 일반 상대성이론에 초점을 맞춘다. 아인슈타인은 지금으로부터 불과 1세기 전에 이 이론을 완성했다. 잘못된 출발점에서 여러 차례 헤맸지만,

10년 가까이 미친 듯이 일하며 어렵게 어렵게 그 지점에 이르렀다. 1915년 11월, 한 달 동안 그는 프로이센과학아카데미Prussian Academy of Sciences에 매주 목요일마다 새로운 이론을 하나씩 발표했고, 그때마다 세부 사항들을 다듬었다. 그리고 그달 말, 현재까지도 물리학자들이 사용하는 방정식에 도달했다. 그의 식은 우아하면서도 시원시원했으며 트위터에 올릴 수 있을 만큼 간결했다. 아인슈타인이 제시한 통찰의 핵심은 자연의 시나리오에서 시간과 공간은 단순히 모든 일이 벌어지는 고정된 무대가 아니라 주연 배우라는 것이었다. 아인슈타인이 설명하기로, 시간과 공간은 트램펄린처럼 출렁거린다. 물질과 에너지 분포에 반응해 구부러지나 늘어지며, 그 뒤틀림은 다시 물체의 움직임에 영향을 주어 좁은 직선 경로에서 벗어나게 한다.[2]

제1차 세계대전 종전 협정 1년 후, 아서 에딩턴Arthur Eddington이 이끄는 영국 팀은 중력이 별빛의 경로를 구부린다는 아인슈타인의 한 가지 핵심적인 예측을 검증했다고 선언했다. 이 극적인 발표로 아인슈타인과 그의 일반 상대성이론은 일순간에 유명해졌으나, 1930년대에 들어서면서 관심이 사그라들었다. 아인슈타인은 1942년 한 동료의 교과서에 쓴 서문에서 이렇게 하소연했다. "앞으로는 대학교에서 상대성이론에 관한 체계적인 교육에 지금보다 더 많은 시간과 노력이 투자되리라고 믿는다."[3]

몇 년이 흘렀고, 마침내 일부 카리스마 넘치는 선생들이 아인슈타인의 부름에 귀 기울이기 시작했다. 그 첫 번째이자 가장 영향력 있는 인물이 존 휠러였다. 그는 1950년대 중반에 프린스턴대학교에서 오직 일반 상대성이론만을 다루는 '물리학 570' 수업을 열었다. 곧 휠러는 찰스 미스너와 킵 손을 비롯한 대학원 수재들을 이 주제로 끌어들였다. 15년 후, 기존 교과서가 최신 내용을 따라잡지 못하는 점을 염려한 미스너, 손, 휠러가 팀을 꾸려 집필한 것이 『중력』이었다.[4] 1973년, 이 책은 출간되자마자 스티븐 와인버그의 『중력과 우주론Gravitation and Cosmology』(1972), 스티븐 호킹과 조지 엘리스George Ellis의 『시공간의 거대 구조The Large Scale Structure of Space-Time』(1973)를 비롯한 일반 상대성이론을 다루는 다른 신간들에 합류했다.[5] 그러나 다른 책들과 달리 MTW는 사람들이 생각하는 일반적인 교과서가 아니었다. 이 책을 보고 난색을 보이는 이들도 있었다.

미스너, 손, 휠러는 분명히 『중력』을 교과서로, 특히 고급 물리학을 듣는 학생들을 대상으로 썼다. 휠러가 초기 기획 단계에 공동 저자들과 회의한 노트를 보더라도 이 책을 "학위 과정에 있는 주립대학교 대학원생들을 위한 강의 교재"로 쓴 것이 분명하다. 그러나 교과서를 염두에 두기는 했지만, 처음부터 그들은 이 프로젝트를 이 분야에서의 실험으로 간주했다. 책은 다소 복잡한 구성으로 쓰였다. 전체를 두 트랙으로 나누어, 기초적인 내용을 다루는 책의 3분의 1이 주축을 이루게 하고 그것을 중심으로 확장, 심화, 응용 자료를 배치하는 방식이었다.[6] 하지만 트랙끼리도 딱히 연속적이지는 않았고, 많은 장들이 이 트랙 또는 저 트랙으로 여러 절로 나뉘었다. 가장 참신한 아이디어는 보충 자료가 담긴 '글 상자'를 곳곳 배치한 것이었다. 본문과 분리되게끔 굵고 검은 선으로 테두리를 두르고 있는 이 글 상자들은 본문에 담긴 설명의 흐름을 끊고는 했는

그림 14.1. (왼쪽 위) 찰스 미스너. (오른쪽 위) 1977년의 킵 손. (아래) 1970년대 연구실에서의 존 휠러.

데, 심지어 한 번에 몇 쪽이나 이어지기도 했다. 어떤 글 상자는 저
학년생용 과학 교과서의 주요 구성 요소로 오랫동안 자리 잡은 '사
이드바'처럼 유명 물리학자의 짧은 전기나 중요한 실험을 간략히
설명하기도 했지만, 대부분은 다른 목적이 있었다. 휠러의 노트에
따르면 이 책의 글 상자는 두 트랙을 넘어서는 "교수법의 세 번째
통로"를 제시하는 의도를 담고 있었다. "정돈되지 않은 형식으로 본
문의 내용과 구별"했고, "체계적인 본문을 스스로 읽고 내용과 계산
법을 알아서 익힐 수 있는 학생들에게 강의 시간에 제공하고 싶은
항목들"을 포함시켰다. 이들이 추구하는 교육학적 포부는 확실했
다. 한 저자가 절 하나의 초안을 작성하면 다른 저자가 "과연 학생
들이 이것을 보고 강의할 수 있겠는지 묻고 '테스트' 했다".[7]

세 저자는 책의 외형과 디자인 등 만듦새에도 엄청난 관심을 기
울였다. 킵 손은 초판을 찍은 샌프란시스코의 W. H. 프리먼 출판
사 소속 아티스트나 레이아웃 디자이너와 세부 사항에 대한 의견
을 주고받으며 글 상자의 두께에서부터 화살표 모양, 수백 개의 그
림에 쓰인 음영에 이르기까지 하나하나 확인했다. 처음부터 손은
프리먼의 편집자에게 "원고의 여러 특징 때문에 조판에 특히 어려
움이 예상된다"라며 경고했다. 그림, 표, 상자가 많이 들어가는 것
은 둘째 치고 저자들은 책에서 다루는 수많은 기호와 방정식을 적
절히 구분하기 위해 최소한 여섯 가지, 최대 여덟 가지 서체를 요구
했다.[8] (출간 전에 킵 손은 "서체가 어지간히 복잡해" 해외 출판사들에
서 괴로워할 것이라고 걱정하면서, 자체적으로 조판하는 대신 영문판
에 실린 방정식들의 사진을 찍어 그대로 실을 것을 권유했다.[9]) 이 책

의 남다른 구성에 덧붙여, 저자들은 책 전체에 걸쳐 코멘트를 수천 개나 달았다. 어떤 코멘트는 논의한 내용을 요약한 것이었지만 많은 것들이 "구성에 관한 서술"로서, 이 엄청난 부피의 책에서 각 지점에서 그것이 다른 어떤 절의 내용에 연결되고 또 어떤 절이 해당 내용에 의존하는지를 상세하게 설명하는 일종의 로드맵이나 다름 없었다.[10]

이렇게 구성과 조판에 일일이 관여하고 참견했으니, 2년이라는 편집 과정 끝에 최종 편집본을 투고하기 불과 3주 전, 출판사가 이 책에 대해 자신들과는 상당히 다른 콘셉트를 계획하고 있다는 것을 알게 되었을 때 저자들이 얼마나 놀랐을지 상상해 보라. 출판사 편집자와 회의한 후 킵 손은 공동 저자에게 보낸 편지에서, "나는 브루스[편집자인 브루스 암브루스터]에게서 프리먼 측이 우리 책에 대해 전혀 알지 못하고 이 책을 교과서가 아닌 전문 학술서로 취급한다는 얘기를 듣고 충격을 받았습니다. 아마 부피가 너무 커서 그런 게 아닐까 생각합니다"라고 썼다. 출판사에서는 값비싼 양장본으로 제작해 도서관 소장용으로 판매할 심산이었다. "프리먼에서는 이 책이 교과서 시장에서 팔릴 것이라고는 조금도 기대하지 않고 있더라고요." 킵 손은 "분명 학생들도 이 책을 집어 들" 수 있으니 그러려면 출판사에서 인쇄 방식이나 가격부터 철저하게 검토해야 할 것이라고 편집자를 설득했다.[11]

『중력』은 도서관 참고 자료로 보관할 논문인가, 아니면 수업 시간에 사용할 교과서인가? 이러한 정체성을 결정하기 위해서는 당장 해결해야 할 문제들이 있었다. 예를 들어, 어떻게 하면 이 근사한 서적이 제 무게를 이기지 못하고 허물어지는 것을 막을 수 있을까? 이 책의 이례적인 판형(1,300쪽에 다다르는 이 책은 당시의 표준 교과서보다 2.5센티미터 이상 넓고 두꺼웠다) 때문에 페이퍼백이 아닌 하드커버가 적합했다. 저자들에게 이 책은 어디까지나 수업에 쓰일 교재였으므로 (킵 손이 설명한 대로) "내가 보기에 학생들이 1년 내내 들고 다니면서 사용하다 보면 페이퍼백 상태로는 버텨내지 못할 것 같기에" 양장본이 적절하다고 보았다. 하지만 양장본으로 제작하자면 제작비가 교과서 시장의 한계를 넘어설 수밖에 없었다.[12] 출판사로부터 페이퍼백 제본도 양장본만큼 견고하다는 확답을 받은 다음에야 저자들은 페이퍼백 판본의 로열티를 낮추는 대신 최근에 와인버그가 양장본으로 출간한 교과서, 즉 『중력과 우주론』보다 가격을 낮게 유지하기로 출판사와 타협했다. 처음 출시했을 때 『중력』의 페이퍼백 판본은 19.95달러(2020년 기준으로 약 110달러)에 내놓았고, 양장본은 그 2배 가격이었다. 출판사에서 이 책을 참고용 논문이 아닌 교과서로 취급하고 적절한 가격으로 시장에 내놓게 되면서 손은 이 책이 "해당 분야 교과서 시장의 100퍼센트, 아니면 적어도 그 수준에 가깝게 점유할" 것이라고 확신했다.[13]

저자와 출판사가 그랬듯이 평론가들도 이 책을 특별하게 여겼다. 《사이언스Science》에서 한 평론가는 "교육계의 걸작"이라고 단언했다. 《사이언스 프로그레스Science Progress》에서는 또 다른 평론가가 "가장 위대한 과학 책의 하나, 알베르트 아인슈타인이라는 지니가 들어 있는 램프로서 알라딘의 이론물리학 동굴을 밝힌다"라며 요란을 떨었다. 세 번째 평론가는 독자들에게 "창의력이 남다른 3명이 모여 발명한 과학 책을 상상해 보라. 그저 책을 쓰기만 한 것이 아니라 어조와 스타일, 설명의 방식과 형식까지 창조해 냈다'라고 독자의 흥미를 환기했다. 많은 평론가가 풍부한 삽화와 혁신적인 글 상자를 극찬했다.[14] 반면 두 가지 트랙과 글 상자를 사용한 구성이 지나치게 중복적이라고 투덜거리는 이들도 있었다. 어느 평론가는 "한 번에 주욱 읽어나가기 어려운 책"이라는 평가를 내렸고 "불필요한 반복(실제로 거의 모든 내용이 최소 세 번씩 언급된다)"을 지적한 이도 있었다. 한 평론가는 《컨템포러리 피직스Contemporary Physics》에 "인용문을 싣고 테두리까지 친 제목, 가장자리 여백에 있는 제목, 여러 페이지에 걸쳐 있는 '글 상자', 굵은 폰트, 가는 폰트, 큰 폰트, 작은 폰트 등 관심을 끌기 위한 꼼수들이 너무 많아 정신 사납다"라고 썼다. "이 책은 분명히 표현 방식에서의 거대한 실험이다."[15]

거의 모든 평론가가 문체에 대해서도 한마디씩 거들었다. 휠러는 이미 물리학자들 사이에서 재치 있는 슬로건이나 매력적인 산문으로 잘 알려진 사람이었다. (그가 만든 많은 용어들 중에서도 가장 유명한 것이 바로 '블랙홀'이다.) 휠러가 초기에 이 책을 기획하면서 작성한 노트를 보면, "개념을 명확히 표현하고 있는 그대로의 사실에 기반하되, 과장하거나 지나친 열의를 보이지는 말아야 한다"라고 했다.[16] 의도한 바는 아니었겠지만 모든 평론가가 그 결과물을 인정하는 것은 아니었다. 어떤 평론가는 이 책이 "이례적으로 구어체적인 것부터 이례적으로 감상적인 것까지 다양한 문체들이 뒤섞여" 있다고 썼다. 그러나 누군가의 눈에 서정적인 표현으로 보인 것이 다른 사람에게는 서투른 시로 읽혔다. "격식에 얽매이지 않으려는 시도는 칭찬할 만하지만 필자는 그 경쾌함이 때로 거슬렸다"라는 의견이 있었다. 어떤 이는 "시적인 문체로 '전기하학pregeometry'처럼 [추측에 근거하는] 주제를 다루는 것까지는 이해할 만하지만, 미분기하학 설명에 나오는 '시적' 구절은 금욕적인 독자들의 이해를 방해할 듯하다"라고 끝을 맺었다.[17] 한 평론가는 격식을 따지지 않는 문체를 두고 "독자의 지적 수준을 모욕할 정도로 잘난 척하는 그 투박함이 위험 수위에 다다랐다"라고 씩씩대면서 말했다. 심지어 책의 어조에 분개한 평론가도 있었다. 그가 비아냥대며 말하기를, 이 책의 타깃 독자가 《타임》의 정기 구독자라면" 누구보다 이 책을 편안하게 읽을 것이다. "이 책을 쓴 사람들의 글쓰기는 《타임》의 답답한 문체와 공통점이 아주 많기 때문이다."[18] 노벨상 수상자이자 인도에서 자라 영국에서 공부하고 미국에 정착한 천체물리학자 수브라마니안 찬드라세카르Subrahmanyan Chandrasekhar도 이 책의 "스타일이 정확한 수학적 엄격함에서 전도사가 쓸 법한 미사여구까지 마구 왔다 갔다 한다"라고 지적했다. 찬드라세카르는 다음과 같은 인상적인 문장으로 서평을 마쳤다. "이 책이 가장 강하게 남긴 인상은 (J. E. 리틀우드가 다른 책을 언급하며 말한 적 있듯이) '식인종에게 설교하는 선교사의 열정'으로 쓰인 책 같다는 점이다. 하지만 (아마도 역사적인 이유로) 나는 늘 선교사에게 알레르기가 있었다." (킵손은 찬드라세카르에게 이 마지막 문단을 읽고 "10분 동안 껄껄대며 웃었다"라고 편지를 보냈다.)[19]

이 책의 구성, 문체, 교육학적 혁신이 대단히 특이하며 평범하지 않다고 인정하면서도 대부분의 평론가가 이 책을 저자들의 의도대로 받아들였다. 중력에 관한 물리학을 전문적으로 다루는 대학원 수준의 수업에 쓰일 교과서로 말이다. 저자들은 이 분야의 교과서 시장을 독점하고 싶어 했고, 실제로도 대체로 성공했다. 출간하고 수년이 지난 후에도 『중력』은 1년에 4,000~5,000부씩 꾸준히 팔렸지만, 주요 경쟁작인 와인버그의 『중력과 우주론』은 1년에 1,000부 정도로 판매가 저조했다. 킵 손은 출판사에 (야단스럽지만 과장 없이) 1970년대 후반에 "서구 세계에서 물리학을 전공하는 대학원생 상당수가 『중력』을 구매했다"라고 강조했다.[20] 이 책은 첫 10년 동안 약 5만 부가 팔렸는데 당시는 미국에서 물리학으로 매년 1,000명 정도가 박사학위를 받던 시절이었다. 다른 나라에서는 총 판매 부수가 이에 미치지 못했다.[21]

그러나 어떤 독자는 처음부터 『중력』에서 전공자 대상의 교재 이상을 보았다. 그래서 출판사는 판매 전략을 파격적으로 바꾸었다. 처음에는 이 책을 단순히 도서관에서나 구매할 참고용 연구 자료로 후려치던 편집자들이 10년 뒤에는 대중 과학 잡지 《사이언티픽 아메리칸Scientific American》의 정기 구독자에게 정가의 25퍼센트나 할인해서 끼워 팔기로 했다. 손은 책의 "수요 탄력성"을 시험하려면 "내가 가장 염두에 두는 시장"인 학생들과 젊은 학자들에게 할인가로 내놓는 것이 더 나은 방법이라고 반박하면서, 《사이언티픽 아메리칸》 애독자가 아닌 대학 서점에 할인 가격을 제시하라고 출판사를 설득했다.[22]

그럼에도 출판사는 가능성을 보았다. 『중력』이 출간되었을 때 책에 대한 서평이 《사이언스》나 《피직스 투데이》와 같은 학술지만

이 아니라 《워싱턴포스트》에도 전면으로 실렸고, 텍사스의 샌안토니오에서 발간하는 일간지에서도 비슷하게 이 책을 추천했다. 마침 윌리엄스칼리지 소속 물리학자인 《워싱턴포스트》 평론가는 서평에서 "수식으로 빽빽한 교과서이자 노약자나 아이들은 들기조차 힘든 3킬로그램짜리 벽돌 책을 이곳에서 소개하는 것을 이상하다고 여길지도 모른다"라고 운을 떼면서 "하지만 자고로 책을 좀 읽는 사람들이라면 세상에 어떤 책이 출판되고 회자되고 있는지는 알고 싶을 것"이라고 단언했다. 『중력』은 확실히 논의될 만한 책이었다. 이 책의 매력적인 산문체는 "미국 과학에 여전히 암울하게 드리우고 있는 모호하고 침울한 '방식'이 영원히 유행하지 않을 수도 있다는 희망을 일깨운다". 게다가 이 책의 특이한 구성은 프랑스 누벨 바그와 같은 아방가르드 영화 제작의 최근 경향과도 유사한 면이 있다. 이 서평가는 "모든 이야기가 순차적으로 흘러가야 하는 것은 아니다"라고 주장했다. 『중력』이 마치 '힙한' 영화제작자들처럼 "선형적인 서사를 깨는 전략"을 구사한 것 때문에 더 좋았다는 것이다.[23] 샌안토니오의 평론가도 비슷하게 독자를 격려하며, "나는 수학자가 아니지만 내가 읽은 200페이지가 그렇게 감당하기 어려울 정도는 아니었다"라고 설명했다. "호기심 있고 상상력 있는 사람이라면 겁먹을 필요가 없다. 쉽지 않은 도전이었지만 매혹적이었다." 책의 구성은 "경이롭고" 주제는 영감으로 가득했다. 그는 "뿌듯함을 주는 굉장한 책이다"라며 서평을 마무리했다. 어떤 소설가도 자기 책에 대해 이보다 더 열광적인 리뷰를 기대할 수 없을 것이다.[24]

온갖 독자층에서 저자에게 보낸 팬레터가 줄을 이었다. 강의 시간에 이 책으로 가르치며 얼마나 즐거웠는지를 이야기하는 동료들의 편지가 많았다.[25] 그러나 더 멀리서 온 편지도 있었다. 이탈리아의 어느 병원에서 편지를 보낸 독자가 있었는데, 편지를 환자가 직접 쓴 것인지 의사가 쓴 것인지는 확실하지 않았다. 이 환자는 책이 출간되고 3년 동안 우주에 대한 저자의 관점이 바뀌었는지를 물었다. (편지를 쓴 사람은 《사이언티픽 아메리칸》의 이탈리아판을 읽으며 이 분야의 최신 소식을 따라잡고 있었다.) 그는 특히 빅뱅에서 빅 크런치big crunch를 사이를 순환하는 우주에서 생명의 운명을 묻는 구체적인 질문도 했다. 그는 답변이 간절한 나머지 (저자든 그들의 대학원생이든) 누구든 시간을 내서 대답해 주는 이에게 200달러를 지불하겠다고 약속했다. "저의 제안에 불쾌해하지 않으셨으면 좋겠습니다. 시간은 곧 돈이니까요."[26]

브뤼셀의 한 기술자는 다른 이유로 이 책을 보게 되었다. 그는 군대에 들어가기 전에 영어를 배우려고 『중력』을 집어 들었다. "제 소망은 완전히 이루어졌습니다. 가치 있는 독서였어요. 영어를 배우려고 읽었는데 물리학을 즐기게 되었죠." 이 책에서 영감을 받아 그는 『중력』에서 배운 개념을 장장 7페이지에 걸쳐 생텍쥐페리의 『어린 왕자』에 나올 법한 그림체로 기발하게 그려 냈다.[27]

국내 독자들도 저자에게 편지를 썼다. 킵 손은 오리건주 포틀랜드에 사는 한 독자로부터 특히나 감동적인 사연을 받았다. "저는 이 교과서 안에서 헤매다가 여기저기 비틀거리고 넘어지면서 바보가 되었습니다. 하지만 균형을 찾고 있고 이 주제를 다룰 몇 가지 도구도 얻었습니다." 이 책에 대한 그의 헌사는 인상적이었다.

친구들이 제게 뭘 하느냐고 물었을 때 저는 〔『중력』 읽기를 시도했다는〕 진실을 말하는 우를 범했습니다. 가끔은 친구들이 옳다는 생각이 들 때도 있습니다. 저도 제가 미치기 직전인 것만 같거든요. 밖에 나가 맥주를 마시면서 누군가가 자기 연애사나 픽업 트럭의 클러치, 아이들 문제, 배관, 버스 운행에 관해 얘기하는 것을 듣습니다. 그들이 중요한 문제들을 처리하는 걸 보고는 스스로에게 묻습니다. 경입자lepton와 나병leprosy의 차이를 왜 알아야 하지?

그러면서도 그는 "신이 우주를 창조할 때 선택의 여지가 있었는지" 묻는 아인슈타인의 문제에 대한 "집착"을 떨쳐 낼 수 없었다. 그는 알아야 했다. "신이 중력 붕괴와 빅뱅을 감독하는 출장 기술자는 아니었을까요?"[28]

출간되고 6년이 지나서도 여전히 책이 잘나가자 존 휠러는 책이 성공한 비결을 되짚어 보았다. 그는 편집자에게 "신비로운 분위기, 글 상자, 흥미로운 삽화, 개념들에 끌리지만 수학에 깊이 들어갈 일도, 그럴 생각도 없는 많은 이들이 이 책을 산다"라고 추측했다. 그는 구매자의 절반이 이 범주에 들어간다고 생각했고 그들을 잃고 싶어 하지 않았다. 그는 개정판을 계획하면서 "몇 가지를 추가하고 많은 것들을 빼면 이 집단에 속한 이들이 계속해서 승선할 것"이라고 결론 지었다.[29] 계획은 실현되지 못했다. 미스너, 손, 휠러는 이 엄청난 대작의 개정판에 손도 대지 못했다. 그럼에도 휠러의 주장은 틀리지 않았다. 전공 교과서를 집필하면서 이들은 이 분야에 진입하기 위해 분투하는 박사과정 학생들 못지않게 《사이언티픽 아메리칸》의 구독자들에게도 매력적인 혼종 작품을 탄생시킨 것이었다.

『중력』은 도서관 전용 참고 자료 선반에서 가까스로 탈출해 수만 부가 판매되는 베스트셀러가 되었다. 이 책은 전문 물리학 학술지에서 광범위하게 분석되거나 소개되었고, 저널리스트와 비전공 독자들 사이에서도 열정, 심지어 황홀경을 일으켰다. 이 커다란 책, 다양한 서체와 공들인 여백의 주들이 동원되고 복잡한 방정식으로 가득한 너무나도 정신없는 이 책은 어떤 이유에서인지 폭넓은 독자층을 끌어들였다. 수 세대 동안 그 책은 그 핵심에 놓인 아인슈타인의 우아한 이론처럼 큰 질문들을 매혹적으로 자극했다. 우리는 왜 여기에 있는 것일까? 우주에서 우리의 자리는 어디일까?

나도 내가 소장한 MTW 초판을 애지중지한다. 대학원생 때 중고 서점에서 찾은 것이다. 제본이 다 뜯어지고 책장은 누렇게 바래고 일부 절들은 통째로 떨어져 나갈 지경이다. 최근에 프린스턴대학교 출판부가 튼튼하고 멋있게 재판을 출간했음에도 이 오래된 판본을 버릴 생각은 없다.[30] 지금 내 책장 선반에는 두 판본이 나란히 놓여 15센티미터 이상의 공간을 독차지하고 있다. 나는 저 일류 교사들이 이 특별하고 미묘한 주제를 어떻게 끄집어냈는지를 확인하고 싶을 때마다 신판을 꺼낸다. 하지만 내 앞에 있었던 수 세대의 학생들, 연구자들과 직접 연결된 기분을 느끼거나, 적어도 상상하고 싶을 때면 두 손으로 조심스럽게 구판을 꺼낸다.

15장

또 하나의 진화 전쟁:
빅뱅 이론부터 끈 이론까지
The Other Evolution Wars

내일은 오늘과 비슷할까? 지금부터 1,000만 년 후에는 어떨 것이며, 10억 년 전에는 또 어땠을까? 우주는 늘 오늘 우리가 관찰하는 것과 같은 모습이었을까? 아니면 인간처럼 시간이 지나면서 변하고 진화하는 것이 우주의 운명일까? 이런 질문이 새로운 것은 아니다. 플라톤Plato은 자신보다 앞서 헤라클레이토스Heraclitus가 "모든 것은 지나가고 남는 것은 없다"라고 말했다고 적었다. "같은 강물에 발을 두 번 담글 수는 없다"라는 (트위터에 올리기 좋은) 금언의 메시지와 같다.[1]

아인슈타인도 우주의 변화를 궁금해했다. 그는 일반 상대성이론에 도달하고 곧바로 새로운 열정으로 이 질문에 집중했다. 새로운 방정식을 손에 쥔 그는 시공간을 왜곡하는 힘인 중력에 관한 핵심적인 깨달음이, 태양 주위를 도는 행성이나 빛이 거대 질량 옆을 지날 때 경로가 휘는 국소적인 현상뿐만이 아니라, 더 크게는 우주 전체에도 적용되지 않을까 궁금해했다. 그는 첫 모형을 일부러 단순하게 만들었다. 예를 들어, 그는 상상 속 우주의 모든 질량과 에너지가 우주 전체에 골고루 확산되어 있다고 가정했다. 1917년에 아인슈타인은 '상대론적 우주론relativistic cosmology'이라는 별명으로 불릴 과학 분야를 새롭게 개척했다. 이는 우주 전체를 일반 상대성 이론이라는 지시문 안에서 해설하려는 시도였다.[2]

하지만 아인슈타인은 이내 다른 동료들이 자신들만의 강한 의견을 가지고 있다는 것을 (행복하지는 않게) 알게 되었다. 몇몇은 아인슈타인의 방정식을 아인슈타인이 보기에 틀렸을 뿐만 아니라 불쾌한 수준으로까지 적용했다. 우주에 대한 그들의 비전은 아인슈타인의 그것과는 너무도 맞지 않았다. 그 후로 젊은 세대들이 과거의 개념을 갈고 다듬는 과정에서 두 비전은 서로 격돌했고, 수학, 미학, 종교가 묘하게 뒤섞인 논쟁으로 치달았다. 아인슈타인의 시절처럼 우리 시대에도 우주의 진화에 관한 문제는 우주와 우주 안에서 인간의 위치를 어떻게 알 수 있고, 또 누가 그에 관해 말할 자격이 있는가에 관한 더욱 까다로운 질문 안에 단단히 자리 잡고 있다.

◆◇◆

일반 상대성이론으로 우주 전체를 기술하는 일에 처음으로 앞장선 과학자는 러시아의 젊은 수리물리학자, 알렉산드르 프리드만

Alexander Friedmann이었다. 프리드만은 상트페테르부르크 사람이었다. 제1차 세계대전이 끝난 직후 아인슈타인의 상대성이론을 처음 접했을 때 그가 살던 도시는 18세기 황제 표트르 1세를 기념해 '페트로그라드'라고 명칭이 바뀌었다. 프리드만이 가장 야심 차게 우주론에 관한 연구 결과를 생산하던 1924년 초에는 볼셰비키가 도시의 이름을 '레닌그라드'로 다시 바꾸었다. 이런 혼돈 속에서 프리드만이 진입한 상대론적 우주론이 변화를 강조하고 심지어 격렬한 붕괴까지 예상한 것도 놀랍지 않다. 그가 연속으로 발표한 간결한 논문들에서, 프리드만은 아인슈타인의 방정식이 미세한 점 하나에서 초대형 은하의 규모로 확장해 간 우주의 진화까지 설명할 수 있음을 증명했다. 프리드만이 보여주기로는, 우주는 어느 순간 확장을 멈추고 자기 자신 안에서 무너져 내릴 수도 있었다. 이런 우주의 운명을 정하는 결정적인 요인은 부피당 물질과 에너지의 평균량이었다. 우주의 밀도가 지나치게 높아지면 부풀다가 부서질 것이고, 밀도가 낮은 우주는 끊임없이, 영원히 팽창할 것이다.[3]

아인슈타인은 이런 선택의 가능성을 전혀 좋아하지 않았다. 그는 우주가 팽창한다는 생각은 물론이고 사실상 어떤 대규모의 진화도 좋아하지 않았다. 시간에 따라 일어나는 그런 변화는 심미적 만족감을 전혀 주지 못한다고 불평했다. 언제나 그대로였고 앞으로도 그러할 원시적인 대칭성을 선호했다. 아인슈타인이 프리드만의 해결책을 무시하던 그 순간에 벨기에의 젊은 수리물리학자 조르주 르메트르Georges Lemaître는 그것을 재현하기에 바빴다. 르메트르는 미국 천문학자 에드윈 허블Edwin Hubble이 개척한 최근의 천문학적 관찰에 고무되었다. 캘리포니아 남부에서 세계에서 가장 큰 망원경으로 연구하던 허블과 그의 동료들은 물체가 지구로부터 멀리 떨어진 정도와 그것이 멀어지는 속도 사이의 흥미로운 관계를 발견했다. 르메트르는 허블보다 결론에 더 빠르게 도달했다. 우리 우주가 팽창하고 있으며 멀리 있는 물체는 다른 물체로부터 더 빠르게 멀어지고 있는 것처럼 보인다고 말이다. 한 걸음 더 나아가, 1931년에 르메트르는 우주가 팽창하고 있다면 과거에는 지금보다 더 작았을 것이라고 주장했다. 어느 유한한 시간 전에 우주의 모든 물질은 하나의 점에 응축되어 있었을 것이다. 르메트르의 결론에 따르면, 우주는 그가 "원시 원자primeval atom"라고 부른 아주 뜨겁고 밀도가 높

그림 15.1.　알베르트 아인슈타인(오른쪽)이 1930년대 칼텍에서 총장인 로버트 밀리컨(왼쪽)과 함께 조르주 르메트르를 만났다.

은 상태에서 시작해 그 후로 계속해서 팽창하고 있다.[4]

물리학 및 수학 연구와 더불어 르메트르는 신학이라는 커다란 열정을 추구했다. 그는 1923년에 가톨릭 사제 서품을 받았는데, 적어도 이 시기에 그의 우주론과 신학은 서로 잘 통합되는 듯했다. 원시 원자에 관한 논문의 초창기 원고에서 그는 "나는 하느님을 믿는 사람이라면 누구나" 과학과 종교의 이 같은 조화에 "기뻐할" 것이라고 썼다. 하지만 출간 직전에 이 문단을 삭제했고(아마 《네이처》에 실리는 논문 중에 신을 들먹이는 경우가 없다는 점을 알아차렸을 것이다), 이후로 신학과 우주론을 뒤섞는 것에 강력하게 반대했다. 특히 그는 1615년에 갈릴레오가 크리스티나 대공비에게 보낸 유명한 편지에 언급한 입장을 여러 번 반복하면서 성경 문자주의를 노골적으로 비판했다. 성서는 천국으로 가는 방법을 알려줄 뿐, 천국이 어떻게 돌아가고 있는지를 알려주지는 않는다는 것이었다.[5]

르메트르의 새로운 관심에도 불구하고, 그의 많은 동료들은 다른 이들에게 과학과 종교를 혼동하거나 한 점에서 시작되어 계속 진화하는 우주 같은 것은 믿지 않도록 조심하라고 당부했다. 누군가에게는 그런 시나리오가 성경의 『창세기』를 과하게 공격하는 것처럼 보였다. 독실한 퀘이커교도이자 영국 천체물리학의 거장, 한때 르메트르의 스승이었던 아서 에딩턴은 우주에도 시작이 있다는 주장이 물리학적으로 가능할지는 모르지만 "철학적으로는 혐오스럽기 짝이 없다"라고 대응했다. 칼텍의 뛰어난 물리화학자이자 초창기에 미국에서 상대론적 우주론을 옹호했던 리처드 톨먼Richard Tolman은 한발 더 나아가 1934년에 동료들에게 "우리는 우리의 판단이 신학의 요구에 영향을 받거나 인간의 희망과 두려움에 휘둘리지 않도록 각별히 주의해야 한다"라고 경고했다.[6]

이 초기 우주학자들은 잘 팔리는 책의 저자가 되었다. 이들은 자신의 유명한 저서에서 다른 이들이 내린 과학적, 미학적, 종교적, 그 밖의 다양한 결론을 자유롭게 논의했지만, 그들의 논의가 당시 비과학자들로부터 반발을 사는 일은 없었다. 다윈의 생물학적 진화론에 대한 선정적인 보도를 자극하고 진화론을 공립학교에서 가르치는 것에 관해 민감한 문제를 제기한 1925년 스콥스 재판*처럼, 다른 종류의 '진화'가 사람들의 관심을 독차지하는 시점에서 우주론자들이 내세우는 '진화'의 발상 따위는 두려움이나 분노보다는 헛웃음을 자아내는 것이었다.[7] 《뉴욕타임스》에 실린 조언들을 살펴보자. 아인슈타인주의, 우리와 상관없으니 그냥 무시할 것(1923), 현대물리학이 보관되어야 할 항목의 이름은 '아직 걱정할 필요가 없는 것들'(1928), 현대 우주론자들은 바늘 끝에 앉을 수 있는 천사의 수를 세고 있던 중세 신학자만큼이나 진기한 것(1931), 현대물리학, 생명의 가장 중요한 질문에 침묵(1939). 아인슈타인과 그의 동료들이 진화하는 우주라는 개념으로 전쟁 중일 때, 이 싸움에 끼어들어야겠다고 생각한 외부인은 거의 없었다.[8]

---

* 테네시주의 과학 교사 존 스콥스가 법률을 어기고 학교에서 진화론을 가르친 일로 벌금형을 받은 사건. (옮긴이 주)

◆◇◆

제2차 세계대전이 끝나자마자 미국에서 연구 중이던 물리학자 삼총사는 르메트르의 발상으로 되돌아갔다. 이들은 전시 맨해튼 프로젝트, 전후 수소폭탄 설계, 진행 중인 원자로 연구에서 얻은 새로운 핵물리학 지식과 데이터로 단단히 무장한 상태였다. 새로운 연구의 주동자는 러시아에서 망명한 조지 가모프George Gamow로, 그는 1920년대에 알렉산드르 프리드만한테서 처음으로 아인슈타인의 일반 상대성이론을 배웠다. 가모프와 함께한 사람은 존스홉킨스 응용물리연구소Johns Hopkins Applied Physics Laboratory의 두 젊은 물리학자 로버트 허먼Robert Herman과 랠프 알퍼Ralph Alpher였다. 존스홉킨스 응용물리연구소는 1942년에 근접 전파 신관proximity fuze과 같은 군사 프로젝트를 위해 세워진 기관이었다. 전쟁 후에는 해군을 위한 미사일 프로젝트를 주로 맡았다.[9] 방위 체계 연구에 몰입하면서도 알퍼와 허먼은 가모프와 함께 우주와 다른 세상에 대해 생각했다. 특히 이들은 태곳적 우주의 시작과 다양한 단계를 거쳐 진화하는 우주에 대한 르메트르의 그림을 구체화하기 위해 매진했다. 이들이 알고 싶은 가장 큰 질문은 다음과 같았다. 원소는 어디에서 왔는가?[10]

1948년에 가모프의 지도를 받아 알퍼가 발표한 학위 논문의 바탕이 된 이 질문에 대한 대답은 이후 '핵합성nucleosynthesis'으로 알려졌다. 가모프와 동료들은 우주가 시작된 가장 첫 순간에 주위의 온도가 상상할 수도 없을 정도로 높았을 것이라고 계산했다. 이 뜨거운 환경에서는 활기 넘치는 광자(빛의 개별 입자)가 너무 많은 에너

그림 15.2.　합성된 이 사진에서 조지 가모프의 얼굴이 (그리스어로 '실체'를 의미하는) '시원 물질 Ylem'이라고 써진 병에서 나오고 있다. 가모프와 그의 동료 로버트 허먼(왼쪽), 랠프 알퍼(오른쪽)는 이 용어로 원시 양성자와 중성자 혼합체를 지칭했으며, 빅뱅 직후에 이 물질에서 더 무거운 핵들이 생성되었을 것이라고 보았다.

지를 운반하는 나머지 중성자나 양성자와 같은 핵입자가 서로 달라붙자마자 이들을 도로 갈라놓았을 것이다. 다시 말해, 핵입자들이 결합해 원자핵을 형성하게 했을 강한 핵력의 결합 에너지를 광자의 에너지가 억제했을 것이라는 말이다. 그러나 우주가 팽창하면서 원래의 뜨거웠던 온도는 부풀어 오르는 풍선 속 기체처럼 식어 갔을 것이다. 우주가 시작한 지 1초 만에 핵의 인력은 기운 약해진 광자를 이겨내고 중성자와 양성자를 서로 들러붙게 해 안정된 중수소 핵을 형성했을 것이고, 우주가 계속 확장하고 식어감에 따라 핵

입자들이 이 가벼운 핵에 추가로 들러붙으면서 더욱 무거운 원소들이 만들어졌을 것이다.

자신의 발견에 대해 겸손해하는 법이 없는 가모프는 연구팀의 결과를 장난기를 섞어 자랑스럽게 떠벌렸다. 그는 아인슈타인에게 이 새로운 "창조의 시간"에 관해 편지를 보냈다. 그의 인기 있는 저서 중 하나인 『우주의 창조The Creation of the Universe』(1952)는 성경의 표현을 상기시킨 것이었다. 1951년 말에 교황 비오 12세가 교황청 과학학술원Pontifical Academy of Sciences 앞에서 강연한 적이 있었는데, 가모프가 연구 중인 모형과 성경의 이야기가 아름답게 맞물리는 것에 감동한 교황은 이 물리학자들의 연구가 "가장 순진한 신도에게조차 새로운 생각이 들게 하지 않는다"라고 공표했다. "이것은 『창세기』의 '태초에 하느님이 하늘과 땅을 만드시고…'의 첫 구절과 다르지 않게 시작한다." 타고난 재담꾼인 가모프에게 교황의 칭찬은 과분할 정도로 좋은 제안이었다. 3개월 후《피지컬 리뷰》에 투고한 짧은 논문에서 가모프는 교황의 강연을 폭넓게 인용하면서 자신들의 최신 연구가 교황으로부터 권위를 인정받은 것처럼 보이게 했다.[11]

케임브리지대학교를 거점으로 삼은 영국 천체물리학자인 프레드 호일Fred Hoyle은 가모프의 장난이 전혀 즐겁지 않았다. 호일은 1930년대에 아서 에딩턴에게서 일반 상대성이론을 배웠고, 그 역시 전쟁 직후 일관성 있는 우주론 모형을 세우고자 했다. 오스트리아 출신으로서, 나치가 오스트리아를 점령하기 전 학업을 위해 유럽 대륙을 떠나 케임브리지로 옮겨 간 헤르만 본디Hermann Bondi, 토머스 골드Thomas Gold와 함께 호일은 가모프와 대척 관계에 있는 우주론을 발전시켰다. 호일, 본디, 골드는 현재까지의 모든 천문 관찰이 정상 상태steady-state의 우주로도 얼마든지 설명된다고 주장했다. 그들의 모형에서 우주는 시작이 없지만 끊임없이 팽창한다. 이들에게 영원하고 끝없는 팽창은, 실험적으로 탐지하지 못할 만큼 극미량의 새로운 물질이 우주 전체에서 계속해서 생성된다면 얼마든지 가능한 일이었다. 만약 아주 소량이라도 새로운 물질이 계속 만들어진다면, 평균적으로 우주는 어떤 순간에도 동일한 모습일 것이다. 진화 같은 것은 없다. 호일과 그의 동료들은 초기 우주의 핵합성을 대신해, 모든 원자핵이 별 안에서 조리된 다음 무거운 별이 초신성 폭발로 폭파될 때 우주 전체로 확산한다는 가설을 세웠다.[12]

여기에는 물리학을 넘어서는 중요한 것이 달려 있었다. 호일은 물리학에 어떤 식으로든 신학이 침범하는 것에 강력히 반대했다. 1950년대에 출간된 『우주의 본질The Nature of the Universe』은 호일이 영국 BBC에서 방송한 라디오 강연을 바탕으로 쓴 책인데, 이 책에서 호일은 우주에 시작이 있다는 생각이 "원시적인 사람들이 가지는 세계관의 특징"이라면서 그들은 신에 의지해 물리 현상을 설명하려는 이들이라고 비난했다. 아이러니하게도, 이 라디오 강연에서 가모프의 프로그램을 설명하면서 호일 자신이 '빅뱅big bang'이라는 용어를 만들었다. 애초에 이 말은 상대의 생각을 유치하게 표현해 무시받게 하려는 의도에서 나왔다. 게다가 호일과 그의 동료들이 주장하기로, 물리학자들에게 상대성이론과 핵력의 행동과 같은 물리 법칙은 그것들이 시험되는 환경으로부터 너무 멀리 떨어진 영역으로까지 확장되면 신뢰할 근거가 사라진다. 호일은 빅뱅 옹호자들이 그런 터무니없는 계산을 완강하게 고집하는 것이 가톨릭 신자나 공산주의자의 행동과 다를 바 없다며 비난했다. 호일에게는 둘 다 도그마에 너무 쉽게 휘둘리는 맹목적인 교도들일 뿐이었다.[13]

당시 거의 모든 물리학자들이 가모프와 호일의 흥미진진한 싸움을 무시했지만, 오히려 대중 매체는 이를 관심 있게 다루었다. 《뉴욕타임스》에서 물리학자와 우주론자는 서로 완전히 무관하다고 장난스럽게 지적했지만, 제2차 세계대전 이후로 이와 같은 결론을 이끌어 내는 사람은 없었다. 레이더와 원자폭탄과 같은 전시 프로젝트의 뒤를 이어, 특히 미국에서 물리학은 특별하고도 사실상 전례 없는 문화적 틈새시장을 차지했다. 사실 1940년대와 1950년대에 주요 일간지에서 '빅뱅'이라는 구절이 등장한 것은 대부분 가모프의 우주론이 아닌 핵무기 시험과 냉전의 벼랑 끝 전술에 관한 뉴스에서였다.

어쩌면 우주론, 핵물리학, 지정학이 뒤엉킨 현상이 전쟁 이후의 연구들에 대한 또 다른 흥미로운 반응을 설명할지도 모르겠다. 비록 전후 몇십 년 동안 복음주의 기독교인들이 다시 들고 일어나 다윈의 진화론을 반대하기는 했지만, 가장 강경한 성경 문자주의자를 제외하고는 빅뱅이라는 물리학적 발상에 도전하는 이들은 거의 없었다. 심지어 전쟁 후 이른바 '창조 과학'의 가장 영향력 있는 옹호자들조차 창세기에 따라 대략 6,000년이라고 추정되는 지구의 나이와 우주의 나이 사이에 차별을 두었다. 존 휘트컴John Whitcomb과 헨리 모리스Henry Morris의 베스트셀러 『창세기 대홍수The Genesis Flood』(1961)에서는 성경의 창조 이야기가 태양계에는 적용되지만 우주 전체에는 적용되지 않는다고 주장했다.[14] 이 저명한 창조설자들이 표준 지질학과 생물학에는 격렬히 반대하면서도 물리학과 우주학에는 자유 통행권을 발행한 것이다. 핵 시대에 물리학은 아무도 건드릴 수 없는 신의 영역이었다.

◆◇◆

빅뱅을 옹호하는 과학적 합의는 1960년대 중반에 수렴되었다. 새로운 천체물리학 관찰이 그 모형을 강하게 뒷받침했지만, 정상 상태의 우주와는 양립하지 않는 것으로 보였다.[15] 그러나 이 분야에서 누구도 승리를 여유 있게 기념하지는 못했다. 머지않아 완전히 새로운 도전이 등장했다. 소수의 물리학자들이 이 모든 우주론적 논의에 쓰인 아인슈타인의 틀, 즉 일반 상대성이론도 그 자체로 근사치에 불과하다는 반론을 제기한 것이다. 우주가 굴곡진 시공간에서 춤추는 점과 같은 입자들이 아니라 1차원의 작은 '끈string'으로 만들어진 것이라면 어떨까? 그렇다면 일반 상대성이론도 뉴턴의 물리학보다 더 낫다고 볼 수는 없을 것이다. 둘 다 특정 상황에 적용되었을 때만 정확한, 그저 유용한 근사치일 뿐 진정한 자연의 법칙은 아닌 것이다. 그리고 이것이 사실이라면 물리학자들은 상대론적 우주론을 처음부터 재고해야 한다.

끈 이론string theory은 여러 해 동안 주변부의 호기심 정도로 머물다가 1980년대 중반부터 돌연 중앙 무대로 진출했다. 훗날 '1차 끈 혁명'이라고 불릴 일련의 빠른 발전 끝에 두 집단의 수리물리학자들이 끈 이론을 내세워 지금까지 중력과 양자역학을 하나로 묶으려는 모든 시도를 저해한 함정을 피하고서 마침내 저 둘을 양립하게 하는 방법을 제시할 가능성을 보였다. 중력과 양자역학의 통합은 오랫동안 이론물리학의 성배와 같은 난제로 남아 있었다. 중력에 관한 양자 이론만이 양자역학에서 기원하는 자연의 다른 기본 힘들과 통합할 수 있다. 끈 이론의 옹호자들은 이를 가리켜 '모든 것의 이론theory of everything'이라고 부르기 시작했다.[16]

오늘날 끈 이론이 고에너지물리학의 최전선에 있다는 것은 부인할 수 없다. 2000년대 초부터 물리학자들은 매년 이 주제로 2,000건 이상의 논문을 일상적으로 발표해 왔다. 그러나 물리학자 리 스몰린이 주장한 것처럼 끈 이론은 소위 '일괄 거래 상품' 같은 것이다. 이 이론은 물리학자들이 원하는 많은 요소를 훨씬 덜 바람직한 요소와 함께 묶는다. (스몰린은 이런 상황을 새 차를 구매하는 상황에 비유했다. 내가 원하는 선루프가 쓸데없는 고급 스테레오 시스템과 같이 오는 상황이랄까.) 먼저 끈 이론은 알려진 입자들 사이에서 '초대 칭super-symmetry'이라는 아직 탐지된 적 없는 대칭을 요구한다. 게다가 이 이론은 우리가 살고 있는 듯한 4차원(길이, 너비, 높이의 3차원 공간에 1차원 시간)이 아닌 10차원의 시공간에서만 정식화된다. 적어도 어떤 비평가들에 따르면, 최악은 끈 이론이 (적어도 아직은) 서로 구분할 방법이 없는 수없이 많은 우주들을 만들어 낸다는 것이다. 사실상 끈 이론은 '모든 것의 이론'에서 '아무것이나의 이론theory of anything'이 되어버렸다.[17]

1980년대 이후로 물리학자들은 우리 우주의 행동을 구체적으로 예측하기 위해서는 끈 이론을 지배하는 법칙에 대한 지식 이상이 필요하다는 것을 인지해 왔다. 또한 잉여의 차원이 어떻게 배열되는지도 알아야 했다. 작은 빨대처럼 구부러지는가? 아니면 조금 더 복잡한 형태로 꼬여 있는가? 끈 이론에서 모든 정량적 예측은 잉여 차원의 (미지의) 위상에 달려 있다. 20년 동안 물리학자는 위상학적으로 구분되는 가능성의 수가 수십만 개나 된다고 추측했다.[18] 이 상황은 2000년에 저명한 끈 이론가 조지프 폴친스키Joseph Polchinski(당시 UC 샌타바버라 교수)와 라파엘 보우소Raphael Bousso(당시에는 스탠퍼드대학교의 박사후 연구원이었고 현재는 UC 버클리 교수)가 '다발flux'과 '막membrane'이라고 명명한 것이 이 잉여 차원의 주위를 감쌀 수 있다는 사실을 인지하면서 더 악화되었다. 끈 이론에서는 10의 5제곱의 가능성 대신 10의 500제곱이나 되는 별개의 저에너지 상태가 가능하며, 그중 어떤 것이라도 관측 가능한 우리 우주를 기술하거나 그중 어느 것도 그러지 못할 것이라는 말이었다. 기본 입자들의 질량에서 기본 힘들의 강도, 우리 우주의 팽창률, 그리고 그 밖의 것들까지, 우리 우주에서 관측할 수 있는 모든 양은 이 끈들의 상태 중에서 우리 우주가 정확히 어느 것인지에 따라 결정된다. 그러나 끈 이론은 왜 우리 우주가 이 수많은 가능성들 가운데 하필 이 형태인지 설명할 방법을 찾지 못했다.[19]

잠시 멈추어 10의 500제곱이라는 수를 생각해 보자. 이는 과학자들이 평소에 접하는 수와 비율로도 도저히 헤아릴 수 없는, 우리의 일상적인 경험에서 완전히 동떨어진 수다. 우리에게 익숙한 양을 사용해서는 이 수를 만들어 내기가 어렵다. 세속적인 것에서부터 생각해 보자. 억만장자 제프 베이조스의 (인터넷에 나오는) 재산과 내 재산의 비는 불과 10의 5제곱에 불과하다. 이 비율을 보고 자신감을 얻어야 할지 우울해해야 할지는 모르겠지만, 아무튼 10의 500제곱 근처에도 미치지 못한다.[20] 우주의 수로도 근접할 수 없기는 마찬가지다. 우리가 관측할 수 있는 우주의 나이는 약 10의 17제곱 초다. 우리은하의 전체 질량 대 전자 1개 질량의 비조차 약 10의 71제곱에 불과하다.

이야기는 갈수록 기괴해진다. 이제는 빅뱅 모형의 표준적인 부가물, 우리 우주 역사의 초기에 아주 짧은 시간에 일어난 기하급수적인 팽창을 나타내는 급팽창 우주론inflationary cosmology을 전제로, 어떤 끈 이론가들은 10의 500제곱의 상태가 이론적 가능성에 불과하지 않고 실제로 존재하는, 말 그대로 '섬 우주들island universes'이라고 주장하기 시작했다. 이 주장의 핵심은 일단 어디에선가 급팽창이 시작하면 영원히 계속될 것이라는 점이다. (이를 '영구 급팽창eternal inflation'이라고 한다.) 시공간의 어느 특정 지역에서 기하급수적인 팽창은 이곳 지구에서의 방사성 물질의 반감기처럼 정해진 기간이 지나면 멈출 것이다. 그러나 대부분의 급팽창 모형에서 이 반감기는 우주의 부피가 2배가 되는 시간보다 더 길다. 그래서 급팽창하는 우주의 부피는 언제나 급팽창을 멈추게 하는 주머니들보다 크다. 이런 관점에서 우리는 훨씬 더 큰 '다중 우주multiverse' 안에 있는 하나의 '주머니pocket' 또는 '섬' 우주 안에 있는 셈이다.[21] 스탠퍼드 대학교의 레너드 서스킨드Leonard Susskind와 터프츠대학교의 알렉산더 빌렌킨Alex Vilenkin과 같은 이론가들이 알아차린 것처럼, 끈 이론이 보여준 가능성의 '풍경landscape'이 영원한 급팽창과 결합되면서 이제는 '왜 저 엄청난 수의 가능성들 중에서도 이 특별한 상태에 놓여 있는가'가 아니라 '왜 우리는 지금과 같은, 하필 이 특정한 섬 우주에서 살게 되었는가' 하는 질문이 더 적합한 문제가 되었다.

이 문제를 해결하기 위해 서스킨드와 빌렌킨, 그리고 그들의 여러 동료들은 '인류 원리anthropic principle'라고 불리는 것에 의지했다. 관측 가능한 우리 우주의 자연 상수들(모든 입자의 질량, 힘의 강도, 팽창 속도 등 우리 우주가 차지하는 끈 상태를 결정하는 것들)은 우리가 아는 생명체가 존재하기 위해서는 다소 좁은 범위 안에 들어 있어야 한다. 짐작건대 대부분의 다른 끈 상태, 따라서 대다수의 다른 섬 우주들 안에서 이 상수들은 생명체, 적어도 우리와 같은 생명체가 존재하기에는 적합하지 못한 조건일 것이다. 무한 개의 섬 우주들 안에서 실현된 10의 500제곱 가지 상태들이 있다고 했을 때, 순수한 '우연'이 우리가 이곳에서 진화하게 된 연유를 충분히 "설명"한다.[22]

이런 주장의 4분의 3은 경의를 표할 정도로 오래된 것이다. 17세기로 돌아가서 프랑스의 베르나르 퐁트넬Bernard Le Bovier de Fontenelle과 영국의 아이작 뉴턴과 같은 자연철학자들은 우리가 아는 생명체가 존재하려면 자연의 상수들이 극도로 세심하게 조정되어야 한다고 주장했다. 퐁트넬과 뉴턴을 비롯한 동시대인들은 그런 섬세한 조정이 곧 신이 존재하는 과학적 증거라고 보았다. 다시 말해, '미세 조정fine-tuning'은 설계의 증거로서 전지전능한 책임 설계자가 오직 우리를 위한 우주를 설계했다는 것이다. 이렇게 퐁트넬과 뉴턴은 '지적 설계intelligent design' 모임의 창립 멤버가 되었다.[23]

이 마지막 지점에서 서스킨드는 퐁트넬, 뉴턴과 결별한다. 2005년에 출간한 유명한 저서 『우주의 풍경The Comic Landscape』에 적힌 인용구들은 오늘날의 지적 설계 지지자들을 조롱한다. 그는 세속적이기로 유명한 계몽기 물리학자 피에르시몽 라플라스Pierre-Simon de Laplace가 그의 우주에서 신은 어디에 있느냐는 나폴레옹 황제의 질문에 한 대답을 인용한다. "폐하, 저에게는 그런 가설은 필요 없습니다." 서스킨드와 그의 많은 동료들은 다윈주의자들의 영역에 단단히 뿌리를 내렸다. 시간과 가능성이 충분하기만 하다면 자연적인 진화는 우주에서도 일어날 것이고, 그래서 우리가 지금 여기에 있다는 것이다.[24]

이런 도발적인 주장 앞에서 다른 물리학자들은 아인슈타인이 프리드만의 계산을 거부한 것처럼, 또 호일이 가모프의 창조 이야기를 매도한 것처럼 반응했다. UC 샌터바버라의 데이비드 그로스David Gross와 같은 노벨상 수상자를 비롯해 몇몇 강경한 비평가들은 끈 풍경과 인류 원리적 놀음에 대해 "위험"하고, "실망"스러울 뿐만 아니라 심지어 물리학자들이 자신의 연구 기술에 접근해야 하는 방식을 "포기했다"라고까지 묘사했다.[25]

물리학자들이 끈 이론과 끈 이론 풍경을 두고 논쟁하는 동안 비과학자들도 나름의 결론을 내렸다. 그중 하나가 성경 문자주의의 재유행이었다. 그러나 초기 창조설자들과 달리 오늘날의 옹호자들은 물리학과 우주론을 자신들의 영역에서 내치지 않는다. 예를 들어, 관측 가능한 우주는 138억 년 되었다는 빅뱅의 중심 교리를 확인한 수많은 고정밀 천체물리학 관측에도 불구하고, 조금 더 대담해진 새로운 창조설자들은 이러한 시간의 규모쯤은 가볍게 묵살한다. 1999년, "나는 [빅뱅] 당시 현장에 없었고, 그건 그들[우주론자들]도 마찬가지다"라고 회계사이자 캔자스주 교육위원회 위원인 존 W. 베이컨은 큰소리쳤다. 베이컨은 기자들에게 그가 다른 위원들과 함께 캔자스주의 모든 고등학교 교과과정에서 생물학적 진화론은 물론이고 빅뱅까지 삭제하는 안건에 찬성한 이유를 설명했다. "상기한 이유로, 그들이 어떤 설명을 하든 그건 어디까지나 그들의 개인적인 견해일 뿐이므로 그렇게 가르쳐야 합니다"라고 말했다. 1990년대 후반에 몇몇 다른 주들도 캔자스주의 뒤를 따랐다.[26] 그 후로도 진화론과 빅뱅의 교육 금지는 선거 주기마다 찬반 논란의 대상이 되며 문제를 일으켰다.

교육위원회의 의원들은 자신들을 독려할 근거가 필요할 때마다 수십 권의 '권위 있는' 문헌에 의지했다. 러셀 험프리스의 『별빛과 시간Starlight and Time』(1994)을 필두로, 도널드 드영의 『수십억 년이 아닌 수천 년Thousands, Not Billions』(2005), 알렉스 윌리엄스와 존 하트넷의 『빅뱅의 해체Dismantling the Big Bang』(2005), 제이슨 라일의 『천문학을 되찾다Taking Astronomy Back』(2006)와 같은 신간들이 합류했다. 많은 저자가 물리학 석사학위나 박사학위 소유자였고, '창세기에 답이 있다Answers in Genesis'를 포함해 자체 순회강연과 교육용 박물관을 갖춘 기관들로 이루어진 탄탄한 네트워크가 이들을 지원하고 있었다. 서스킨드의 큰 풍경에 흩어져 있는 섬 우주들과 아주 비슷하게, 오늘날의 창조설자들 역시 자신들만의 평행 우주를 개척해 왔다. 이들의 책 대부분은 아마존에서의 순위가 내 책보다 훨씬 더 높다.

두 번째 반응은 성경 문자주의와 함께 '지적 설계' 신봉자들에게서 나왔다. 지적 설계에 대한 대부분의 뉴스 보도는 2005년에 펜실베이니아주 도버에서 있었던 대단한 법적 공방전처럼 교실에서 생물학적 진화론을 가르치느냐 마느냐의 싸움에 초점을 두고 있었지만, 이 사안은 생각지도 않은 곳에서도 튀어나왔다. 한 가지 예로, 2006년 2월 조지 도이치라는 NASA 소속의 젊은 홍보관이 이 기관에서 발행하는 모든 문건, 특히 교육용 웹사이트에서는 반드시 '빅뱅'에 '이론theory'이라는 말을 붙일 것을 규정하는 내부 문서를 돌린 것이 밝혀졌다. "빅뱅은 증명된 사실이 아니라 견해일 뿐이다"라고 시작하는 도이치의 메모 사본이 《뉴욕타임스》에 공개되었다. 이처럼 우주의 존재에 관해 "창조주의 지적 설계를 무시하는 선언은 우주항공국의 입장이 아니며 그래서도 안 된다". 스물네 살의 이 정무관은 메모가 유출되자마자 바로 쫓겨났지만, 이 사례는 오늘날 지적 설계 옹호자들이 얼마나 탄탄하게 자리 잡았는지를 명확하게 보여준다.[27]

◆◇◆

왜 생물학과 우주학에서 진화론 논쟁은 그토록 다르게 전개되었을까? 지난 세기를 되돌아보면 두 가지 특징이 눈에 띄는데 바로 교수법과 위신이다.

생물학적 진화와 달리 빅뱅은 고등학교 교과과정에서 중요하게 취급된 적이 없다. 현대 우주론은 끈 이론은 말할 것도 없고 상대성 이론처럼 중고등학교 교육 범위를 한참 벗어나는 내용들에 근거한다. 따라서 다윈의 자연선택이 오랫동안 교실에서 진화론 비판가들의 명백한 타깃이 되는 동안에도 우주의 진화는 심지어 최근까지도 별다른 관심을 받지 못한 것이다.

최근 교과서에서 빅뱅을 삭제한 것이 전체 수업 계획을 엉망으로 만들지는 않겠지만 그것이 지닌 상징적인 의미는 크다. 이것은 상대적 위신의 크나큰 변화를 예고한다. 물리학자들은 제2차 세계대전 이후 국가의 영웅으로 탄생했다. 이들의 전시 프로젝트는 "제 몫을 충실히 해냈고", 이들은 이전에도 이후에도 다른 학계가 받아본 적 없는 환대를 누렸다. 생물학자들은 20세기 중반에 그런 전성기를 누린 적이 없었다. 사실 어떤 역사학자들은 1959년에 『종의 기원Origin of Species』 출간 100주년을 이용하려고 했던 미국 생물학자들의 열성이, 잠자고 있던 반진화론 창조설자의 코털을 건드리는 역효과를 일으켰다고 주장했다.[28]

냉전이 끝난 후 물리학자들의 문화적 입지는 극적으로 달라졌다. 1990년 초에 들어서면서 무한 재정의 시대는 일장춘몽처럼 끝나버렸다. 의회는 1993년 10월에 초전도 슈퍼충돌기 건설을 중단시키면서 그러한 변화의 신호를 명확히 전달했다. 이후로도 기초 물리학에 대한 연방 정부의 지원은 계속해서 감소했다. 물리학의 달라진 운은 물리학계 자체의 내부 분열과 최근 연구들이 지닌 명백한 투기적 성격이 결합하면서 비판과 반발의 문을 열어젖혔다.

오늘날 우주론을 비판하는 사람들은 인터넷의 힘을 활용할 줄 안다. 몇 년 전 《사이언스》에 동료인 앨런 구스Alan Guth와 최신 우주론 연구에 대한 리뷰 논문을 쓰고 나서 우연히 인터넷에서 꽤나 잘 나가는 커뮤니티를 발견하게 되었다. 우리 논문이 게재되고 일주일쯤 되었을까, 앨런은 이메일 한 통을 받았다. 창조설자 웹사이트에서 우리 글을 반박하는 게시글이 있다며 링크를 알려주었다. 호기심에 들어간 그 사이트에서 나는 수십 개의 하이퍼링크를 따라 빅뱅, 팽창 우주론, 그 밖의 다른 이론 등에 대한 "반박" 비슷한 것들을 읽었다. 이 사이트는 훌륭한 그래픽과 높은 생산성을 자랑했는데, 한 번의 클릭만으로 '성경-과학 연합', '창조 과학 연합', '과학적 창조 센터', '창조 연구 연구소', '창세기에 답이 있다', 그리고 그 밖의 수십 개에 달하는 관련 단체의 홈페이지로 이동할 수 있었다. 나는 초자연적인 지적 설계의 "증거"를 보여주는 〈특별한 행성, 지구 The Privileged Planet〉와 같은 DVD와 함께 최근 출간된 반빅뱅 서적들을 팔려고 애쓰는 많은 웹사이트들을 발견했다. 다른 링크에는 "대안" 과학 수업에 대한 상세한 계획서를 내려받을 수 있는 페이지나, 특별히 훈련된 창조설 전문 여행 가이드와 함께 그랜드캐니언과 같은 장소를 관광하는 특별한 자연 투어 홍보들이 등장했다. (성경 문자주의와 지적 설계를 똑같이 다루는 것으로 보아, 이 웹사이트들은 확실히 전기독교적ecumenical이다.)

나는 처음으로 돌아와 우리 논문에 대한 반박 글을 읽었다. 작성자는 우리 논문을 광범위하게 인용한 후 논조를 바꾸고 다음과 같이 썼다. "우리는 그들 자신의 언어로 이 MIT 출신 똑똑이들이 무슨 말을 했는지 여러분에게 보여줘야 했습니다." (나는 감동했다. 적어도 "똑똑이들"이라는 부분은 예리한 관찰력을 암시했으니까.) "구스와 카이저는 트럭 운전을 배워야 합니다. 그들을 MIT의 상아탑 밖으로 내보내 진짜 현실 세계를 경험하게 해야 합니다. 그곳에서 그들은 나무와 산과 날씨와 생태, 그리고 특권을 받은 우리 행성에서 관찰할 수 있는 그 밖의 것들을 두 눈으로 직접 보아야만 합니다. 우연으로는 절대 설명할 수 없는 '설계', '목적', '의도'가 있음을 부르짖는 현실을 말입니다."[29]

글쎄, 나는 쓸쓸하게 스스로를 위로했다. 적어도 누군가는 아직 《사이언스》를 읽고 있다는 것이니까 말이다. 우주 진화 연구에 동참한 우리 나머지들은, 그저 계속해서 트럭을 운전하는 수밖에.

16장

우주론의 황금시대:
이제 그들은 고독하지 않다
No More Lonely Hearts

1991년, 과학 작가 데니스 오버바이Dennis Overbye가 『우주의 고독한 사람들Lonely Hearts of the Cosmos』이라는 놀라운 책을 출간했다. 20세기 후반, 우주론(우주 전체를 연구하는 학문)의 발달을 추적한 책이었다. 책에서 오버바이는 우주론자들이 두 가지 이유로 고독하다고 말했다. 때는 과학자들이 서로 협력하며 큰 연구팀을 구성하거나 데이터를 자동으로 수집하는 것이 일상화되기 전으로, 이들은 밤새 혼자서 난방이 되지 않는 돔 아래에 앉아 저 먼 은하가 보내온 가장 희미한 빛을 찾아 거대한 망원경을 찡그리고 들여다보던 마지막 천문학자 세대였다. 한편 오버바이가 다룬 시기에 우주론은 물리학자들 사이에서도 별다른 인정을 받지 못했고, 대형 가속기와 어마어마한 예산으로 무장한 고에너지물리학과 같은 화려한 분야의 그림

자에 가려진 의붓자식 신세였다.[1]

오버바이는 우주의 가장 근본적인 속성을 측정하려는 우주론자들의 분투를 책에 담았다. 이들의 대답은 대개 2배 범위 안에서만 신뢰할 수 있다. 이 말은 각 측정값이 대략 100퍼센트 불확실하다는 뜻이다. 은하들은 서로에게서 이러저러한 속도로, 또는 그것의 2배로 빨리 멀어지는가? 그 답에 따라 우리 우주의 나이가 얼마인지가 달라진다. 이는 2배 범위 안에서만 결정할 수 있는 또 다른 중요한 특징이다. (이 주제로 학부 때 수업을 들었는데, 첫날 강사는 우리에게 '1 = 10'의 방정식을 사용할 수 있다고 말했다. 이는 우리가 관심 가지는 대부분의 양이 상대적으로 불확실하기 때문이다. 하지만 방정식에 제곱을 취하는 것까지는 허락되지 않았다.) 우주론자들이 오랫동안 외로움을 견뎌야 했던 것도 당연하다. 그런 형편없는 불확실성은 다른 물리 분야의 무시무시한 정밀도와 비교하면 아마추어 수준으로밖에 보이지 않았기 때문이다. 일례로 수소 원자의 에너지 준위에 대한 이론과 실험 값은 소수점 11자리까지 일치하며 하나로 수렴된 지 오래였다.

우주가 팽창하는 기본 빠르기도 알아내기 어려웠던지라, 우주론자들은 우주의 팽창이 빨라지고 있는지 느려지고 있는지와 같은 추가 질문에 대해서는 아예 손을 놓아버리거나 그저 오랜 시간 논쟁을 벌일 뿐이었다. 그 질문의 답은 곧 우주에 얼마나 많은 물질이 들어 있는지와 직결되었다. 단위 부피당 물질과 에너지가 조밀하게 채워진 우주라면 언젠가는 확장을 멈추고 붕괴해 빅뱅의 시작과 한 쌍을 이루는 빅 크런치 종말을 맞이하게 될 것이다. 반면 단위 부피당 물질과 에너지가 덜 조밀한 우주는 영원히 팽창하며 점차 희석될 것이다. 아인슈타인의 방정식은 그 중간 어디쯤에서 적당히 균형을 맞춘 골디락스의 해결책을 예측했다. 우리 우주는 그 팽창률이 서서히 줄어들기는 하지만 절대로 붕괴되지는 않을 만큼의 물질과 에너지를 갖고 있기에 천천히 잠들어 가리라는 것이었다. 우주 전체의 운명이 현재의 팽창률, 그리고 부피당 물질과 에너지의 양에 달린 셈이다. 그러나 아무리 기발한 방법을 동원하더라도 우주론자들은 우주의 기본적인 특징을 측정하는 동안 원하는 만큼의 확신도, 정밀도도 가질 수 없었다.

이런 상황은 오버바이의 『우주의 고독』이 출간된 직후부터 달라지기 시작했다. 실제로 오늘날 우주론자들은 훨씬 덜 고독하다. 우주론은 전성기를 누리고 있고, 많은 신세대 학자들과 기막힌 최신 기구, 흥미진진하고 참신한 아이디어가 끊이지 않는다. 지금이 정밀 우주론의 '황금시대'라는 말까지 들려온다. 1992년 가을, 오버바이의 책이 출간된 바로 다음 해에 나는 우주배경탐사선Cosmic Background Explorer, COBE이 데이터를 최초 공개한 것을 기념하며 여러 교수와 물리학과 학부생들과 샴페인을 나누어 마셨다. 저 높은 우주의 궤도에서 위성이 빅뱅 이후로 방출된 최초의 빛을 측정해 냈다. 그 빛은 우리 우주가 시작하고서 약 38만 년 만에 전자가 양성자와 결합하기 시작해 안정된 중성적인 수소 원자를 형성한 순간부터 우주를 자유롭게 떠돌아다니던 광자였다. (그 전에는 주변 온도가 너무 높아서 안정된 수소가 형성될 수 없었다.) 저 광자들의 분포가 미세하게 충돌하고 꿈틀대는 것을 보고 마침내 우주론자들은 현재 바깥 우주의 온도가 절대 온도 0도보다 고작 2.725도 더 높으며 약 10만분의 1 정도의 차이만 있을 뿐 전체 우주에서 일정하다는 것을 알아냈다.[2]

이듬해, 우주비행사들은 우주를 유영해 허블 우주망원경을 수리함으로써 추가 질문들에 대해 지구의 대기에 방해받지 않고 대답할 수 있는 길을 닦았다. 별개의 두 연구팀이 (지상의 대형 망원경은 물론이고) 새로 태어난 허블 망원경을 사용해 초신성을 연구했다. 초신성은 항성의 자기 파괴로 인한 격렬한 폭발 현상으로서 일시적으로나마 은하 전체를 환히 비춘다. 1998년에 처음 발표된 연구팀의 데이터는 우리 우주의 팽창이 빨라지고 있다는 충격적인 결과를 내보였다. 우주는 그냥 커지는 것이 아니라 점점 빨리 커지고 있었던 것이다. 이 강력한 관찰 내용을 아인슈타인의 상대성이론과 일치시키려면 어쩔 수 없이 우주론자들은 우주의 빈 공간에 남아 있는 잔여 에너지를 고려해야 했다. 그리고 그 기원에 대한 우리의 무지를 드러내고자 이것을 '암흑 에너지dark energy'라는 이름으로 불렀다. 공간을 늘리는 이 에너지의 경향성은 그와 반대로 물질을 한데 뭉치려는 중력의 에너지를 압도했다. 그로부터 5년 뒤, 우주배경탐사선보다 해상도가 30배는 더 높은 장비를 갖춘 윌킨슨 마이크로파 비등방성 탐색기Wilkinson Microwave Anisotropy Probe, WMAP가 최초의 데이터를 보내왔다. 초신성 연구와는 완전히 다른 현상을 측정한 WMAP 데이터는 우주를 차지하는 에너지의 거의 4분의 3이 암흑 에너지로 구성되었음을 확인했다. 2013년 다른 팀 역시 유럽우주국European Space Agency의 플랑크 위성Planck satellite을 이용해 비슷한 결과를 훨씬 높은 해상도로 보고했다.

관측 가능한 양이 10배 또는 2배 범위 안에서 막연히 알려지던 시대는 끝났다. 오버바이의 영웅들이 답하고자 그렇게 무던히도 애쓴 문제들을 던지면 오늘날의 우주론자는 마치 구구단을 암기한 초등학생처럼 빠르고 자신 있게 답을 줄줄이 말할 것이다. 은하들은 서로 얼마나 빨리 밀어지고 있는가? 메가파섹megaparsec*당 초속 67.4킬로미터(오차 범위 0.7퍼센트). 관측 가능한 우주는 몇 살일까? 138억 년(오차 범위 0.2퍼센트). 우주는 얼마나 많은 물질과 에너지가 채우고 있는가? 이 집계에 예상치 못했던 이상한 암흑 에너지를 포함하면, 정확히 임계 밀도에 도달해 있다(오차 범위 0.2퍼센트). 오늘날에는 어떤 양의 데이터를 그래프로 그릴 때, 우주론자들이 오차 막대를 400배 키워야만 남겨진 불확실성이 페이지 위에 보일 정도다.[3]

오버바이가 우주론의 심장에서 활약한 대담한 인물들과 인간적 분투에 초점을 맞추었다면, 오늘날의 천체물리학자들은 보통 서로 다른 두 주인공에 초점을 맞춘다. 첫째는 백색왜성, 그중에서도 특정한 초신성 폭발로 화려했던 일생을 마감한 천체이고, 두 번째는 최초로 안정된 수소가 형성될 때 나온 빛의 잔광인 (WMAP와 플랑크 위성에 의해 그 패턴이 극도의 정확도로 측정되어 온) 우주 마이크로파 배경 복사다. 2000년대 중반 이후로 서로 다른 물리적 과정들

---

* 우주의 거리를 나타내는 단위로, 1파섹은 약 3.26광년에 해당한다. (옮긴이 주)

그림 16.1. 유럽우주국의 플랑크 위성(그림의 오른쪽 아래)으로 우주론자들은 고작 38만 년 된 우주에서 방출된 잔광인 우주 마이크로파 배경 복사의 광자들 사이에서 에너지 분포의 미묘한 패턴을 연구할 수 있었다.

에 집중하는 서로 다른 기구들에 의존하는 여러 연구들이 어느 정도 일관된 답으로 수렴되었다. 인류 역사상 처음으로 학자들은 우주의 나이를 잴 수 있게 되었다.[4]

그래서 우주론자들은 오늘날 당황스러울 정도로 풍요로운 경험을 즐기고 있다. 우리는 전문가들이 수십억 개의 입력값들로 덩치가 커진 거대한 데이터 세트에 최상의 통계적 분석을 수행하는 것을 본다. 그럼에도 이 분야는 초록 바이저를 쓴 따분한 회계사들로 넘쳐나지 않는다. 사실 오늘날의 전문 우주론자들이 기여하는 이론적 활동의 대부분은 그 어느 때보다도 기이하고, 심지어 터무니없어 보이기까지 한다. 어떤 연구 기획서는 서커스단의 느낌을 줄 만큼 비현실적이다. 요즘 우주론자들의 강연에 참석하면 '여분 차원

extra dimension', 브레인세계 충돌brane-world, '가변성 상태 방정식의 정수', '다중 우주'와 같은 말들을 어렵지 않게 듣게 될 것이다. (이 중에서 다중 우주는 관측 가능한 우리 우주 전체가 그 안의 작은 비눗방울에 지나지 않는, 자체적인 물리법칙에 의해 운영되는 무한하게 큰 용기라고 가정된다.)

물론 '기이하고', '터무니없어' 보인다고 해서 '부정확하다'는 것은 아니다. 르네상스 이후로 우주론의 대장정은 (우리 자신은 정지되어 있다고 느끼지만) 지구가 태양 주위를 돌고 있다는 코페르니쿠스의 주장부터 시공간은 물질에 따라 휘어진다는 아인슈타인의 주장까지 허황되어 보이는 제안들로 특징지어진다. 기이하다는 것도 관점에 따라 달라지는 법이다. 그럼에도 최근 몇 년간 우주론자들이 집단적으로 펼치는 상상력은 마치 압축할 수 없는 유체처럼 움직여서, ('관측 가능한 양의 정확한 측정' 따위로) 좁은 구역에 억지로 집어넣으려고 하면 다른 쪽으로 튀어나올 것이다.

로저 펜로즈Roger Penrose의 최근 연구는 풍부한 상상력을 자랑하는 대장정의 상징적인 최신 사례다. 우주론자들이 관측 가능한 우리 우주의 정확한 나이를 결정한 상황에서 펜로즈가 제안하기로는, 빅뱅 이후로 만발하며 윙윙거리는 이 모든 혼돈은 우리 우주의 더 긴, 아마도 무한한 역사 중에서 손가락 한 번 까닥하는 찰나에 지나지 않는다. 펜로즈는 138억 년 전에 일어난 빅뱅이 모든 것의 시작이었다고 가정하는 대신, '등각 순환 우주론conformal cyclic cosmology, CCC'이라는 야심 찬 모형을 내놓았다. 펜로즈는 우리 우주가 빅뱅 이전에도 셀 수 없이 여러 번 발생했으며, 프리드리히 니체가 말하

는 "영원 회귀"처럼 영원히 순환할 것이라고 주장했다.[5]

펜로즈의 모형에서는 첫 번째 'C', 즉 등각conformal이 핵심이다. 등각 사상conformal map의 가장 익숙한 예로는 메르카토르 도법이 있다. 지구의 표면은 대략 구형이지만 지구의 지형은 평평한 2차원 지도 위에 표현할 수 있다. 르네상스 시기에 플랑드르 지도 제작자 게라르두스 메르카토르Gerardus Mercator는 땅덩어리의 이미지를 늘리고 비틀어서 평평한 지도에 나타내면 번잡한 항구 근처의 해상 운송 노선 사이의 각도를 보존할 수 있음을 깨달았다. 이는 항해자들에게 아주 중요한 정보였다. 그 결과로 어디서나 작은 물체의 각도나 모양은 보존되었지만 전체적인 길이의 축적은 크게 왜곡된 지도가 만들어졌다. 실제로는 유럽과 아시아를 합친 면적은 남극의 4배가까이를 차지하지만 메르카도르 도법으로 그린 지도에서는 남극이 크게 그려지고 유럽과 아시아는 왜소해 보인다. 더 최근에는 네덜란드 화가 M. C. 에셔가 유명한 석판 인쇄 작품에서 등각 도법을 사용했다. (등각 사상은 확실히 북해 연안의 벨기에, 네덜란드, 룩셈부르크로 구성된 저지대 국가들에서 특히 매력을 발휘했다.)

오랫동안 물리학자와 수학자는 문제를 단순화하거나 새로운 관점에서 이상한 해법을 찾기 위해 등각 사상을 사용해 왔다. 이 기법은 특히 시공간의 왜곡에 적용되면서 아인슈타인의 일반 상대성이론을 이해하는 강력한 수단임이 입증되었다. 1960년대 중반에 펜로즈는 등각 기술을 적용해 수리물리학에 탁월한 기여를 했다. (사실 역사학자 애런 라이트가 기록했듯이, 펜로즈는 어려서 즐겨 보았던 에셔의 장난기 있는 그림들에서 영감을 얻었다.[6]) 현재는 '펜로즈 다이어그램Penrose diagram'이라고 알려진 이러한 강력한 시각적 도구로 무장한 펜로즈는 블랙홀이 반드시 '특이점singularity', 즉 시공간이 무너져 내리는 점으로 귀결된다는 것을 보여주었다. 어떤 경로도, 심지어 빛의 경로조차 특이점 앞에서는 어떤 유한한 한계를 넘어서 이어질 수 없다. 펜로즈의 등각 사상은 특이점의 행동이 이러저러한 좌표계의 인위적인 가공물이 아니며, 이것이 고도로 대칭적인 단순한 시나리오에 한정되는 것도 아님을 증명했다.

펜로즈는 등각 기법으로 다시 돌아와 이제는 이를 우주 전체에

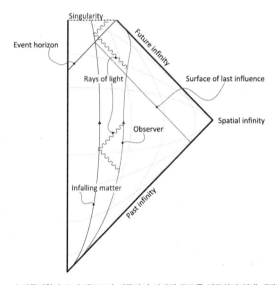

그림 16.2.　수리물리학자 로저 펜로즈가 시공간의 인과적 구조를 연구하기 위해 개발한 등각 다이어그램. 시간은 수직으로 흐르고, 빛은 45도 대각선으로 이동한다. 이 다이어그램에서 물질은 블랙홀로 붕괴된다. 멀리 있는 관찰자가 블랙홀로 빨려 들어가는 물질에 신호를 보내면, 그 물질이 '사건의 지평선'을 넘어서기 전까지만 그에 대한 반응을 얻을 수 있다. 펜로즈가 이 다이어그램과 같은 것으로 명료하게 표현한 것처럼, 물질은 결국 블랙홀 안에서 시공간 자체의 붕괴 지점인 '특이점'에 도달한다.

느슨하게 적용한다. 그는 우주의 한 시대, 즉 '이온aeon'의 끝이 또다른 시대의 시작과 너무 비슷해서 마치 끝과 끝을 이어 붙인 반복되는 이온들의 무한한 탑처럼 보일지도 모른다고 주장했다. 한 이온이 처음 시작하는 순간 우주는 관측 가능한 우리 우주가 빅뱅 직후에 그러했듯이 뜨겁고 조밀했을 것이다. 온도가 입자의 질량에 비해 훨씬 높아지면, 입자는 마치 질량이 없는 것처럼 행동하며 마치 광자가 그러듯이 거의 빛의 속도로 날아다닌다. 질량이 없는 입자에는 어떤 내재된 기준 척도가 없기에 이것은 아주 중요하다. 길이나 시간의 기준 단위가 없고, 다른 측정을 비교할 미터자나 보정시계도 없다. 광자를 고려할 경우 시간은 흐르지 않는다. 질량 없는 입자들로 채워진 시공간은 길이나 시간을 측정할 눈금자가 없어서, 모양과 각도는 의미가 있지만 전체적인 거리는 의미가 없다.

놀랍게도 한 이온의 끝이 이와 거의 같은 방식으로 행동할지도 모른다. 한 주기가 시작되면 우주가 확장하고 식어감에 따라 주변 온도도 떨어질 것이다. 우리 자신의 빅뱅 우주가 우리에게 그렇게 보이듯이 이온 안에 있는 관찰자에게도 그렇게 보일 것이다. 전자, 양성자, 수소 원자처럼 질량을 지닌 입자, 그리고 나머지 모든 것들이 서서히 에너지를 잃어갈 것이고, 이것들은 더 이상 광자처럼 빠르게 날아다니지 못할 것이다. 이런 상황에서는 길이와 시간의 척도가 나타나고, 등각 기하학의 대칭성은 억제될 것이다. 그 세계는 오늘날 우리의 세계처럼 행동할 것이다. 먼지 주머니가 뭉치고 이것이 중력 붕괴의 에너지에서 힘을 얻으면, 우리가 '별'이라고 부르는 원자로로서 불타오를 것이다. 마침내 수십억 개의 별이 서로의 중력에 끌려 촘촘하게 짜인 은하를 형성할 것이다. 은하는 또 은하단과 초은하단을 형성할 것이다. 인간의 가장 민감한 장비가 관찰할 수 있는 모든 우주 현상이 펼쳐질 것이다. 은하는 서로에게서 멀어지고 어떤 백색왜성은 초신성이 될 것이다.

여기까지가 수백억 년 후의 우주가 보여줄 모습들이다. 초신성을 측정하고 WMAP, 플랑크 위성의 데이터를 가진 우리는 우리 우주가 다시 붕괴하지 않으리라는 것을 확신할 수 있다. 우리 우주는 영원히 확장되어야 한다. 그래서 펜로즈는 더 밀고 나갔다. 말하자면, 10의 100제곱 년 후의 우주는 어떻게 보일까? 10의 10제곱 년도 되지 않는, 관측 가능한 우리 우주의 나이 따위는 그저 찰나처럼 보일 만한 그러한 시간 규모 아래에서는 어떻게 보일까? 그렇게 긴긴 시간이 지나고 나면 현존하는 거의 모든 물질은 이미 블랙홀로 떨어졌을 것이다. 실제로 블랙홀 무리들도 서로를 삼키며 초대형 블랙홀이 되어 있을 가능성이 크다. 그러나 블랙홀조차 완벽한 그릇은 아니라는 것이 밝혀졌다. 펜로즈의 동료인 스티븐 호킹이 1970년대에 블랙홀이 저에너지 빛의 형태로 서서히, 그러나 확실히 에너지를 방출한다는 것을 증명했기 때문이다. (이 '호킹 복사 Hawking radiation'는 특이점에 관한 펜로즈의 앞선 증명과도 양립한다. 특이점 근처에서는 어떤 복사선도 새지 않다가 '사건의 지평선'으로 알려진 블랙홀의 경계를 넘어서자마자 생성된다.) 호킹 복사로 인해 블랙홀은 우주의 쓰레기 압축기처럼 행동한다. 커다란 잔해들을 삼키고 나서 아주 천천히 질량 없는 광자의 형태로 에너지를 천천히 내뿜는 것이다. 그 과정은 블랙홀 자체가 증발할 때까지 멈추지 않고 계속된다. 그러고 나면 무엇이 남을까? 질량 없는 입자들 말고는 사실상 아무것도 들어 있지 않은 텅 빈 우주다. 다시 한번 등각 기하에 의해 지배되는 시공간만이 남는 것이다.

등각 기하학의 거장인 펜로즈에게 시작과 끝의 기하학적 유사성은 너무나도 훌륭해서 포기할 수 없는 것이었다. 그는 수학적 마법을 더 부려서, 한 이온의 먼 미래를 다음 이온의 시작과 매끄럽게 일치시킴으로써 어떻게 이것들이 무한히 반복될 수 있는지를 보여주었다. 기괴하게 들리는가? 당연히 그럴 것이다. 하지만 펜로즈의 대담한 제안은 사실 오늘날의 표준 우주론들에 비해 오히려 보수적이다. 첫째, 펜로즈의 모형에는 뉴턴 물리학과 아인슈타인의 물리학과 동일하게 3차원의 공간과 1차원의 시간, 총 4차원의 시공간이 필요할 뿐이다. 초끈 이론이 요구하는 잉여 차원과 같은 것은 필요하지 않다. 끈 이론가들의 말을 빌리자면 잉여 차원들은 반드시 존재하는데, 이 차원들은 우리가 잘 아는 높이, 깊이, 폭에서 적당한 각도로 튀어나와 있으면서도 알 수 없는 방식으로 말려 있거나, 초현미경적인 크기로 축소되어 있거나, 또는 우리가 운 좋게도 중력이 마치 3차원 공간밖에 존재하지 않는다는 듯이 그 위에서 행동하는 소시지 비슷한 슬라이스(막membrane 또는 "브레인") 안에서 살아가고 있기에 우리가 관찰할 수 없는 것이다.[7]

펜로즈 모형에서 이온들 사이의 경계는 양자 중력 이론에 대한 오늘날 계속되는 탐구들을 특징짓는 기이함 같은 것은 하나도 드러내지 않을 것이다. 일반적으로 우주론자들은 빅뱅에 인접한 초고온, 고에너지 상황들이 시공간 자체의 양자 요동을 자극했을 것이라고 예상한다. 이때 시공간은 (아인슈타인의 일반 상대성이론에 따라) 흔들거리는 트램펄린처럼 행동할 뿐만 아니라, (하이젠베르크의 불확정성 원리의 지배를 받으며) 시간과 공간 각각이 작은 단위에서 흐릿하게 꿈틀댈 것이다. 이렇게 꿈틀거리는 양자 시공간의 행동을 기술하는 운용 가능한 양자 중력 이론을 누구도 내놓지 못했다는 거슬리는 사실을 제외하면, 이는 꽤나 흥미진진한 생각이다. 펜로즈는 걱정 말라고 조언한다. 그의 모형에서 이온들의 경계에 있는 시공간은 아인슈타인의 것과 비슷한 방정식들의 지배를 받아 완벽하게 매끄럽게 행동한다. 양자 중력이라는 아직 밝혀지지 않은 날것의 법칙 따위에 호소할 필요가 없다.

누군가에게는 기이하고 누군가에게는 보수적인, 우주론의 이론화를 향한 이 쾌활한 비행에서 펜로즈 역시 오늘날의 데이터 홍수에 빠져 있다. 다른 우주론자들처럼 그도 WMAP과 플랑크 위성이 포착하는 우주 마이크로파 배경 복사에 관심을 둔다. 펜로즈에 따르면, 만약 그의 모형이 옳다면 우리는 여러 이온들을 구분하는 경계를 관찰할 수 있어야 한다. 우리 이온의 시작인 빅뱅 바로 이전 이온의 미묘한 특징들이 우주 복사선에 각인되어 있을지도 모르는 일이다. 그 신호들은 하늘에 동심원 형태로 나타날 것이다. (펜로즈 모형의 또 다른 주기적인 특징이다.) 예를 들어, 직전 이온이 마지막 단계를 거치는 동안 대형 블랙홀이 그에 필적하는 천체들과 끊임없이 충돌하면서 엄청난 에너지 폭발을 일으켰고, 이러한 충돌이 일어날 때마다 에너지가 충돌 지점으로부터 바깥쪽으로 원을 그리며 퍼져나갔을지 모른다. 그러한 파문들의 일부는 우리 이온으로 경계

를 넘어와 우주 마이크로파 배경 복사의 미세한 변동에 이례적으로
일정한 동심원을 그렸을지 모를 일이다.

2010년 11월, 펜로즈는 공동 연구자와 함께 논문을 발표하며
WMAP 데이터를 상세히 분석한 결과 실제로 그런 동심원들이 나
타난다고 보고했다. 그해 12월, 3일 동안 세 집단이 펜로즈의 주장
에 따라 독립적으로 데이터를 재분석했지만 통계적 유의성은 발견
되지 않았다. 정말 원들이 있다면, 그것들은 복사선의 요동에 대한
일반적인 이해로 미루어 보았을 때 그저 우연히 나타났을 가능성이
크다. 펜로즈와 공동 연구자는 일부 난해한 통계적 주장에 도전하
며 재빨리 대응했다. 비판과 반박의 시차는 수일, 수주에서 몇 시간
으로 줄었다. 초질량 블랙홀들의 충돌처럼 펜로즈의 논문들은 폭발
적인 활동을 부추겼다.[8]

펜로즈의 동심원은 전문가들의 철저한 조사를 버티지도, 우주론
의 혁명을 예고하지도 못한 듯하다. 이 동그라미들은 수많은 UFO
열성 지지자들의 미스터리 서클처럼 잊힐 가능성이 크다. 그럼에도
분명해 보이는 더 중요한 결론이 있다. 자신의 훌륭한 발상을 최신
관찰의 까다로운 세부 사항과 연결하려는 펜로즈의 열성이 오늘날
우주론을 연구한다는 것이 어떤 것인지를 보여준다는 것이다. 고정
밀 데이터 안에서 헤엄치는 (또는 익사하는) 상황에서 수학적 우아
함이나 미적 아름다움에만 의존해 무언가를 주장하는 것은 적절하
지 않다. 테라바이트에 달하는 정밀한 데이터와 정교한 통계 알고
리즘들은 저 모든 외로운 이들의 치료제가 되었다. 우주론자들을
위한 데이팅 앱이랄까.

17장

중력파가 가르쳐 준 것들
Learning from Gravitational Waves

얼추 10억 년 전, 아주아주 멀리 있는 어느 은하에서 두 블랙홀이 우주에서의 파드되pas de deux를 끝냈다. 서로가 서로를 공전하며 점점 가까워지다가, 중력으로 서로를 끌어당겨 마침내 충돌했고 빠르게 하나가 되었다. 이 충돌로 어마어마한 에너지가 방출되었다. 태양의 전체 질량을 순수한 에너지로 변환한다고 했을 때 태양 질량의 3배에 버금가는 거대한 에너지였다. 두 블랙홀이 나선 회전, 충돌, 병합하는 과정에서 주변 시공간이 요동치며 빛의 속도로 퍼지는 중력파가 발생했다.

그 파동이 지구에 도착한 2015년 9월 14일 아침, 우렁차던 우주의 함성은 서서히 약해지다가 알아듣기조차 힘든 신호로 줄어들었다. 하지만 루이지애나주와 워싱턴주에 있는 수 킬로미터짜리 레이저 간섭계 중력파 관측소Laser Interferometer Gravitational-Wave Observatory, LIGO의 두 검출기가 기특하게도 저 파동의 흔적을 잡아냈다.[1] 2017년 10월, LIGO 프로젝트를 오랜 시간 이끈 세 물리학자 라이너 바이스Rainer Weiss, 배리 배리시Barry Barish, 킵 손이 이 연구로 노벨 물리학상을 받았다.

이 발견이 이루어지기까지는 천문학적인 차원에서만이 아니라 인간의 차원에서도 오랜 시간이 걸렸다. 아인슈타인은 일반 상대성이론의 귀결로서 시공간의 왜곡인 이런 파동을 이미 한 세기 전에 예측한 바 있다. 그러나 아인슈타인의 첫 중력파 계산에는 연산 실수가 있었다. (계산 실수는 아인슈타인에게도 드문 일이 아니었다.) 그때부터 아인슈타인과 전 세계 전문가들은 그런 파동이 정말 존재하는지를 두고 수십 년간 논쟁에 들어갔는데, 이론가들은 "중력파가 존재해야 한다", "존재할지도 모른다", "존재할 수 없다", "아니, 정말로 존재할 수밖에 없다" 사이에서 혼란스러워하며 논쟁에 논쟁을 거듭했다. 2007년에 출간된 『생각의 속도로 떠나는 여행Traveling at the Speed of Thought』에서 대니얼 케네픽이 기록했듯이, 이들의 격렬한 논쟁은 "나는 월세를 낼 수 없소", "당신은 월세를 내야 하오" 하는 유명한 보드빌 공연처럼 들렸다.[2]

1960년대를 거치며 어느덧 이론가들 사이에서 합의가 이루어졌다. 전문가들은 일반 상대성이론의 방정식에 따라 중력파가 실제로 존재할 수밖에 없다는 사실과, 그 파동에는 고유의 특징이 있다는 데 동의했다. 그러나 해결되지 않은 물음은 많았다. 과연 일반 상대성이론을 자연에 대한 올바른 기술이라고 볼 수 있는가? 중력파를 탐지할 수나 있는가?

　탐지에 관한 물음은 이론가들의 논쟁만큼이나 혼전을 거듭했다. 1967년, 물리학자 조지프 웨버Joseph Weber는 중력파를 감지했다는 실험 결과를 발표했다. 검출된 파동은 이론가들이 예측한 세기보다 1,000배나 더 강했다. 웨버의 발표는 흥분과 당혹감과 논란을 일으키며 물리학자들에게 변변찮은 대접을 받던 중력이라는 주제

그림 17.1.　1960년대 후반, 물리학자 조지프 웨버는 메릴랜드대학교의 대형 바 검출기를 사용해 중력파를 잡아냈다고 주장했다. 그러나 동료 전문가들에게 확신을 심어주지는 못했다.

에 열렬한 관심을 끌어모았다. 그러나 수많은 조사 끝에, 대부분의 전문가들은 웨버의 초기 결과와 그의 후속 연구들에서 중력파가 검출되지 않았다는 결론을 내렸다.[3]

그즈음 라이너 바이스Rainer Weiss는 MIT에서 학부 강의를 하면서 웨버가 사용한 것과는 다른 종류의 파동 감지법을 조사하라는 과제를 내주었다. (학생들, 잘 들으세요. 때로는 학교 과제가 노벨상으로 가는 연구의 초석이 됩니다.) 서로 다른 경로로 이동하다가 검출기에서 다시 만나는 레이저 광선들의 간섭 패턴에 나타나는 미세한 변화를 조사해 중력파를 검출하면 어떨까? 중력파는 이동하면서 특정한 패턴으로 우주의 특정 구역을 늘리거나 꽉 조인다. 이런 교란은 레이저 광선의 이동 길이를 바꾸어 검출기에 도달하는 순간의 두 광선의 위상을 바꿀 텐데, 그런 간섭 패턴의 차이는 측정할 수 있을 것이다. (모스크바의 두 물리학자 미하일 게르첸슈타인Mikhail Gertsenshtein과 V. I. 푸스토포이트V. I. Pustovoit도 1962년에 비슷한 아이디어를 제안했지만, 당시 이들의 연구는 서방에 잘 알려지지 않았다.)[4]

그 아이디어는 그야말로 대담한 것이었다. 간섭을 사용해서 예측되는 진폭의 중력파를 검출하려면 10해(10의 21제곱)분의 1의 거리 이동을 판별할 수 있어야 했다. 이는 지구와 태양 사이의 거리를 원자 하나의 크기 이내로 정확하게 측정하는 수준인데, 그러다 보니 미세한 신호를 가릴 수 있는 다른 진동과 오차의 원천을 통제하면서 측정해야 하는 어려움이 있었다. 또 다른 노벨상 수상자인 킵손이 찰스 미스너와 존 휠러와 함께 집필한 『중력』에서 직접 이 과제를 내면서 학생들에게 간섭 측정interferometry으로는 중력파를 검출할 수 없다는 결론을 내리게 한 것도 놀라운 일이 아니었다. (그래요, 학생들. 어떤 과제는 그냥 건너뛰어도 좋습니다.) 그러나 이 아이디어를 더 파고든 손은 간섭 측정의 가장 고집스러운 옹호자가 되었다.[5]

손을 설득하는 것은 차라리 쉬운 부분이었다. 정말 어려운 일은 연구비와 학생들을 끌어모으는 것이었다. 1972년, 국립과학재단에 바이스가 처음 낸 연구비 기획은 거절당했다. 1974년에 연구 제안서를 냈을 때는 받은 돈이 얼마 되지 않아 연구에 제한이 있었고, 학생들을 유치하고 동료들에게 프로젝트의 가치를 확신시키는 데 꽤나 고전했다. 바이스가 1976년 국립과학재단 연구비 담당자에게 쓴 보고서처럼, "중력 연구는 비록 멋있어 보일지는 몰라도 학생들은 물론이고 많은 물리학과 교수들에게도 어렵고 수익이 없는 분야로 여겨진다. 요컨대 중력 연구에 대놓고 적대적이지는 않더라도 확실히 회의적인 시각들이 있다". 2년 뒤에 바이스는 또 다른 연구비 기획서에서, "이런 부류의 연구는 정년이 보장된 (어쩌면 어리석은) 교수들과 도박에 빠진 젊은 박사후 과정 연구원들이 가장 잘 수행할 수 있다는 것을 서서히 깨닫게 되었다"라고 주장했다.[6]

예상된 프로젝트의 규모가 커지면서(미터 단위가 아니라 킬로미터 단위로 길게 뻗은 간섭 측정기의 팔들은 최첨단 광학 장비와 전자 장치를 갖추고 있었다), 추정되는 예산과 조직도 커졌다. 사회학자 해리 콜린스Harry Collins는 매력적인 책 『중력의 그림자Gravity's Shadow』 (2004)에서 다음 단계들을 연대순으로 기록했다. 프로젝트의 규모가 커지고 복잡해지는 데는 물리학적 노하우 못지않게 정치적 수완도 필요했다. 과학계에서는 LIGO가 다른 프로젝트의 자원까지 빼앗아 간다는 생각이 빠르게 퍼졌고, 따라서 해당 레이저 관측소는 씁쓸했던 공개 논쟁에서 천문학자들과 물리학자들을 맞붙게 했다. 한편, 프로젝트의 리더들은 레이저 광선 밖에서도 간섭을 배웠다. 이윽고 이들은 두 대형 검출기 중 하나를 메인주에서 유치하려는 노력이 정쟁과 의회 직원들의 뒷거래에 달려 있다는 것을 알게 되었다.[7]

놀랍게도 1992년에 국립과학재단은 LIGO 연구비 지원을 승인했다. 이 연구비는 국립과학재단에서 지원한 가장 대규모 연구 프로젝트였고, 지금까지도 그렇다. 타이밍은 아주 절묘했다. 이듬해 의회는 초전도 슈퍼충돌기와 같은 대형 과학 프로젝트를 더 이상 지원하지 않기로 했는데, 그 금액이 LIGO에 들어가는 연구비의 40배나 되는 액수였다. 소련이 해체되고 물리학자들은 냉전이 과학 연구 투자에 부여했던 정당성이 더 이상 의회에 먹혀들지 않는다는 것을 재빨리 알아차렸다. 한편 1990년대 중반을 기점으로 예산을 둘러싼 극단적인 전쟁은 새로운 시대에 돌입했다. 장기 프로젝트를 계획하는 일은 20년 이상 정부의 빈번한 중단 위협과 싸워야 했고(때로는 실제로 중단되었다), 실제 정부가 빠른 결과를 약속할 수 있는 단기 프로젝트에 예산을 집중하면서 상황은 악화되었다. 지금이라면 LIGO 프로젝트와 같은 연구에 청신호가 켜질 가능성은 크지 않다.

그러나 LIGO는 장기적인 계획의 이점을 제시했다. 이 프로젝트는 초기의 도발적인 수업 과제들을 넘어서는, 연구와 교육 사이의 긴밀한 결합을 모범적으로 보여주었다. 최초로 중력파를 직접 검출

그림 17.2. 라이너 바이스(중앙)가 LIGO 프로젝트에 참여한 MIT 팀원들로부터 2017년 노벨 물리학상에 선정된 것을 축하받고 있다. (왼쪽에서부터) 스와보미르 그라스Slawomir Grass, 마이클 주커Michael Zucker, 리사 바소티Lisa Barsotti, 매슈 에번스Matthew Evans, 데이비드 슈메이커David Shoemaker, 살바토레 비탈레Salvatore Vitale.

한 LIGO 연구팀의 역사적인 2016년 2월 논문에는 여러 학부생과 수십 명의 대학원생이 공동 저자로 이름을 올렸다. 1992년 이후로 그 프로젝트는 미국에서만 37개 주에 위치한 100개의 대학교에서 600명에 가까운 박사학위자들을 배출했다. 또한 이 연구는 물리학을 벗어나 공학이나 소프트웨어 디자인의 혁신적인 개발까지도 포함하게 되었다.[8]

LIGO는 주어진 예산 순환이나 연례 보고서 바깥에 눈을 둘 때 무엇을 성취할 수 있는지를 보여주었다. 정교하고 민감한 기계를 건설하고 영민하고 헌식적인 젊은 과학자들과 공학자들을 훈련함으로써 우리는 자연에 대한 근본적인 이해를 전례 없이 정확하게 시험할 수 있다. 이런 탐구가 일상의 기술도 발전시킨다. 이런 파생 효과를 처음부터 예상하기는 어렵지만, GPS 내비게이션 시스템은 아인슈타인의 일반 상대성이론을 시험하는 과정에서 발전했다.[9] 하지만 인내와 끈기와 운이 있다면, 우리에게도 가장 심오한 자연의 모습을 잡아낼 기회가 올 것이다.

18장

스티븐 호킹에게 보내는 작별 인사
A Farewell to Stephen Hawking

스티븐 호킹은 청중에게 자신이 갈릴레오 서거 300주년인 1942년 1월 8일에 태어났다고 즐겨 말했다. 자신이 알베르트 아인슈타인의 탄생 139주년인 2018년 3월 14일에 세상을 뜨리라는 것을 알았다면 어떻게 반응했을까?

나는 호킹 교수와 개인적으로 아는 사이는 아니었지만 가까운 동료를 잃은 것처럼 그의 죽음을 애도했다. 우리 세대의 많은 이들처럼 나는 호킹의 이름이 아인슈타인만큼 유명해진 세상에서 자랐다. 이렇게 저렇게 나는 연구 생활 내내 그의 생각과 씨름했다.

1988년, 호킹의 파격적인 베스트셀러 『시간의 역사A Brief History of Time』가 출간되었을 때 나는 고등학생이었다. 당시 나는 현대물리학의 경이로움을 다루는 책들에 푹 빠져 있었다. 1980년대는 질 좋고 저렴한 페이퍼백이 양산되어 독자들은 최상급 양자역학 미스터리의 일부를 맛보거나 일반 상대성이론의 엄숙한 웅장함에 감탄했다. 하지만 호킹의 책은 느낌이 달랐다. 앞서 출간된 수많은 책들을 알아보지 못한 사람들이 추구하는, 자극적인 느낌이었다. 호킹의 책은 소유해야 하는 책, 또는 누군가에게는 읽어야 하는 책이었다.[1]

『시간의 역사』는 호킹이 이 분야에서 가장 크게 공헌한 바를 훑어보는 책이다. 그의 초기 연구는 아인슈타인의 일반 상대성이론에 집중되었다. 몇십 년 전 아인슈타인 자신을 주목받게 한 연구였다. 이 이론에 따르면 시간과 공간은 트램펄린처럼 출렁이며 물질과 에너지에 따라 구부러지거나 팽창한다. 그렇게 생긴 굴곡들은 우리가 중력과 연관 짓는 모든 현상을 일으킨다. 이런 식으로 생각하면 중력은 힘이 아니다. 아이작 뉴턴의 방정식이 설명하는 것처럼 하나의 물체가 다른 물체를 끌어당기는 결과물이 아니라, 단지 기하학의 결과물이라는 말이다.

호킹의 첫 번째 공헌은 케임브리지대학교에서 박사학위 논문을 쓰며 발전시키기 시작한 것으로, 본질적으로는 아인슈타인의 생각이 무너질 때까지 밀어붙인 것이었다. 우주의 한 구역에서 물질의 밀도가 너무 높아 시공간 자체가 무너져 내린다면 어떻게 될까? 호킹은 동료인 로저 펜로즈와 함께 아인슈타인 방정식의 해가 다시 돌이킬 수 없는 지점인 '특이점'으로 귀결될 수밖에 없는 조건을 명료하게 밝혔다. 펜로즈–호킹 특이점 정리Penrose-Hawking singularity theorem로 알려진 이 결론은 극한의 조건(블랙홀의 중심이자, 아마도 우리 우주 자체의 시작점이기도 할 조건) 아래에서 시공간은 말 그대로 끝날 수 있다는 것인데, 말하자면 셸 실버스틴의 유명한 「길이 끝나는 곳Where the Sidewalk Ends」의 우주 버전인 셈이다.

특이점 정리는 '고전적인' 시공간, 다시 말해 현대물리학의 다른 주축인 양자역학을 무시하는 시간과 공간을 기술할 때 적용된다. 1966년에 박사학위를 받자마자 호킹은 우주에서 가장 큰 물체를 설명하는 상대성이론과 원자 수준에서 물질을 지배하는 양자역학 사이의 경계, 그러니까 골칫거리인 그 둘의 '경계'에서 공격을 시작했다. 그는 1970년대 중반, 양자 입자쌍이 블랙홀 근처에서 발견되는 시나리오를 생각하는 과정에서 우연히 자신의 가장 유명한 발견을 하게 되었다. 호킹이 제안하기로, 입자쌍 가운데 하나는 블랙홀 안으로 떨어지고 다른 하나는 탈출한다면 멀리 있는 관찰자의 눈에

그림 18.1.   1979년 10월, 스티븐 호킹. 퇴행성 신경 질환인 근위축성 측색 경화증과 싸우면서도 우주, 시간, 물질의 본질적인 속성에 대한 중요한 통찰을 던졌다.

블랙홀이 마치 복사선을 방출하는 것처럼 보일 것이다. 이는 블랙홀이 허락하지 않는 일로서, 호킹 자신이 『시간의 역사』에서 표현했듯이, 바꾸어 말하면 "블랙홀은 그다지 검지 않다"라는 말이다. 즉, 블랙홀도 빛난다는 것이다. 게다가 이 복사선은 블랙홀의 운명까지 결정한다. 천문학적인 시간 속에서 블랙홀은 증발해 간다. 한때의 어마어마했던 질량이 우주의 잡음으로 새어 나오는 것이다.

기이하면서도 흥미진진한 이 수수께끼 같은 생각은 수없이 많은 다른 발상들을 낳았고, 그중 일부는 계속해서 오늘날까지도 물리학계에 도전하고 있다. 여전히 이론물리학자들은 블랙홀로 떨어진 정보가 정말로 영구히 사라지는 것인지 답하고자 애쓴다. 재구성의 가능성 없이 그저 의미 없는 복사선들로 뒤범벅된 웅덩이만 남게 되는 것일까? 이는 정보란 생성되지도 파괴되지도 않는다는 양자역학의 신성불가침한 규칙을 위배한다. 수십 명의 이론가들이 호킹의 주장을 공격하고 모든 각도에서 찔러대며 양자역학과 상대성이론의 불편한 조합에 숨겨진 약점을 찾고자 했다. 그사이 호킹의 빅뱅에 대한 생각과 우리 우주가 초기 특이점에서 시작되었는가 하는 물음은 내 연구와도 점점 밀접해지면서 끊임없이 우주론 연구에 생기를 불어넣었다.

블랙홀과 빅뱅에 대한 호킹의 기술이 『시간의 역사』 전반에 걸쳐 개인사와 얽혀 있다는 점은 잘 알려져 있다. 그는 1963년, 막 박사과정에 들어간 스물한 살의 나이에 퇴행성 신경 질환인 근위축성 측색 경화증의 진단과 함께 앞으로 몇 년밖에 더 살지 못한다는 선고를 받았다. 호킹은 자신의 책에 삶에 대한 의지를 적었는데, 이는

1965년에 결혼한 제인 와일드와의 만남과 세 아이의 탄생으로 더 단단해졌다. 이러한 인간 승리, 그러니까 호킹이 삶을 끈질기게 지속하고 있다는 사실 자체가 분명 시공간 왜곡에 대한 재치 있는 설명 못지않게 호킹의 책을 매혹적으로 만들었을 것이다.

『시간의 역사』가 대중적으로 성공하면서 호킹은 순식간에 유명 인사가 되었다. 병이 악화되는 와중에도 그는 놀라운 외부 일정을 소화했다. 1999년 10월, 내가 하버드대학교에서 박사과정을 마칠 무렵 호킹은 3주 동안 그곳을 방문했다. 당시 강연 티켓을 구하려는 사람들의 줄이 여러 블록을 따라 굽이굽이 이어졌다. (그때까지 내가 그렇게 긴 줄을 본 것은 그 전 봄에 《스타워즈 에피소드 1Star Wars: The Phantom Menace》이 출시했을 때 케임브리지에서였다.) 강연 중간에 호킹과 수행을 맡은 간호사와 조교들이 내 작은 사무실 근처의 물리학과 건물에 모여 있었다. 감히 그 유명한 교수한테 다가갈 배짱은 없었지만, 웅웅거리는 앰프 사이에서 길을 잃은 채 그의 조교 몇몇과 함께 앉아 있었던 기억이 난다. 호킹 근처에 있는 것은 사람들과 딸깍거리는 기계들로 이루어진, 어떤 활동 영역의 큰 그물망 안에 들어가 있는 것만 같았는데, 이는 인류학자 엘렌 미알레Hélène Mialet가 호킹을 연구한 흥미로운 저서 『호킹Hawking Incorporated』(2012)에 기록한 것이도 하다.[12]

약 20년 후, 나는 호킹과 다른 일로 만났다. 2017년 봄, 몇몇 동료와 나는 그에게 우리가 쓰고 있던 짧은 에세이에 참여해 달라고 부탁했다. 다양한 청중을 대상으로 우주 역사의 첫 순간에 대해 우주론자들이 개발하고 시험한, 아주 중요한 통찰들을 설명하는 글이었다. 처음에 호킹은 한 문단의 어떤 문구에 이의를 제기했다. 그를 수십 년 알고 지낸 내 동료들은 그의 고집이 워낙 세서 생각을 바꾸지 않을 것이라고 장담했다. 그런 사실을 몰랐던 나는 그의 우려를 해결할 수 있는 약간의 수정을 제안했다. 다음 날 호킹의 조교로부터 호킹이 수정안을 마음에 들어 했고, 그래서 공동 저자로 이름을 올리겠다는 이메일을 받았을 때의 희열을 잊을 수 없다. 호킹이 우주에 관한 영원한 진리를 발견했을지 모르지만, 나 역시 적어도 저 변덕스러운 종속 조항 한두 개는 길들인 셈이다.[3]

나는 잘 알려진 그의 외골수적인 면이 그를 살렸을지도 모른다고 생각한다. 호킹은 자신의 병에 굴복하지 않았고 의사의 말보다 50년을 더 살았다. 하지만 내가 호킹과 관련해 제일 자주 떠올리는 것은 그의 유머 감각, 그리고 쇼맨십이다. 나는 그의 안면근육 대부분이 통제할 수 없게 되었을 때 그의 표정이 장난기 어린 미소로 바뀐 것이 아주 적절하다고 생각했다. 호킹은 아인슈타인처럼 미디어를 잘 다루는 듯했다. 한 가지 예로, 2016년 1월에 호킹은 (전략적인 것까지는 아니었겠지만) 양자 체스에 관한 짧은 영상에서 희극배우 폴 러드와 함께 호킹 자신을 연기했다.[4]

스티븐 호킹을 직접 만난 적은 없지만 호킹이라는 사람, 그리고 그의 아이디어들은 내 인생의 오랜 시간을 함께했다. 스티븐 호킹이라는 사례는 젊은이들이 역경을 극복하거나 우주에 관한 크고 다루기 까다로운 질문들을 던지도록 계속해서 그들을 격려할 것이다.

부록: 거짓말, 빌어먹을 거짓말, 그리고 통계
Appendix: Lies, Damn Lies, and Statistics

"러시아의 기술자 양성이 미국을 추월하고 있다." 1954년 《뉴욕타임스》 1면에 대서특필된 기사의 헤드라인이다. 《워싱턴포스트》에서도 "공산주의자 기술 분야 졸업생이 미국의 2배"라는 자극적인 제목으로 기사가 실렸다.[1] 레이더나 맨해튼 프로젝트와 같은 전시 극비 프로젝트가 공개된 뒤로 전국 대학교에서 물리학과 입학생 수가 빛의 속도로 증가했지만, 국가의 기술 인력이 냉전의 수요를 충족하지 못한다는 두려움에 떠는 사람들은 여전히 많았다. 젊은 물리학자들을 양성하는 소비에트의 발전이 특히 위협적이었다. 소련이 물리학자들을 대거 키워내 미국을 앞섰다는 공포가 널리 퍼지면서 미국에서는 더 많은 전문가를 교육하기 위한 사업이 크게 확대되었다. 물리학과 대학원 진학률은 1957년 10월 소련의 스푸트니크 위성이 발사되고 정신없이 치솟았다. 하지만 그런 과잉 성장도 영원히 지속되지는 않았다. 스푸트니크가 발사되고 15년이 채 지나지 않아 미국에서 젊은 물리학자들을 위한 학자금 지원, 입학, 취업 기회는 일시에 곤두박질쳤다.

저 격변의 시기를 돌아보면 하나의 패턴이 드러난다. 물리학 분야의 연구비 지원, 대학원 진학률, 취업률을 각각 시간에 따른 그래프로 나타내면 모두 약속이라도 한듯 위로 가파르게 솟구치다가 한 순간에 바닥으로 떨어진다. 사실 현대인의 눈에 그런 곡선은 오싹할 정도로 익숙하다. 이름만 바꾸면 같은 그래프가 기술주 호황이나 주택 시장 폭락의 상황을 똑같이 그리기 때문이다. 다시 말해, 냉전 중 미국에서의 물리학자 양성은 투기 거품이었던 셈이다.

경제학자 로버트 실러Robert Shiller는 투기 거품을 "실제 가치에 대한 일관된 평가가 아닌 대체로 투자자들의 열망에 의해 일시적으로 높은 가격이 유지되는 상태"로 정의한다. 실러는 거품을 일으키는 세 가지 원동력으로 과장 선전, 증폭, 피드백 루프를 강조한다. 실리콘밸리 벤처 기업에 대한 초기 주식 공모나 소호의 인기 있는 복층 구조의 주택들처럼 어떤 아이템에 대한 소비자들의 열광적인 관심은 더 많은 관심을 끌어모으기 마련이다. 언론의 관심이 집중되면서 소비자의 투자가 늘어나고, 수요의 증가는 가격을 한층 끌어올린다. 머지않아 가격 상승은 자기 충족적 예언이 된다. 실러는 "가격이 계속 오르면서 가격 그 자체가 과열을 보강한다"라고 설명한다.[2]

대학원 교육도 주식처럼 과열되었다. 냉전 시대에 물리학과 대학원 진학률은 사실에 근거하지 않은 희망과 과장이 뒤섞인 불완전한 정보에 기반한 결정 때문에 치솟기 시작했다. 과학자, 언론인, 정책 입안자 사이에서 발생한 피드백 루프는 젊은 과학자에 대한 수요를 인위적으로 부풀렸다. 쉽게 오류를 검증할 수 있는 가정이라도 지정학적 상황으로 왜곡되면 그때는 그것이 자연스럽고 심지어 필연적으로까지 보이기 마련이다. 그러나 이후 상황이 급변하자 물리학 앞에는 추락의 길밖에 없었다.

◆◇◆

내가 가장 좋아하는 과장 선전, 증폭, 피드백 과정의 사례는 1950년대 소련에서의 과학자와 공학자 양성 동향에 관한 일련의 보고서와 관련이 있다. 한국전쟁이 한창이던 1952년, 여러 분석가가 소련의 과학 및 기술 인력 "보유량"을 평가하기 시작했다. 《뉴욕타임스》 기자가 말한 것처럼, 과학 인재나 기술 인재는 "원자 시대에 생존하는 데 필수적인" 핵심 집단이었다. "교실 속 냉전"으로 알려진 평가 결과가 다음과 같은 세 편의 두꺼운 보고서에 담겼다. 니콜라스 드위트Nicholas DeWitt의 「소비에트 전문 인력Soviet Professional Manpower」, 알렉산더 코롤Alexander Korol의 「소비에트의 과학과 기술 교육Soviet Education for Science and Technology」, 드위트의 「소련의 교육과 전문 인력 취업Education and Professional Employment in the USSR」.[3]

이 세 연구는 많은 특징을 공유했다. 모두 러시아와 소련에서 교육받은 연구자들이 미국 매사추세츠주 케임브리지에서 수행한 연구라는 점이다. 니콜라스 드위트는 하버드대학교의 러시아연구소^{Russian Research Center}에서 첫 번째 보고서인 「소비에트 전문 인력」을 완성했다. 러시아연구소는 1948년 미 공군과 카네기 기업의 지원으로 설립되었고, 이 기간 내내 미국 중앙정보국^{CIA}과 밀접한 관계를 유지했다. 우크라이나 하르키우 출신인 드위트는 나치의 침공으로 1939년에 망명하기까지 하르키우의 항공공학연구소에서 교육받았다. 드위트는 1947년에 마침내 보스턴에 정착했고 이듬해 하버드대학교에 입학했다. 1952년에 학부를 우등으로 졸업한 드위트는 하버드대학교에서 지역 연구 및 경제 전공으로 대학원을 다니면서 러시아연구소의 연구원으로 일했다. 미국 국립과학재단과 전미연구평의회가 소비에트 과학기술 교육에 대한 그의 연구를 합동으로 지원했다. 동료들은 드위트를 강박적이고 "포기할 줄 모르는 사람"이라고 불렀는데, 이는 본문 856쪽, 표 237개, 그래프 37개, 부록 260쪽으로 이루어진 방대한 후속 연구 「소련의 교육과 전문 인력 취업」에서 잘 드러난다.[4]

알렉산더 코롤이 작성한 보고서 「소비에트 과학과 기술 교육」은 1951년에 설립된 MIT 국제연구센터^{Center for International Studies}에서 작성되었다. 하버드대학교의 러시아연구소처럼 MIT 국제연구센터 역시 중앙정보국과 긴밀한 관계를 유지했고, 코롤의 연구를 비밀리에 지원했다. 코롤도 드위트처럼 소련에서 공학을 공부한 국외 거주자였다. 그는 MIT의 여러 과학, 공학 교수진의 도움을 받아 소비에트 교육 자료의 질을 평가했고, 1957년 6월에 연구를 마무리 지었다. 국제연구센터 소장인 맥스 밀리컨이 스푸트니크가 발사되고 2주 뒤인 1957년 10월 18일 자로 이 보고서의 서문을 썼다. 코롤의 보고서는 즉시 "아마도 소비에트의 교육과 훈련 시스템에 관한 가장 결정적인 연구"로 소개되었다. 다른 이들은 이 책 덮개 사이의 "탄탄한 사실에 근거한 400쪽에 달하는 데이터"에 감탄했다.[5]

두 저자 모두 주의 사항과 전제 조건을 매우 강조했다. 드위트는 두 보고서에서 소비에트의 통계를 전문적으로 해석한 문헌을 인용하면서 운을 뗐다. 또한 두 보고서에서 소비에트의 통계를 연구하면서 마주하게 되는 "난제와 함정"을 상세한 부록으로 실었다. 그는 입학자 수나 졸업률과 같은 원 자료, 즉 가공되지 않은 데이터는 절대 스스로 말하는 법이 없다고 경고했다. 그러한 사회적 통계 자료는 언제나 세심한 해석 작업을 거쳐야 하는데, 소비에트 자료의 경우는 더욱 그랬다. 사회과학 연구자들을 일상적으로 괴롭히는 해석과 데이터 간의 간극은 은밀한 것을 좋아하고 데이터를 선전용으로 잘 다듬는 소비에트 정부의 경향으로 더욱 극심해졌다. 코롤도 비슷하게 경고하면서, 소련과 미국의 교육 시스템은 근본적으로 구조나 기능 면에서 다르기에 단순히 두 국가의 졸업률을 비교하는 것은 의미가 없다고 주장했다. 실제로 그는 소련와 미국의 통계 자료를 나란히 놓고 설명하는 일조차 꺼렸다. "부적절한 암시"를 피하기 위해서였다.[6]

드위트와 코롤은 소비에트 교육의 추세를 올바른 관점에서 보아야 한다고 부르짖었다. 엘리트 교육 프로그램, 이를테면 모스크바 주립대학교 물리학과와 컬럼비아대학교 또는 MIT의 물리학과 같은 프로그램의 교과과정은 대체로 그 수준이 비슷해 보이지만, 그럼에도 그것들을 비교할 때 염두에 두어야 하는 몇 가지 요소들이 있었다. 첫째, 소련에서 과학자와 공학자는 대부분 대학교에서 배운 기술을 활용하는 대신 관료직이나 행정직을 선택한다. 둘째, 소비에트 교육 체제는 이례적으로 전문화되어 있다. 예를 들어, 구리와 합금의 야금, 또는 귀금속 제련 등을 다루는 비철금속 야금학만 하더라도 11개의 하위 분야로 세분되었다. 학생들은 이렇게 세분화된 전문 분야들 가운데 하나를 선택해 집중적으로 학습한다. 한편 1950년 말에 소비에트 학생들은 교재조차 넉넉하지 않았고, 실험 장비가 부족하거나 질 낮은 환경에서 교육받았다. 특히 전쟁이 끝나고 교수당 학생 수는 크게 증가했으며 1950년대 내내 늘어났다. 또한 학습 수준이 중앙 계획 위원회의 "생산 할당량"에 맞추어 조정된다는 증거도 있었다. 코롤과 드위트는 전체적인 생산 수치가 낮은 경우, 성적이 좋지 못한 학생도 모두 통과시키라는 압박이 있었다는 소비에트 내부 보고를 지적했다.[7]

가장 중요한 부분은 소비에트 학생들 중에서 평생 교육이나 원격 교육 프로그램에 입학한 학생의 비율이 빠르게 늘어났다는 점이다. 정규 과정을 듣는 일반 학생과 달리, 이 학생들은 대학교 캠퍼스에서 멀리 떨어진 곳에서 직장을 다니면서 대개는 (교재가 있기나 하다면) 교재로 독학하고 가끔씩 교수에게 서면 과제를 제출하는 식으로 교육받았다. 교수는 그런 학생들을 한 번에 65명에서 80명씩 담당하면서 과중한 업무를 소화했다. 소련의 담당 교육청 직원들도, 특히 과학이나 공학처럼 직접 실험하면서 배워야 하는 과목에 대한 이런 교육 방식의 질적 저하를 수시로 언급했다. 그러나 정규 학생 입학률은 제자리를 지키는 가운데 평생 교육이나 원격 프로그램에 등록한 학생 수는 급증함에 따라 1955년에 이르러서는 전체 공대 입학생의 3분의 1을 차지했다. 5년 뒤에는 모든 분야를 종합했을 때 입학생의 절반을 넘었다.[8]

드위트는 소련의 이런 기본적인 상황을 상세히 설명한 다음에야 미국과 소비에트를 비교하는 구체적인 수치를 꺼내 들었다. 그는 소비에트에서 미국의 학사와 석사 과정에 해당하는 5년제 과정에 초점을 맞추어 양적인 비교 수치를 일부 언급했다. 전체 입학생은 미국이 소련보다 훨씬 많았는데, 예를 들어 1953~1954년도 정규 학생 수는 3배가 넘었다. 이는 소련 쪽에서 평생 교육과 원격 프로그램을 듣는 학생들을 모두 포함해도 3분의 1 이상 더 많은 수치였다. 그러나 분야별 수치는 달랐다. 미국에서는 대략 4명 중 1명이 과학 또는 공학을 전공하지만, 소련에서는 4명 중 3명이 전공했다. 특히 드위트가 두 국가의 연간 학위 취득자를 세어보니, 소련에서는 미국의 교육기관보다 매년 2배에서 3배 더 많은 과학과 공학 분야 학생들을 배출하고 있었다.[9]

"2배에서 3배"라는 수치가 통제를 벗어난 것은 순식간이었다. 드위트와 코롤의 보고서는 신중하고 상세하고 진지하게 작성된 결과물이었으나, 언론은 대중의 귀가 솔깃할 만한 부분만 골라내 크게 강조했다. 《뉴욕타임스》나 《워싱턴포스트》와 같은 주요 신문사들이 전면에 '2배에서 3배'라는 수치를 내세운 것이다. 미 중앙정보국, 국방부, 의회원자력위원회, 원자력위원회 등 주요 기관들의 대변인들 역시 공개 연설이나 의회 증언에서 드위트가 강조한 주의사항이나 전제 조건과 같이 중요한 부연 설명은 모두 빼버린 채 숫

자만 남겼다. 공공기관의 이런 발표가 신문에 실리면서 더 큰 반향을 불러왔다.[10] 이는 경제학자 로버트 실러가 말한 투기 거품 모델의 첫 번째 단계인 과장 선전에 해당한다.

스푸트니크 발사 이전에는 적어도 일부 논평가들이 드위트가 내내 강조한 바대로 폭넓은 관점에서 결과를 해석했다. 전시에 연합군 레이더 개발 본부였던 MIT 방사선연구소 소장이었고 당시 칼텍 총장이었던 리 두브리지는 1956년 6월, 새로 결성된 국가 과학 및 공학 인재 개발 위원회 앞에서 증언하면서 언론의 광적인 관심을 언급했다. (21명의 엘리트로 구성된 이 위원회는 아이젠하워가 과학 인력난이라는 의제로 의회로부터 압박을 받자 그로부터 불과 두 달 전에 조직한 것이었다.) "러시아에서 작년에 미국보다 더 많은 이공계 학생이 학위를 받은 것은 사실입니다." 두브리지가 말을 꺼냈다. "그게 어떻다는 겁니까? 그건 그들이 지난 100년 동안 등한시한 결과를 이제 와서 따라잡으려고 발악하는 것뿐입니다. 그렇다면 우리의 생산 비율도 그들의 약점이 아니라 우리 자신의 약점에 초점을 맞추어서 결정해야 합니다. 우리가 계획한 일에 공학자가 얼마나 필요한지 확인하고, 일을 수행하는 데 필요한 수 이상으로 초과하지 않게 조정해야 합니다." 아마도 두브리지는 자신의 주장을 뒷받침하기 위해 소비에트에서 최근 과학과 기술 교육의 폭발적인 증가에도 불구하고 노동 인구에 투입할 수 있는 과학자와 공학자의 누적된 수치에서 소련이 여전히 미국에 뒤처진다는 드위트의 또 다른 결과를 언급했을 것이다.[11]

그러나 헨리 '스쿱' 잭슨 상원의원이 드위트의 수치에서 깨달은 교훈이 조금 더 일반적이었다. 스푸트니크 발사 한 달 전인 1957년 9월 5일에 잭슨은 '자유를 위해 훈련된 인재'라는 제목으로 쓴 특별 기사는 인재의 수사적 의미를 더 강조했다. 그는 소비에트가 과학 인재를 내세워 앞으로 진격하는 마당에(이쯤에서 이미 사람들에게 친숙해진 '2배에서 3배'라는 수치를 덧붙이고), 미국을 비롯한 전 나토 동맹국이 잠재적인 과학 인재 개발에 서둘러 나서는 것보다 "더 중요한" 일은 없다고 외쳤다. 잭슨은 고등학생과 대학생 장학금, 특별 여름 방학 프로그램, 과학 교육에 공헌한 학생과 교사에게 주는 상을 포함해 다양한 교육 프로그램을 10쪽 이상 걸쳐 자세히 써 내려갔다. 잭슨이 효과적인 비유로 설명했듯이, 이런 자원이 "이른바 교육적 연쇄반응을 과학과 기술 전선으로 폭넓게 확장시키는 촉매로써 사용되어야 한다".[12]

스푸트니크 위성 발사는 세간의 담론을 더 자극했다. 드위트는 전국을 휩쓴 "비이성적" 반응에 절망했다. 특히 자신이 강조한 모든 뉘앙스와 세부 사항들을 싹 다 걷어버리고 '2배에서 3배'라는 통계 수치만 반복되는 것에 심기가 불편했을 것이다. 예를 들어, 허버트 후버 전 대통령은 인공위성 발사에 대한 반응으로 "인류 최대의 적인 공산주의자들은 미국보다 2배, 또는 아마도 3배나 많은 과학자와 공학자를 양산하고 있을 것"이라면서 앓는 소리를 했다. 린든 존슨 상원의원은 위성 발사 일주일 만에 신속하게 상원국방대비 소위원회 앞에서 청문회를 소집했다. 그 전에는 제2차 세계대전 당시 도쿄 폭격으로 유명해진 제임스 두리틀 장군이 이 끔찍한 수치를 똑같이 휘둘러 댔다. 비공개 청문회에서 미 중앙정보국 국장 앨런 덜

레스도 또다시 "인력 격차"를 들먹였다. 덜레스의 자세한 증언 내용은 기밀이지만, 존슨은 언론에 대고 "현재 과학과 기술 인력 풀의 개발에서 소련이 미국을 앞서가고 있다"라는 것을 그가 확인해 주었다며 경고했다.[13] 스푸트니크 발사 후 광란의 몇 주 동안 코롤의 책도 비슷한 오해로 몸살을 앓았다. 이 책의 출간을 보도한《워싱턴 포스트》기사는 "자유 진영은 두뇌와 자원을 총동원하는 소련의 도전에 맞설 근본적인 대책을 세워야 한다"라고 외치면서 시작한다. 이는 코롤이 명확히 하고자 무던히도 애쓴 핵심 내용과 정반대되는 주장이었지만, 기자는 코롤이 가장 기함할 만한 결론을 마치 그가 직접 말한 것처럼 보도했다. 또 다른《워싱턴포스트》기사는 코롤이 쓴 책의 내용을 아이젠하워의 스푸트니크 발사 담화문에서 인용한 내용과 엮음으로써 마치 두 사람이 동시에 "과학 분야에서 훈련된 더 많은 인재들의 절대적인 필요"를 요청한 듯한 인상을 주었다.[14]

이윽고 로버트 실러가 말한 두 번째 단계인 증폭이 시작되었다. 진취적인 물리학자들은 드위트의 수치를 몇 번이고 우려먹으며 스푸트니크 위성 발사가 가져온 기회를 최대한 활용했다. 컬럼비아 대학교의 호전적인 노벨상 수상자인 이지도어 아이작 라비Isidor Isaac Rabi가 제일 먼저 반응했다. 라비는 아이젠하워가 컬럼비아대학교 총장으로 재직한 1940년대 말부터 그와 친분을 맺고 아이젠하워의 미국 대통령 취임 이후로 새로운 과학 자문위원회를 이끈 인물이었다. 스푸트니크 발사 후 열흘 만에 라비는 아이젠하워를 만나 소련의 위성 발사를 미국의 과학 교육을 북돋우는 계기로 삼으라고 압박했다. 그 직후, 다양한 물리학 학회를 조정하는 상부 단체인 미국

물리학협회의 새로운 책임자인 엘머 허친슨Elmer Hutchisson은 《뉴스위크Newsweek》 기자에게, 국가의 과학 비축물을 서둘러 확장하지 않으면 미국이 "빠른 절멸의 운명을 맞이할" 것이라는 견해를 밝혔다. 허치슨은 미국물리학협회 동료들에게 "여론에 영향력을 발휘할 절호의 기회"가 왔다고 상기시켰다. "전례 없는 기회"를 포착한 그는 미국물리학협회 교육자문위원회에 보낸 메모에 "대중이 과학 교육의 질에 문제를 제기하는 상황을 잘 활용하라"라고 썼다. 수소폭탄 프로젝트의 베테랑이자 잭슨 상원의원이 "훈련된 인력" 보고서를 쓸 때 자문을 구한 에드워드 텔러Edward Teller도 비슷한 주제로 언론과 인터뷰했다. "적어도 우리는 가장 중요한 교전이 일어나는 교실에서 무참히 패배했다." 로스앨러모스 연구소의 고참이자 미국물리

그림 A.1.   1957년 10월, 아이젠하워 대통령의 새로운 과학 자문위원회가 백악관을 떠나고 있다. 왼쪽부터 오른쪽으로, 데이비드 Z. 베클러David Z. Beckler, 아지도어 아이작 라비, 제롬 위즈너Jerome B. Wiesner, 찰스 셔트Charles Shutt.

학회 전 학회장이었던 코넬대학교 물리학자 한스 베테는 그 수치가 어디에서 왔고 어떻게 계산되었는지도 모른 채 언론과의 인터뷰나 라디오 연설에서 드위트의 '2배에서 3배'라는 말을 되풀이했고 열심인 기자들은 그 말을 곧이곧대로 전달했다.[15]

입법자들과 물리학 자문단은 스푸트니크 발사와 이공계에서의 소련과의 '인력 격차'를 이용해 1958년, 마침내 대규모 국가방위교육법National Defense Education Act을 통과시키는 데 성공했다. 이 법은 과학, 수학, 공학, 지역 연구와 같은 주요 "방위" 관련 교육에 한정해 약 10억 달러(현재 통화로 거의 90억 달러)의 연방 지출을 승인했다. 전통적으로 주 정부와 지방 정부의 권한으로 여겨지던 고등교육에 연방 정부가 개입한 것은 1862년 모릴 토지 단과대학 법안 이후로는 처음이었다. 국가방위교육법이 제정되기까지의 치열한 다툼을 가까이에서 지켜본 한 관계자는 기회주의적인 정책 입안자들이 스푸트니크 발사로 촉발된 공포와 드위트와 코롤의 보고서를 "트로이 목마"로 사용했다고 말했다. 그 법의 지지자들이 "새로운 정책을 세우기 위해 증거를 무리하게 사용"했다는 것이었다.[16]

법률 제정은 아주 복잡한 과정이지만, 이번에는 그 결과가 확실했다. 법안이 통과되기 전 미국 기관은 공학, 수학, 물리학 전반에 걸쳐 1년에 2,500명의 박사를 배출했으나, 국가방위교육법이 발효되고 첫 4년간 총 7,000명, 즉 1년에 1,750명에게 추가로 대학원 장학금을 지원했다. 달리 말하자면, 이 막대한 연방 정부 지출로 물리학과 대학원생을 배출하기 위한 국가의 지원이 70퍼센트 증가했다는 뜻이다. 같은 기간에 이 법은 학부생 50만 명에게도 장학금을 지원했을 뿐만 아니라, 과학 분야 입학생이 증가할 때 주에 추가되는 인센티브와 함께 기관들에도 정액 보조금을 제공했다.[17] 이렇게 해서 경제학자 실러의 모델에서 마지막 단계인 피드백에 도달했다.

◆◇◆

피드백 루프는 대학원 이상의 고등교육에 직접적인 영향을 미쳤다. 국가방위교육법이 통과되고 미국에서 10년간 물리학 박사학위 프로그램이 있는 기관의 수가 2배로 늘면서 젊은 물리학자들도 기하급수적으로 늘어났다. 1950년대 초, 전시에 연방 정부의 과학자 동원을 편리하게 하기 위해 실시된 국립과학기술인력등록National Register of Scientific and Technical Personnel 데이터에 따르면, 1950년대 중반부터 1970년대까지 미국에서 고용된 전문 물리학자의 수는 지구과학자보다 210퍼센트, 화학자보다 34퍼센트, 수학자보다 22퍼센트 급속하게 증가했다.[18]

하지만 이런 추세는 오래가지 않았다. 미국에서 연간 물리학 박사학위 취득자 수는 1971년에 절정에 다다른 다음, 화려했던 상승만큼이나 무섭게 급락했다. 이때 "최악의 시나리오"가 겹치면서 하강을 부추겼다. 1960년대 말, 국방부 내부 감사부에서 대학교들에 대한 (제2차 세계대전 이후 거의 모든 물리학과 대학원생 교육과 관련 있는) 전후 기초 연구 지원 정책이 과연 합당한 수익을 거두었는지 의문을 제기한 것이다. 한편 베트남전쟁이 심화되면서 캠퍼스 시위자들도 대학교 내 펜타곤의 존재에 불만이 커졌다. 시위자들은 (진

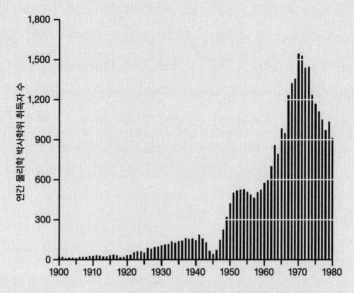

그림 A.2.　1900년부터 1980년까지의 미국에서의 연간 물리학 박사학위 취득자 수.

짜든 단순히 인지된 것이든) 물리학과 시설을 군과 연관되어 있다고 보고 그들의 타깃으로 삼았다. 전쟁이 확대되면서 군사 계획가들은 병력을 공급하기 위해 1967년에 학부생, 2년 뒤에는 대학원생까지 징병 연기를 철회하기 시작했고, 그렇게 21년간 과학 전공 학생들을 교실에 붙잡아 둔 정책을 뒤집었다. 소련과의 화해 분위기와 1970년대 초기 "스태그플레이션"의 시작도 상황을 악화시키며 국방과 교육에 들어간 연방 지출이 크게 삭감되었다.[19]

물리학만큼 심각한 타격을 받은 다른 분야는 없었다. 1970년대 초반부터 1980년 사이에 전체 분야에서 연간 평균 박사학위 취득자 수가 최고치에 비해 8퍼센트 정도 줄어든 데 반해, 물리학 박사 수는 절반으로 곤두박질쳤다. 1970년대 초반의 최고치에 비해 수학은 42퍼센트, 역사는 39퍼센트, 화학은 31퍼센트, 공학은 30퍼센트로 급격히 감소했으나 물리학이 단연 선두였다. 젊은 물리학자에 대한 수요는 훨씬 더 빠르게 자취를 감추었다. 1950년대와 1960년대 중반까지는 미국물리학협회 구인란에 등록한 고용주가 지원자보다 많았지만, 1968년에 이르러서는 직장을 구하는 젊은 물리학자들이 구인란에 실린 일자리보다 4배나 더 많았다. 이는 학계, 기업, 정부 연구소 등 모든 종류의 일자리를 포함한 것이다. 3년 뒤에는 그 수치가 훨씬 암울해졌다. 1,053명의 물리학자들이 구직란에 등록했지만 사람을 구하는 곳은 53곳에 그쳤다.[20]

로버트 실러는 사기성 속임수가 개입하지 않아도 얼마든지 투기 거품이 일어날 수 있다고 언급했는데, 앞서 언급한 사례가 대표적이다. 드위트와 코롤의 보고서를 인용하며 대학원 교육을 늘려야 한다고 주장한 물리학자들은 자기 일을 했을 뿐이다. 직업군을 대표해 로비하는 것이 그들의 임무였다. 일반적으로도 고등교육의 지원 증가는 결코 나쁜 일이 아니다. 하지만 여기저기서 드위트의 '2배에서 3배'라는 결과를 활용하기에 급급해하는 동안, 과장 선전, 증폭, 피드백의 순환 아래에 놓인 실제 상황을 합리적으로 평가하지 못했다.

드위트와 코롤이 그토록 신경 써서 설명한 주의 사항(교육의 질적 차이, 지나친 전공 세분화, 통계치를 부풀리는 평생 교육 및 원격 프로그램 학생 수)은 차치하더라도 수치 자체에도 문제가 있었다. 소련과 미국의 공학 및 응용과학 분야 졸업생 수를 도표로 만들면서 드위트는 공학, 농업, 보건의 세 가지 주요 범주를 포함했다. 이것들이야말로 총계에서 "2배에서 3배"를 만든 주범이었다(드위트가 설명한 것처럼, 그가 제작한 표에서 저 세 가지 범주는 소비에트 교육 체계에서 인위적으로 설정한 것으로서, 사실 대다수 학생들은 대학교가 아닌 "기술 기관"에서 학위를 받은 것이었다. 기술 기관은 저 세 분야에 초점을 두었지만, 자연과학과 수학은 주로 대학교에서 가르쳤다). 그러나 다들 '2배에서 3배'라는 수치만 반복할 뿐, 그 어떤 논평가도 1930년대 소련의 재앙과 다를 바 없는 집단 농업의 역사, 또는 제2차 세계대전 이후로 국가가 농학자 트로핌 리센코Trofim Lysenko의 얼토당토않은 생물학 이론을 지지하며 유전학 연구를 억압한 사실을 보고도 어떻게 농업 전문가의 수가 더 많다는 것이 소련의 군사적 우위를 설명할 수 있다는 것인지 묻지 않았다. 보건 인력에 관해서도 마찬가지다. 이들이 노동력의 중요한 일부인 것은 틀림없지만 간호사와 치과의사가 늘어난다고 폭탄을 더 잘 만들겠는가? 드위트의 수치를 손에 든 거의 모든 이들이 정확히 어떤 과학과 공학인지는 생각지 않고 무작정 '과학과 공학'이라는 이름표를 갖다 붙였다.[21]

사실 드위트는 양 국가의 자연과학과 수학 분야의 졸업률을 보고서에 실으면서 농업과 보건 전문가에 대한 정보와 마찬가지로 명확한 데이터를 제시했다. 이 데이터로 계산기를 두드려 보면 세간의 이야기와는 다른 그림이 나온다. 1950년대 중반까지 (그리고 실제로 드위트가 후속 연구에서 말한 것처럼 1960년대 초반까지도) 매년 과학과 수학으로 학위를 받은 학생의 수가 미국이 소련보다 부족하기는커녕 2배에 가까웠던 것이다. 과학과 수학, 공학 졸업생들을 하나로 묶고 농업과 보건 쪽을 제외하면 그 비율은 소련에 유리하게 4 대 3으로 나온다. 교과서와 우편만으로 졸업장을 딴 학생들이 절대 다수 포함되었기 때문이다. 소련이 "2배에서 3배" 우위에 있다는 것은 이에 따른 결과였다.[22]

이 가운데 어떤 것도 중앙정보국 금고에 봉인된 기밀 보고서에 실린 것이 아니고, 모두 "2배에서 3배"라는 데이터가 실린 바로 그 페이지에 버젓이 나와 있는 내용이다. 다만 한국전쟁, 스푸트니크 위성 발사, 그리고 핵을 둘러싼 벼랑 끝 전술에 관한 요란한 뉴스들 사이에서 특정 계산 값이 다른 것보다 더 즉각적으로 다가온 것뿐이다. (보통은 지키지 않는 편이 더 나은) 경제적 분석의 냉철한 합리성이 사람들의 과열된 관심에 무릎을 꿇은 것이다.

◆◇◆

1945년부터 1975년 사이에 급격하게 발생한 물리학자 거품은 한 번이 아니었다. 실제로 미국에서는 물리학과 대학원 진학률이 1980년에 다시 반등해 첫 번째 거품 때와 같은 메커니즘으로 그 수가 늘어났다. 레이건 행정부에서 전략적 방위 산업(이른바 '스타워즈' 프로그램)의 확장을 포함한 국방 관련 지출의 부활은 일본과의 경제 경쟁이라는 새로운 공포와 결합하며 물리학과 인접 분야들의 입학자 수를 다시 한번 기하급수적으로 증가시켰는데, 이는 1960년대 후반에 최고치를 찍은 입학생 수와 거의 맞먹을 정도였다. 하지만 그래프는 10년 뒤 냉전의 종식과 함께 급격하게 하락했다. 1970년대 초에 그랬듯이, 이는 전 분야에 적용되어 대학원 진학률을 전반적으로 하락시켰다. 미국에서 박사학위 취득자 수가 바닥을 친 2002년를 보면, 모든 분야에서 그 수치가 1990년대의 정점과 비교해 6퍼센트 이상 떨어졌다. 그러나 이전과 마찬가지로 유난히 하락한 분야가 있었다. 과학과 공학과 관련된 모든 학과에서 평균 연간 박사학위 취득자가 19센트 감소한 데 반해 물리학과에서는 26퍼센트 곤두박질쳤다. 이번에도 과학 인력 공급 부족이라는 예상은 굉장한 오산이었고, 특히 물리학과는 미국 내 대학교에서 극단적인 패턴을 보였다.[23]

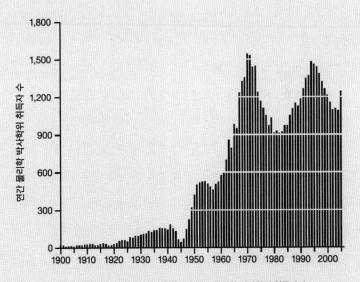

그림 A.3. 1900년부터 2005년까지의 미국에서의 연간 물리학 박사학위 취득자 수.

두 번째 거품의 역학은 처음과 놀라울 정도로 비슷했다. 1986년을 기점으로 국립과학재단 관계자들이 조만간 미국에서 과학자와 공학자가 처참할 정도로 부족해질 것이라고 경고하기 시작했다. 재단의 예측에 따르면 2010년까지 예상되는 미국 내 과학자와 공학자 수는 67만 5,000명으로서 턱없이 부족하다. 1950년대에 드위트와 코롤의 보고서에 대한 반응(특히 앞뒤 다 자르고 소련이 연간 2배에서 3배 더 많은 과학 및 공학 분야 졸업생을 배출한다는 해석)과 마찬가지로 1980년대의 과학 인력 부족에 관한 예측은 연방 정부의 아낌없는 지출에 일조했다.[24]

드위트나 코롤의 연구와 달리 1980년대에 국립과학재단이 발표한 연구는 가까이에서 지켜본 논평가들을 감명시키지 못했다. 레이건 행정부 시기의 폭넓은 경제 모델에 맞춘 해당 연구는 공급 쪽의 변수만을 고려하고 수요는 전혀 고려하지 않았다. 그런데도 소련의 붕괴로 갑작스럽게 냉전이 끝나버린 1990년대 초까지도 회의론자는 거의 나오지 않았다.[25]

이전 시대에서처럼 누구든 쉽게 할 수 있는 현실 점검은 이루어지지 않았고, 희소성 이야기만 다시 한번 과대 선전에서 증폭을 거치며 피드백 순환으로 이어졌다. 그리고 1970년대 초와 마찬가지로 두 번째 거품이 터지면서 미국 전역에서 박사학위를 소지한 과학자와 수학자의 실업률은 두 자릿수로 올라갔다. 연방 정부가 제공하는 장학금과 학계 진출 보장이라는 약속된 기회에 유혹되어 대학원에 진학하고 학위를 받은 젊은 학자들이 감당하지 못할 정도로 넘쳐나자 이에 분개한 의회가 청문회를 열었다. 의회의 반발로 결국

공급량을 잘못 예측한 국립과학재단 내 정책 연구 및 분석 부서가 해체되었다.[26]

나는 1993년에 대학원에 진학하면서 이 두 번째 거품, 아니 거품이 터지는 과정을 가까이에서 지켜보았다. 나는 막 내 연구를 시작했지만, 나보다 몇 년 먼저 들어온 선배들이 학교에서 자리를 잡지 못해 애쓰는 모습을 보고 긴장했다. 불과 몇 년 전만 하더라도 물리학의 다양한 분야에서 매년 교수 모집 공고가 떴는데 갑자기 고도로 훈련받은 학생들이 몇 안 되는 자리를 두고, 그것도 종종 먼 지방에 있는 대학교를 두고 경쟁하는 상황이 벌어졌다. 내가 대학원에 들어가고 몇 년간 학계의 취업 시장은 더 얼어붙었고, 우리 학과에서 입자물리학으로 박사학위를 받은 이들이 모두 월스트리트로 서둘러 자리를 옮겨 금융 산업의 '시장 분석가quant'가 되었다.[27] (그 무렵 월스트리트의 한 회사에서 일하기 시작한 내 동생 역시 나에게 공부를 그만두고 그쪽으로 오라고 부추겼다. 동생은 "여기는 물리학자들을 좋아해"라고 말했다. "파생상품derivative 부서에서 일하면 돼." 부채담보부증권과 같은 낯선 금융 상품을 염두에 둔 그녀의 말을 미적분으로 가득한 과제와 혼동하고 나도 매일 도함수derivative를 다룬다고 하자 동생은 그저 알지 못하겠다는 표정만 짓고 말았다.) 저 어린 물리학자들 중에서 자신이 하나의 거품에서 탈출해 다른 거품의 촉발에 일조하게 되었다는 것을 아는 이는 아마 없었을 것이다.*

---

* 부동산 버블에 따른 서브프라임 모기지 사태로 2008년 금융 위기가 발생했다. (편집자 주)

감사의 말
Acknowledgments

이 책에 나오는 대부분의 글은 여러 잡지에 평론으로 먼저 실렸던 것들이다. 당시 능력 있고 인내심 많은 편집자들로부터 많은 도움을 받았다. 세라 압둘라(《네이처》, 5장), 토머스 존스(《런던 리뷰 오브 북스》, 12장), 앤절라 폰 데 리페(《W. W. 노턴》, 9장), 앤서니 라이게이트(《뉴요커》, 4장과 19장), 폴 마이어스코프(《런던 리뷰 오브 북스》, 1장, 6장, 10~12장, 14장, 17장), 조지 머서(《사이언티픽 아메리칸》, 13장), 코리 파월(《이온Aeon》, 3장), 제이미 라이어슨(《뉴욕타임스》, 18장), 데이브 슈나이더(《아메리칸 사이언티스트》, 16장), 마이클 시걸(《노틸러스Nautilus》, 2장)에게 깊은 감사의 말을 전한다. 이 놀라운 사람들 중에서도 특히 《런던 리뷰 오브 북스》의 폴 마이어스코프에게 진심으로 고맙다고 말하고 싶다. 이 책 내용의 3분의 1 이상은 원래《런던 리뷰 오브 북스》에 짧게 실렸던 것이다. 10년 전에 폴에게 첫 번째 글을 보내며 느꼈던 긴장감을 잊지 못한다. (그 글이 마침 이 책의 첫 장인 디랙에 관한 이야기였다.) 내가 물리학자와 역사학자가 되는 법을 배운 것은 대학원에서였지만, 내가 작가로서 (기술은 말할 것도 없고) 자신감을 키우는 동안 조용하지만 집요하게 어르고 지도해 준 것은 모두 폴이었다.

나는 이 책에서 설명한 여러 주제를 훌륭한 동료 학자들과 논의하는 귀중한 특권을 즐겼다. 칼 브랜스, 앤절라 크리거, 조 포마지오, 피터 갤리슨, 마이클 고딘, 앨런 구스, 스테판 헬름라이히, 존 크리거, 패트릭 매크레이, 에리카 로레인, 에리카 밀람, 헤더 팩슨, 리 스몰린, 매트 스탠리, 알마 스타인가트, 킵 손, 라이너 바이스, 알렉스 웰러스타인, 벤저민 윌슨, 앤서니 지, 안톤 차일링거에게 감사한다. 많은 친구와 동료, 학생들이 각 장에 대한 의견을 공유해 주었다. 마크 아이디노프, 마리 버크스, 마이클 고딘, 요시유키 키쿠치, 로버트 콜러, 로베르토 랄리, 버나드 라이트먼, 캐스린 올레스코, 알마 스타인가트, 브루노 슈트라서, 마르가 비세도, 벤저민 윌슨, 애런 라이트에게 기쁜 마음으로 감사를 표한다.

K. C. 콜, 넬 프로이덴버거, 앨런 라이트먼, 줄리아 멘젤, 데이비드 싱어먼은 완성된 원고를 읽고 의견을 주었다. 이 책은 이들의 사려 깊은 제안에 여러 면에서 도움을 받았다. 특히 기존에 쓴 글들을 모은 이 책이 어떻게 하면 단순한 모음집 이상이 될 수 있는지를 비롯해 작법에 관한 많은 통찰을 나누어 준 앨런 라이트먼에게 큰 빚을 졌다. 나는 그동안 논픽션 에세이나 소설 할 것 없이 앨런의 글

을 즐겨 읽었고, 그래서 그가 책의 서문을 써주겠다고 했을 때 정말 영광이었다. 원고 초안에 대한 넬 프로이덴버거의 상세한 코멘트는 이 책에 생명을 불어넣었고, 이 모음집이 한 권의 책으로서 역할을 하는 데 큰 도움을 주었다. 그의 소설가로서의 재능은 나에게 영감을 주었고, 초안에 대한 피드백을 보았을 때는 스토리텔링 기교 고급반을 수강하는 기분이 들었다. 마감 직전의 원고에 대한 데이비드 싱어먼의 상세한 코멘트는 넬의 초기 피드백의 완벽한 수미상관이 되었다. 크고 작은 부분에서 싱어먼은 내가 가장 중요한 부분에 집중할 수 있게 도와주었다.

시카고대학교 출판부의 캐런 메리칸가스 달링은 이 책의 기획 단계부터 열의를 보여주었고 원고의 발전에 건설적인 피드백을 아끼지 않았다. 저작권 대리인인 맥스 브록먼은 늘 격려와 건전한 조언으로 나를 다독여 주었다. 두 사람에게 깊이 감사한다.

마지막으로 사랑하는 아내 트레이시 글리슨과 아이들 엘러리와 토비에게 감사한다. 이들은 자문단이자 솔직한 비평가로 도움을 주었고, 물리학 개념에 대해 내가 사용한 은유가 적절하지 않거나 비유가 충분치 않다고 서슴지 않고 말했다. 몇 년 전 학회에 참석하고 있는데 트레이시가 문자로 나에게 호킹 복사선이 뭐냐고 물었다. 토비가 저녁을 먹다가 물어봤다면서. (우리 가족은 보통 이런 문자를 주고받는다.) 마침 만찬 시간이라 나는 자리에 앉아 어떻게 하면 문자 메시지 몇 번으로 요점을 잘 설명할 수 있을까 웃으면서 고민했다. 막 답장을 보내려는데 트레이시가 다시 문자로 "해결했음. 토비가 방금 설명해 줬어요"라고 보냈다. 토비는 당시 열 살이었다.

나는 이 아이가 뭐라고 설명했는지 모르겠다. 집에 갔을 때는 둘 다 잊어버렸으니까. 중요한 것은 토비가 호기심 많고 배움에 열정적이며 스스로 여러 단계를 거쳐 퍼즐을 맞추는 일을 두려워하지 않는다는 사실이다. 엘러리는 저녁 시간 대화 주제에 대한 선호도가 확실했다. 엘러리가 여덟 살 때 나에게 준 생일 선물은 "제발 힉스 보손 이야기는 이제 그만"이라는 문구와 함께 일그러진 얼굴로 최대한 간절하게 간청하는 그림이 있는 티셔츠였다. 하지만 나는 엘러리가 일부러 더 반항하는 척한다는 걸 안다. 양자 얽힘 테스트와 디저트를 주문한 쌍둥이에 관한 비유에 관해 끝까지 듣고 이야기를 나누어 준 것이 바로 엘러리였다. 바라건대 엘러리와 토비가 이 책을 읽고 더 많이 질문하기를 바란다. 사랑을 담아, 이 책을 그들에게 바친다.

약어 해설
Abbreviations

FB   펠릭스 블로흐의 논문들. 소장 자료 SC303, 스탠퍼드대학교 문서 자료실.

HAB   한스 A. 베스의 논문들. 소장 자료 14-22-976, 코넬대학교 희귀본 자료실.

JAW   존 휠러의 논문들. 미국철학학회.

KST   킵 손의 논문들. 손 교수 소장, 캘리포니아공과대학교.

LIS   레너드 I. 시프의 논문들. 도서 정리 번호 SC220, 스탠퍼드대학교 문서 자료실.

MIT-AR 매사추세츠공과대학교 물리학과 연례 보고서. 도서 정리 번호 T171.M4195, 매사추세츠공과대학교.

PDP   프린스턴대학교 물리학과 기록. 실리 G. 머드 문서 도서관, 프린스턴대학교.

RTB   레이먼드 세이어 버지 서신과 논문들. 도서 정리 번호 73/79c, 밴크로프트 도서관, UC 버클리. (버지가 쓴 서신들이 시간 순서대로 정리되어 있다. 이 책에서 인용한 부분은 39번, 40번 보관함에 있다. 폴더 제목은 인용하지 않았다. 버지가 쓴 서신은 보관함과 폴더 제목과 함께 인용했다.)

VFW   빅토어 바이스코프의 논문들. 소장 자료 MC 572, 기관 기록 보관소 및 특별 소장 자료, 매사추세츠공과대학교.

주
Notes

들어가는 말

1.   1927년 10월 25일, 파울 에렌페스트와 알베르트 아인슈타인 사이의 쪽지, document 10-168, in Einstein Archives, Princeton University.

2.   다음 문헌을 인용했다. David Kaiser, "Bringing the Human Actors Back on Stage: The Personal Context of the Einstein-Bohr Debate," *British Journal for the History of Science* 27 (1994): 129–52, on 146n89. 다음 문헌도 인용했다. Jagdish Mehra, *The Solvay Conferences on Physics: Aspects of the Development of Physics since* 1911 (Boston: Reidel, 1975), xvii, 152; Martin Klein, "Einstein and the Development of Quantum Physics," in *Albert Einstein: A Centenary Volume,* ed. Anthony French (Cambridge, MA: Harvard University Press, 1979), 133–51, on 136.

3.   특히 다음을 참고하라. Guido Bacciagaluppi and Antony Valentini, *Quantum Theory at the Crossroads: Reconsidering the 1927 Solvay Conference* (New York: Cambridge University Press, 2009).

4.   Thomas Levenson, *Einstein in Berlin* (New York: Bantam, 2003), chap. 23; 1931년 5월에 파울 에렌페스트가 닐스 보어에게 보낸 서신은 다음 문헌을 인용했다. Abraham Pais, *Niels Bohr's Times: In Physics, Philosophy, and Polity* (New York: Oxford University Press, 1991), 409. 에렌페스트의 부치치 않은 편지와 자살에 관해서는 다음을 참고하라. Pais, *Niels Bohr's Times,* 409–11.

5.   Dominik Rauch et al., "Cosmic Bell Test Using Random Measurement Settings from High-Redshift Quasars," *Physical Review Letters* 121 (2018): 080403, https://arxiv.org/abs/1808.05966.

6.   Samuel Goudsmit to Leonard Schiff, 2 September 1966, in LIS box 4, folder "Physical Review"; Simon Pasternack to Leonard Schiff, 22 January 1958 and 27 June 1963, in LIS box 4, folder "Physical Review." See also Goudsmit's annual reports in *Physical Review* Annual Reports, Editorial Office of the American Physical Society, Ridge, NY.

7.   Samuel Goudsmit, 1956 Annual Report, 1955 Annual Report, and 1963 Annual Report, in Physical Review Annual Reports. See also W. B. Mann to Samuel Goudsmit, 11 January 1955, in box 79, folder 14, Henry A. Barton Papers, collection number AR20, Niels Bohr Library, American Institute of Physics, College Park, MD; Leonard Loeb to Goudsmit, 19 April 1955, in RTB box 19, folder "Loeb, Leonard Benedict"; Thomas Lauritsen to Goudsmit, 27 December 1968, in box 12, folder 14, Thomas Lauritsen Papers, California Institute of Technology Archives, Pasadena. See also David Kaiser, "Booms, Busts, and the World of Ideas: Enrollment Pressures and the Challenge of Specialization," *Osiris* 27 (2012): 276–302, on 291–93.

1장   모든 것은 양자일 뿐, 위로는 없다

이 글은 원래 다음 매체에 실렸던 것이다. *London Review of Books* 31 (26 February 2009): 21–22.

1.   Abraham Pais, *Niels Bohr's Times: In Physics, Philosophy, and Polity* (New York: Oxford University Press, 1991); David Cassidy, *Uncertainty: The*

Life and Science of Werner Heisenberg (San Francisco: W. H. Freeman, 1991); Mary Jo Nye, "Aristocratic Culture and the Pursuit of Science: The de Broglies in Modern France," Isis 88 (1997): 397–421; Walter Moore, *Schrödinger: Life and Thought* (New York: Cambridge University Press, 1989); Alexander Dorozynski, *The Man They Wouldn't Let Die* (London: Secker and Warburg, 1966); Charles Enz, *No Time to Be Brief: A Scientific Biography of Wolfgang Pauli* (New York: Oxford University Press, 2002); Nancy Thorndike Greenspan, *The End of the Certain World: The Life and Science of Max Born* (New York: Basic, 2005).

2.   양자역학의 발달사에 관해서는 특히 다음을 참고하라. Max Jammer, *The Conceptual Development of Quantum Mechanics* (New York: McGraw-Hill, 1966); Olivier Darrigol, *From c-Numbers to q-Numbers: The Classical Analogy in the History of Quantum Theory* (Berkeley: University of California Press, 1992); Mara Beller, *Quantum Dialogue: The Making of a Revolution* (Chicago: University of Chicago Press, 1999). 서신 모음에 관해서는 다음 사례를 참고하라. Thomas Kuhn, John Heilbron, Paul Forman, and Lini Allen, *Sources for History of Quantum Physics* (Philadelphia: American Philosophical Society, 1967); K. Przibram, ed., *Letters on Wave Mechanics,* trans. Martin Klein (New York: Philosophical Library, 1967); Albert Einstein, Max Born, and Hedwig Born, The Born-Einstein Letters (New York: Macmillan, 1971); Diana K. Buchwald et al., eds., *The Collected Papers of Albert Einstein* (Princeton: Princeton University Press, 1987–); Wolfgang Pauli, *Wissenschaftlicher Briefwechsel,* ed. Karl von Meyenn, 4 vols. (New York: Springer, 1979–99). 솔베이 회의의 영향력에 대해서는 특히 다음을 참고하라. Richard Staley, *Einstein's Generation: The Origins of the Relativity Revolution* (Chicago: University of Chicago Press, 2009), chap. 10; Guido Bacciagaluppi and Antony Valentini, *Quantum Theory at the Crossroads: Reconsidering the 1927 Solvay Conference* (New York: Cambridge University Press, 2009).

3.   Graham Farmelo, *The Strangest Man: The Hidden Life of Paul Dirac* (New York: Faber and Faber, 2009). 또한 다음을 함께 참고하라. Helge Kragh, *Dirac: A Scientific Biography* (New York: Cambridge University Press, 1990).

이 장에서 다룬 디랙의 신상 정보는 대부분 파멜로의 전기에서 찾은 것이다.

4.   랠프 파울러가 P. A. M. 디랙에게, September 1925, 다음 문헌에서 인용함. Farmelo, *Strangest Man*, 83.

5.   Werner Heisenberg, "Quantum-Theoretical Re-interpretation of Kinematic and Mechanical Relations," in *Sources of Quantum Mechanics,* ed. B. L. van der Waerden (New York: Dover, 1968), 261–76, on 261. 원 출처는 다음과 같다. "Über quantentheoretische Umdeutung kinematischer und mechanischer Beziehungen," *Zeitschrift für Physik* 33 (1925): 879–93.

6.   다음 문헌에서 인용되었다. Arthur I. Miller, Imagery in Scientific Thought (Boston: Birkhäuser, 1984), 143.

7.   Tatsumi Aoyama, Toichiro Kinoshita, and Makiko Nio, "Revised and Improved Value of the QED Tenth-Order Electron Anomalous Magnetic Moment," *Physical Review* D 97 (2018): 036001, https://arxiv.org/abs/1712.06060.

8.   Paul Dirac, The Principles of Quantum Mechanics (1930), 4th ed. (New York: Oxford University Press, 1982).

9.   다음 예를 참고하라. Kai Bird and Martin Sherwin, *American Prometheus: The Triumph and Tragedy of J. Robert Oppenheimer* (New York: Knopf, 2005); Patricia McMillan, The Ruin of J. Robert Oppenheimer and the Birth of the Modern Arms Race (New York: Penguin, 2005); Richard Polenberg, ed., *In the Matter of J. Robert Oppenheimer: The Security Clearance Hearing* (Ithaca, NY: Cornell University Press, 2001). 또한 다음도 참고하라. Jessica Wang, *American Science in an Age of Anxiety: Scientists, Anticommunism, and the Cold War* (Chapel Hill: University of North Carolina Press, 1999); David Kaiser, "The Atomic Secret in Red Hands? American Suspicions of Theoretical Physicists during the Early Cold War," Representations 90 (Spring 2005): 28–60.

10. 파멜로가 쓴 디랙의 전기 외에도 다음을 참고하라. Peter Galison, "The Suppressed Drawing: Paul Dirac's Hidden Geometry," *Representations* 72 (Autumn 2000): 145–66.

11. Farmelo, *Strangest Man,* 89.

12. Joshua Wolf Shenk, "Lincoln's Great Depression," *Atlantic,* October 2005;

Frank Manuel, *A Portrait of Isaac Newton* (Cambridge, MA: Harvard University Press, 1968).

13.   Farmelo, *Strangest Man,* 425.

14.   다음을 예를 참고하라. Ian Hacking, "Making Up People," *London Review of Books* 28 (17 August 2006): 23–26; Ian Hacking, *Mad Travellers: Reflections on the Reality of Transient Illnesses* (Charlottesville: University Press of Virginia, 1998).

15.   다음을 예를 참고하라. Jerome Wakefield, "DSM-5: An Overview of Changes and Controversies," *Clinical Social Work Journal* 41, no. 2 (June 2013): 139–54.

2장 슈뢰딩거의 고양이: 죽느냐 사느냐, 그것이 문제라면

이 글은 원래 다음 매체에 실렸던 것이다. *Nautilus,* 13 October 2016.

1.   다음 예를 참고하라. the examples analyzed in Robert Crease and Alfred Goldhaber, *The Quantum Moment* (New York: W. W. Norton, 2014), chap. 10.

2.   David E. Rowe and Robert Schulmann, eds., Einstein on Politics (Princeton: Princeton University Press, 2007); Jimena Canales, *The Physicist and the Philosopher: Einstein, Bergson, and the Debate That Changed Our Understanding of Time* (Princeton: Princeton University Press, 2015), chap. 9; Walter Moore, *Schrödinger: Life and Thought* (New York: Cambridge University Press, 1989), 249.

3.   Albrecht Folsing, *Albert Einstein,* trans. Ewald Osers (New York: Viking Penguin, 1997), chap. 35; Thomas Levenson, Einstein in Berlin (New York: Bantam, 2003), 412–21.

4.   1933년 8월 12일, 슈뢰딩거가 아인슈타인에게 보낸 서신은 다음 문헌에서 인용되었음. *Schrödinger,* 275 (또는 267–77).

5.   아인슈타인과 슈뢰딩거 주고받은 서신은 예루살렘의 히브리대학교에 소장되었다. 사본은 프린스턴대학교의 실리 G. 머드 문서 도서관에서도 볼 수 있다. 두 사람의 1935년 서신 교환에 대한 가장 설득력 있는 분석은 다

음에서 확인하라. Arthur Fine, *The Shaky Game: Einstein, Realism, and the Quantum Theory* (Chicago: University of Chicago Press, 1986), 5장에서도 이 서신의 일부에 관해 논의했다. 다음을 참고하라. David Kaiser, "Bringing the Human Actors Back on Stage: The Personal Context of the Einstein-Bohr Debate," *British Journal for the History of Science* 27 (1994): 129-52.

6.   Albert Einstein, Boris Podolsky, and Nathan Rosen, "Can Quantum-Mechanical Description of Physical Reality Be Considered Complete?," *Physical Review* 47 (1935): 777-80.

7.   1935년 6월 7일, 슈뢰딩거가 아인슈타인에게, 그리고 1935년 6월 17일 아인슈타인이 슈뢰딩거에게 보낸 서신은 다음 문헌을 번역, 인용했다. Fine, *Shaky Game*, 66, 68.

8.   1935년 6월 19일, 아인슈타인이 슈뢰딩거에게 보낸 서신은 다음 문헌을 번역, 인용했다. Fine, Shaky Game, 69.

9.   1935년 8월 8일, 아인슈타인이 슈뢰딩거에게 보낸 서신은 다음 문헌을 번역, 인용했다. Fine, *Shaky Game*, 78.

10.   1933년 4월 14일, 알베르트 아인슈타인이 파울 에렌페스트에게 한 발언은 다음을 참고하라. Rowe and Schulmann, *Einstein on Politics*, 276; 1933년 10월 3일, 로열 앨버트 홀에서 아인슈타인의 발언에 관해서는 다음을 인용했다. *Einstein on Politics*, 278-81; 1933년 6월 6일, 아인슈타인이 스티븐 사무엘 와이즈에게 한 발언은 다음을 인용했다. *Einstein on Politics*, 287-88; 평화주의 철회에 관해서는 다음을 참고하라. *Einstein on Politics*, 282-87.

11.   1935년 8월 19일, 슈뢰딩거가 아인슈타인에게, 그리고 1935년 9월 4일 아인슈타인이 슈뢰딩거에게 보낸 서신은 다음을 번역, 인용했다. Fine, *Shaky Game*, 82-84.

12.   Erwin Schrödinger, "Die gegenwärtige Situation in der Quantenmechanik," *Die Naturwissenschaften* 23 (1935): 807-12, 823-28, 844-49, on 807. 슈뢰딩거 글의 영어 번역본은 다음을 참고하라. John Trimmer, "The Present Situation in Quantum Mechanics: A Translation of Schrödinger's 'Cat Paradox' Paper," *Proceedings of the American Philosophical Society* 124 (1980): 323-38.

13.   Fine, *Shaky Game*, 80. 다음도 함께 참고하라. "Dr. Arnold Berliner and Die Naturwissenschaften," Nature 136 (1935): 506.

14.   1933년 7월, 슈뢰딩거의 일기는 다음을 인용했다. Moore, *Schrödinger*, 272; 1934년 6월, 막스 폰 라우가 프리츠 런던에게 한 말은 다음을 인용했다. Moore, *Schrödinger*, 295; 1935년 5월, 슈뢰딩거의 BBC 연설은 다음을 인용했다. Moore, *Schrödinger*, 301-2.

15.   1935년 10월 13일, 슈뢰딩거가 보어에게 보낸 서신은 다음을 인용했다. Moore, *Schrödinger*, 313.

16.   P. P. Ewald and Max Born, "Dr. Arnold Berliner," *Nature* 150 (1942): 284-85.

17.   J. A. Formaggio, D. I. Kaiser, M. M. Murskyj, and T. E. Weiss, "Violation of the Leggett-Garg Inequality in Neutrino Oscillations," *Physical Review Letters* 117 (2016): 050402, http://arxiv.org/abs/1602.00041.

3장   유령 같은 입자, 중성미자

이 글은 원래 다음 매체에 실렸던 것이다. Aeon, 20 July 2017.

1.   다음 예를 참고하라. Frank Close, Neutrino (New York: Oxford University Press, 2010); Joao Magueijo, *A Brilliant Darkness: The Extraordinary Life and Mysterious Disappearance of Ettore Majorana, the Troubled Genius of the Nuclear Age* (New York: Basic, 2009).

2.   Laura Fermi, *Atoms in the Family: My Life with Enrico Fermi* (Chicago: University of Chicago Press, 1954), chaps. 14, 17–19; Gino Segrè and Betinna Hoerlin, *The Pope of Physics: Enrico Fermi and the Birth of the Atomic Age* (New York: Holt, 2016), chaps. 18–20, 25–27.

3.   특히 다음을 참고하라. Catherine Westfall, Lillian Hoddeson, Paul Henriksen, and Roger Meade, *Critical Assembly: A Technical History of Los Alamos during the Oppenheimer Years, 1943–45* (New York: Cambridge University Press, 1992); Michael Gordin, *Five Days in August: How World War II Became a Nuclear War* (Princeton: Princeton University Press, 2007).

4.   Frederick Reines, "The Neutrino: From Poltergeist to Particle," Nobel Lecture (1995), in *Nobel Lectures, Physics, 1991–1995*, ed. Gösta Ekspong (Singapore: World Scientific, 1997), 202–21.

5. Reines, "Neutrino," 204–5; "The Reines-Cowan Experiments: Detecting the Poltergeist," *Los Alamos Science* 25 (1997).

6. Reines, "Neutrino"; Close, *Neutrino,* chap. 3.

7. Frank Close, *Half-Life: The Divided Life of Bruno Pontecorvo,* Physicist or Spy (New York: Basic, 2015), chaps. 1–4. 이 글에서 다룬 폰테코르보에 관한 전기적 내용은 대부분 이 책에서 인용했다.

8. Simone Turchetti, *The Pontecorvo Affair: A Cold War Defection and Nuclear Physics* (Chicago: University of Chicago Press, 2012); Close, *Half-Life*. 핵 특허 논쟁에 관련해서는 다음 문헌을 함께 참고하라. Alex Wellerstein, "Patenting the Bomb: Nuclear Weapons, Intellectual Property, and Technological Control," Isis 99 (2008): 57–87.

9. 푹스의 전시 스파이 활동에 관해서는 다음을 참고하라. Robert Williams, *Klaus Fuchs: Atom Spy* (Cambridge, MA: Harvard University Press, 1987); David Kaiser, "The Atomic Secret in Red Hands? American Suspicions of Theoretical Physicists during the Early Cold War," *Representations* 90 (Spring 2005): 28–60.

10. Joint Congressional Committee on Atomic Energy, Soviet Atomic Espionage (Washington, DC: Government Printing Office, 1951).

11. Close, *Half-Life,* chap. 15.

12. 저널 번역에 관해서는 다음을 참고하라. David Kaiser, "The Physics of Spin: Sputnik Politics and American Physicists in the 1950s," *Social Research* 73 (Winter 2006): 1225–52.

13. 클로스의 책 외에 다음 문헌도 함께 참고하라. Samoil Bilenky, "Bruno Pontecorvo and Neutrino Oscillations," *Advances in High Energy Physics,* 2013, 873236. 중성미자 진동에 관한 최초의 연구에서 폰테코르보는 중성미자와 반중성미자 사이의 중첩을 가설로 제기했다. 후에 그는 모형을 수정하여 2개 (또는 그 이상의) 중성미자 맛깔의 중첩을 기술했다.

14. 다음 예를 참고하라. Kaiser, "Atomic Secret in Red Hands?"; Jessica Wang, *American Science in an Age of Anxiety: Scientists, Anticommunism, and the Cold War* (Chapel Hill: University of North Carolina Press, 1999).

15. Close, *Half-Life,* chap. 17; Bilenky, "Bruno Pontecorvo."

16. Johanna Miller, "Physics Nobel Prize Honors the Discovery of Neutrino

Flavor Oscillations," *Physics Today* 68 (December 2015): 16; Emily Conover, "Breakthrough Prize in Fundamental Physics Awarded to Neutrino Experiments," *APS News*, 9 November 2015, https://www.aps.org/publications/apsnews/updates/breakthrough.cfm.

17.　　J. A. Formaggio, D. I. Kaiser, M. M. Murskyj, and T. E. Weiss, "Violation of the Leggett-Garg Inequality in Neutrino Oscillations," *Physical Review Letters* 117 (2016): 050402, http://arxiv.org/abs/1602.00041.

18.　　Formaggio et al., "Violation of the Leggett-Garg Inequality in Neutrino Oscillations."

4장　코스믹 벨: 우주에서 양자역학 실험하기

이 글은 원래 다음 매체에 실렸던 것이다. *New Yorker*, 7 February 2017 (온라인).

1.　　1947년 3월 3일, 알베르트 아인슈타인이 막스 보른에게 보낸 편지는 다음을 참고하라. *The Born-Einstein Letters, 1916–1955*, ed. Max Born (1971; New York: Macmillan, 2005), 154–55. 다음 문헌도 함께 참고하라. Louisa Gilder, *The Age of Entanglement: When Quantum Physics Was Reborn* (New York: Knopf, 2008).

2.　　Walter Moore, *Schrödinger: Life and Thought* (New York: Cambridge University Press, 1989).

3.　　내 디저트 비유는 세스 로이드(Seth Lloyd)의 다음 문헌에 실린 비슷한 논의에 바탕을 두었다. Seth Lloyd, *Programming the Universe: A Quantum Computer Scientist Takes on the Cosmos* (New York: Knopf, 2006), 121.

4.　　Abraham Pais, "Einstein and the Quantum Theory," *Reviews of Modern Physics* 51, no. 4 (December 1979): 863–914, on 907.

5.　　특히 다음을 참고하라. Gilder, *Age of Entanglement*; David Kaiser, *How the Hippies Saved Physics: Science, Counterculture, and the Quantum Revival* (New York: W. W. Norton, 2011); Olival Freire, *The Quantum Dissidents: Rebuilding the Foundations of Quantum Mechanics* (New York: Springer, 2014); Andrew Whitaker, *John Stewart Bell and Twentieth-Century Physics: Vision and Integrity* (New York: Oxford University Press, 2016).

6.   다음 예를 참고하라. Anton Zeilinger, *Dance of the Photons: From Einstein to Quantum Teleportation* (New York: Farrar, Straus, and Giroux, 2010).

7.   B. Hensen et al., "Loophole-Free Bell Inequality Violation Using Electron Spins Separated by 1.3 Kilometres," *Nature* 526 (2015): 682–86, https://arxiv.org/abs/1508.05949; M. Giustina et al., "Significant-Loophole-Free Test of Bell's Theorem with Entangled Photons," *Physical Review Letters* 115 (2015): 250401, https://arxiv.org/abs/1511.03190; L. K. Shalm et al., "Strong Loophole-Free Test of Local Realism," *Physical Review Letters* 115 (2015): 250402, https://arxiv.org/abs/1511.03189; W. Rosenfeld et al., "Event-Ready Bell Test Using Entangled Atoms Simultaneously Closing Detection and Locality Loopholes," *Physical Review Letters* 119 (2017): 010402, https://arxiv.org/abs/1611.04604; M.-H. Li et al., "Test of Local Realism into the Past without Detection and Locality Loopholes," *Physical Review Letters* 121 (2018): 080404, https://arxiv.org/abs/1808.07653.

8.   Erwin Schrödinger, "Die gegenwärtige Situation in der Quantenmechanik" (1935). 다음 문헌에서 번역되었다. John Trimmer, "The Present Situation in Quantum Mechanics: A Translation of Schrödinger's 'Cat Paradox' Paper," *Proceedings of the American Philosophical Society* 124 (1980): 323–38, on 335.

9.   Kaiser, *How the Hippies Saved Physics.*

10.   J. Gallicchio, A. Friedman, and D. Kaiser, "Testing Bell's Inequality with Cosmic Photons: Closing the Setting-Independence Loophole," *Physical Review Letters* 112 (2014): 110405, https://arxiv.org/abs/1310.3288.

11.   다음을 참고하라. Zeilinger, *Dance of the Photons;* Anton Zeilinger, "Light for the Quantum: Entangled Photons and Their Applications; A Very Personal Perspective," *Physica Scripta* 92 (2017): 072501.

12.   T. Scheidl et al., "Violation of Local Realism with Freedom of Choice," *Proceedings of the National Academy of Sciences* 107 (2010): 19708–13, https://arxiv.org/abs/0811.3129.

13.   J. Handsteiner et al., "Cosmic Bell Test: Measurement Settings from Milky Way Stars," *Physical Review Letters* 118 (2017): 060401, https://arxiv.org/abs/1611.06985.

14.   Handsteiner et al., "Cosmic Bell Test."

15.   각각의 실험에서 우리는 강력한 '펌프' 레이저로 생성된 특정 주파수의 빛을 비선형 결정이라고 알려진 특별한 물질에 쪼여서 얽힌 입자쌍을 생성했다. 이 결정은 특정 주파수의 광자가 유입되면 그 빛을 흡수한 다음 한 쌍의 광자로 방출하는 원자 구조를 지니고 있으며, 이때 방출되는 에너지의 합은 유입된 광자의 에너지와 같다. 자세한 실험 설정에 관해서는 다음 논문 보충 자료를 참고하라. Handsteiner et al., "Cosmic Bell Test," and with Dominik Rauch et al., "Cosmic Bell Test Using Random Measurement Settings from HighRedshift Quasars," *Physical Review Letters* 121 (2018): 080403, https://arxiv.org/abs/1808.05966.

16.   Rauch et al., "Cosmic Bell Test."

5장   물리학자의 전쟁: 칠판에서 폭탄으로

이 글의 일부는 원래 다음 매체에 실렸던 것이다. Nature 523 (July 2015): 523–25.

1.   다음 예를 참고하라. Richard Hewlett and Oscar Anderson Jr., *A History of the United States Atomic Energy Commission*, vol. 1, *The New World*, 1939–46 (University Park: Pennsylvania State University Press, 1962); Peter Bacon Hales, *Atomic Spaces: Living on the Manhattan Project* (Urbana: University of Illinois Press, 1997); Henry Guerlac, *Radar in World War II* (1947; New York: American Institute of Physics, 1987).

2.   Lincoln Barnett, "J. Robert Oppenheimer," *Life*, 10 October 1949, 120–38, on 121.

3.   Joseph Jones, "Can Atomic Energy Be Controlled?," *Harper's*, May 1946, 425–30, on 425; Samuel K. Allison, "The State of Physics, or The Perils of Being Important," *Bulletin of the Atomic Scientists* 6 (January 1950): 2–4, 26–27, on 2–3.

4.   셸터 아일랜드 모임에 가는 길 관해서는 다음을 참고하라. Silvan S. Schweber, *QED and the Men Who Made It: Dyson, Feynman, Schwinger, and Tomonaga* (Princeton: Princeton University Press, 1994), 172–74. 물리학자의 B-25 탑승에 관해서는 다음을 참고하라. Philip Morse, *In at the*

Beginnings: A Physicist's Life (Cambridge, MA: MIT Press, 1977), 247. 비물리학자들의 서신에 관해서는 다음을 참고하라. The thick folders of letters in University of California–Berkeley, Department of Physics records, 3:19–21, collection number CU-68, Bancroft Library, University of California–Berkeley; in Samuel King Allison Papers, 33:3, Special Collections Research Center, University of Chicago Library, Chicago, IL. 설문 결과에 관해서는 다음을 참고하라. Daniel Kevles, *The Physicists: The History of a Scientific Community in Modern America* (1978), 3rd ed. (Cambridge, MA: Harvard University Press, 1995), 391.

5.　　James B. Conant, "Chemists and the National Defense," *News Edition of the American Chemical Society* 19 (25 November 1941): 1237.

6.　　On Conant, 특히 다음을 참고하라. James Hershberg, *James B. Conant: Harvard to Hiroshima and the Making of the Nuclear Age* (New York: Knopf, 1993).

7.　　다음을 참고하라. David Kaiser, "Shut Up and Calculate!," *Nature* 505 (9 January 2014): 153–55. 다음도 함께 참고하라. Peter Galison, *Image and Logic: A Material Culture of Microphysics* (Chicago: University of Chicago Press, 1997); Lillian Hoddeson et al., *Critical Assembly: A Technical History of Los Alamos during the Oppenheimer Years, 1943–1945* (New York: Cambridge University Press, 1993).

8.　　Henry A. Barton, "A Physicist's War," Bulletin 1 (12 January 1942), in box 11, folder 16, Henry A. Barton Papers, collection number AR20, Niels Bohr Library, American Institute of Physics, College Park, MD.

9.　　R. J. Havighurst and K. Lark-Horovitz, "The Schools in a Physicist's War," *American Journal of Physics* 11 (April 1943): 103–8, on 103–4; Charles K. Morse, "High School Physics and War," *American Journal of Physics* 10 (December 1942): 333–34.

10.　　Thomas D. Cope et al., "Readjustments of Physics Teaching to the Needs of Wartime," *American Journal of Physics* 10 (October 1942): 266–68.

11.　　V. R. Cardozier, *Colleges and Universities in World War II* (Westport, CT: Praeger, 1993), 43, 71, 109–11; Donald deB. Beaver and Renee Dumouchel, eds., *A History of Science at Williams* (1995), 2nd ed. (2000), chap. 3, sec. 3, http://www.williams.edu/go/sciencecenter/center/histscipub.html; Karl T. Compton, 1944–45 Annual Report, in MIT-AR; John Burchard, *Q.E.D.: M.I.T. in World War II* (New York: Wiley, 1948), chap. 19. 다음도 함께 참고하라. Deborah Douglas, "MIT and War," in *Becoming MIT: Moments of Decision,* ed. David Kaiser (Cambridge, MA: MIT Press, 2010), 81–102.

12. Henry A. Barton, "A Physicist's War," Bulletin 13 (8 March 1943), in Barton Papers.

13. B. E. Warren, 1942–43 Annual Report, in MIT-AR; unsigned Princeton report from August 1945 in PDP box 1, folder "Report for War Service Bureau"; Beaver and Dumouchel, *History of Science at Williams,* chap. 3, sec. 3.

14. Richard Rhodes, *The Making of the Atomic Bomb* (New York: Smon and Schuster, 1986).

15. Rebecca Press Schwartz, "The Making of the History of the Atomic Bomb: The Smyth Report and the Historiography of the Manhattan Project" (PhD diss., Princeton University, 2008).

16. Henry DeWolf Smyth, *Atomic Energy for Military Purposes* (Princeton: Princeton University Press, 1946). 다음도 참고하라. Schwartz, "Making of the History of the Atomic Bomb."

17. Schwartz, "Making of the History of the Atomic Bomb," 67. 다음 문헌도 함께 참고하라. David Kaiser, "The Atomic Secret in Red Hands? American Suspicions of Theoretical Physicists during the Early Cold War," *Representations* 90 (Spring 2005): 28–60.

18. Schwartz, "Making of the History of the Atomic Bomb"; Michael Gordin, *Five Days in August: How World War II Became a Nuclear War* (Princeton: Princeton University Press, 2007), chap. 7.

19. War Department press release, "State of Washington Site of Community Created by Project" (6 August 1945), in *Manhattan Project: Official History and Documents,* ed. Paul Kesaris, 12 microfilm reels (Washington, DC: University Publications of America, 1977), reel 1, pt. 6.

20. Schwarz, "Making of the History of the Atomic Bomb," chap. 3.

21. US Senate, Special Committee on Atomic Energy, *Essential Information on*

Atomic Energy (Washington, DC: Government Printing Office, 1946).

22.   Kaiser, "Atomic Secret in Red Hands?" 다음 문헌도 함께 참고하라. Jessica Wang, *American Science in an Age of Anxiety: Scientists, Anticommunism, and the Cold War* (Chapel Hill: University of North Carolina Press, 1999).

23.   Hewlett and Anderson, *History of the United States Atomic Energy Commission,* 1:633–34.

24.   이매뉴얼 피오레(해군연구청 물리과학 분과 책임자), 다음 문헌에 인용되었음. Rebecca Lowen, *Creating the Cold War University: The Transformation of Stanford* (Berkeley: University of California Press, 1997), 106. 다음도 함께 참고하라. Emanuel Piore, "Investment in Basic Research," Physics Today 1 (November 1948): 6–9.

25.   1948년 7월 30일에 상원의원 B. B. 히컨루퍼가 데이비드 E. 릴리엔탈에게 말한 의견. *Hearings Before the Joint Committee on Atomic Energy, Congress of the United States, Eighty-First Congress, First Session, on Atomic Energy Commission Fellowship Program, May 16, 17, 18, and 23, 1949* (Washington, DC: Government Printing Office, 1949), on 5; 릴리엔탈의 증언, on 4. 1953년 원자력위원회 고용 통계에 관해서는 다음을 참고하라. John Heilbron, "An Historian's Interest in Particle Physics," in *Pions to Quarks: Particle Physics in the 1950s,* ed. Laurie Brown, Max Dresden, and Lillian Hoddeson (New York: Cambridge University Press, 1989), 47–54, on 51.

26.   Paul Forman, "Behind Quantum Electronics: National Security as Basis for Physical Research in the United States, 1940–1960," *Historical Studies in the Physical and Biological Sciences* 18 (1987): 149–229.

27.   각 분야 전반에서 박사학위 취득자 수의 증가 속도에 관해서는 다음을 참고하라. David Kaiser, "Cold War Requisitions, Scientific Manpower, and the Production of American Physicists after World War II," *Historical Studies in the Physical and Biological Sciences* 33 (Fall 2002): 131–59. 제대군인원호법과 미국 고등교육 변동이 가져온 거시적인 영향에 관해서는 다음을 함께 참고하라. Stuart W. Leslie, *The Cold War and American Science* (New York: Columbia University Press, 1993); Roger Geiger, *Research and Relevant Knowledge: American Research Universities since World War II* (New York: Oxford University Press, 1993); Louis Menand, *The Marketplace of Ideas:*

Reform and Resistance in the American University (New York: W. W. Norton, 2010).

28.   1950년 8월 7일, 전미연구평의회 수학 및 물리학 분과 분과장 R. C. 깁스가 프린스턴대학교 물리학과 학과장 A. G. 셴스톤에게 한 발언은 다음에서 인용했다. PDP box 2, folder "Scientific manpower"; R. C. Gibbs and H. A. Barton, "Proposed Policy Recommendation," three-page memorandum dated 1 August 1950, in the same folder; "Supplementary Memorandum for Prospective Graduate Students," mimeographed notice circulated by the University of Rochester physics department (n.d., ca. winter 1951), a copy of which may be found in PDP box 2, folder "Scientific manpower." 다음도 함께 참고하라. Raymond Birge to R. C. Gibbs, 10 August 1950, in RTB.

29.   Henry DeWolf Smyth, "The Stockpiling and Rationing of Scientific Manpower," *Physics Today* 4 (February 1951), 18–24, on 19; the Bureau of Labor Statistics report as quoted in Henry Barton, "AIP 1952 Annual Report," *Physics Today* 6 (May 1952): 4–9, on 6. 다음을 함께 참고하라. George Harrison, "Testimony on Manpower," *Physics Today* 4 (March 1951): 6–7. 전 세계 물리학과 대학원생 증가 속도에 관해서는 다음을 함께 참고하라. Catherine Ailes and Francis Rushing, *The Science Race: Training and Utilization of Scientists and Engineers, US and USSR* (New York: Crane Russak, 1982); Burton R. Clark, ed., *The Research Foun dations of Graduate Education: Germany, Britain, France, United States, Japan* (Berkeley: University of California Press, 1993).

30.   Kaiser, "Cold War Requisitions."

6장 프로메테우스의 불과 계산 기계

이 글은 원래 다음 매체에 실렸던 것이다. *London Review of Books* 34 (27 September 2012): 17–18.

1.   1947년 6월 24일에 발간된 보고서 "On the Transmission of Gamma Rays through Shields"와 부록의 적분표의 출처는 다음과 같다. HAB box 3, folder 15.

2. 베테의 초기 교육과 연구 생활에 관해서는 다음을 참고하라. Silvan S. Schweber, *In the Shadow of the Bomb: Oppenheimer, Bethe, and the Moral Responsibility of the Scientist* (Princeton: Princeton University Press, 2000); Silvan S. Schweber, *Nuclear Forces: The Making of the Physicist Hans Bethe* (Cambridge, MA: Harvard University Press, 2012). 전쟁 후 핵 산업에 베테가 자문한 내용은 특히 다음을 참고하라. Benjamin Wilson, "Hans Bethe, Nuclear Model," in *Strange Stability: Models of Compromise in the Age of Nuclear Weapons* (Cambridge, MA: Harvard University Press, forthcoming). 출간 전에 원고를 공유해 준 것에 대해 윌슨에게 감사 인사를 전한다.

3. Lorraine Daston, "Enlightenment Calculations," *Critical Inquiry* 21 (1993): 182–202.

4. David Bierens de Haan, *Nouvelles tables d'intégrales définies* (Leiden: P. Engels, 1867).

5. 부시의 발언은 다음 문헌에 인용되었다. David Kaiser, *Drawing Theories Apart: The Dispersion of Feynman Diagrams in Postwar Physics* (Chicago: University of Chicago Press, 2005), 84. 프린스턴 고등연구소 설립에 관해서는 같은 책 다음 페이지를 참고하라. 83–87.

6. 프리먼 다이슨은 베테의 조언을 1948년 6월 2일 부모에게 말했다. 내용은 다음 문헌에서 인용되었다. Kaiser, Drawing *Theories Apart,* 86.

7. George Dyson, *Turing's Cathedral: The Origins of the Digital Universe* (New York: Pantheon, 2012). 다음을 함께 참고하라. Peter Galison, *Image and Logic: A Material Culture of Microphysics* (Chicago: University of Chicago Press, 1997), chap. 8. 이 책에서 언급한 존 폰 노이만에 관한 사실 대부분은 위의 문헌에서 인용한 것이다.

8. David Alan Grier, *When Computers Were Human* (Princeton: Princeton University Press, 2005). 다음을 함께 참고하라. Richard Feynman, "Los Alamos from Below," in *Surely You're Joking, Mr. Feynman! Adventures of a Curious Character* (New York: W. W. Norton, 1985), 90–118; Jennifer Light, "When Computers Were Women," *Technology and Culture* 40, no. 3 (1999): 455–83; Matthew Jones, *Reckoning with Matter: Calculating Machines, Innovation, and Thinking about Thinking from Pascal to Babbage* (Chicago: University of Chicago Press, 2016).

9. Dyson, *Turing's Cathedral,* chaps. 10–11.

10. Dyson, *Turing's Cathedral,* chap. 10. 다음을 함께 참고하라. Paul Ceruzzi, *A History of Modern Computing* (Cambridge, MA: MIT Press, 1998), chap. 1.

11. Dyson, *Turing's Cathedral,* 298.

12. C. P. Snow, *The Two Cultures* (1959; New York: Cambridge University Press, 2001).

13. Morse, 다음 문헌에서 인용되었다. Dyson, *Turing's Cathedral,* 333.

14. 1954년 11월 28일에 알베르트 아인슈타인이 헬렌 앨런 모에게 한 발언은 다음 문헌에 인용되었다. David Kaiser, "Bringing the Human Actors Back on Stage: The Personal Context of the Einstein-Bohr Debate," *British Journal for the History of Science* 27 (1994): 129–52, on 146.

15. 다음 예를 참고하라. Ceruzzi, *History of Modern Computing; Atsushi Akera, Calculating a Natural World: Scientists, Engineers, and Computers during the Rise of U.S. Cold War Research* (Cambridge, MA: MIT Press, 2007).

7장 양자역학 해석: 닥치고 계산이나 해!

1. Richard Feynman, Robert Leighton, and Matthew Sands, *The Feynman Lectures on Physics,* 3 vols. (Reading, MA: Addison-Wesley, 1963–65).

2. Feynman, Leighton, and Sands, *Feynman Lectures,* 1:3–5. 다음을 함께 참고하라. Richard C. M. Jones to Robert B. Leighton, 16 April 1962, and Leighton to Earl Tondreau, 27 March 1963, both in box 1, folder 1, Robert B. Leighton Papers, California Institute of Technology Archives, Pasadena, CA.

3. Leo Bauer to M. W. Cummings, 7 November 1963, in box 1, folder 2, Leighton Papers (원문에서 강조).

4. 판매 부수에 관해서는 다음을 참고하라. unsigned memo, ca. November 1968, in box 1, folder 2, Leighton Papers. 이 책에 대한 지속적인 관심에 대해서는 다음을 참고하라. Robert P. Crease, "Feynman's Failings," *Physics World* 27 (March 2014): 25.

5. Hans Bethe, "30 Years of Physics at Cornell" (ca. 1965), 10, in HAB box 3, folder 21; 1998년 7월 14일 버클리에서 저자와 A. 칼 헬름홀츠의 인터뷰;

W. C. Kelly, "Survey of Education in Physics in Universities in the United States," 1 December 1962, in box 9, American Institute of Physics, Education and Manpower Division records, collection number AR15, Niels Bohr Library, American Institute of Physics, College Park, MD. See also Victor F. Weisskopf, "Quantum Mechanics," *Science* 109 (22 April 1949): 407–8; David R. Inglis, "Quantum Theory," *American Journal of Physics* (November 1952): 522–23. 다음을 함께 참고하라. Stanley Coben, "The Scientific Establishment and the Transmission of Quantum Mechanics to the United States, 1919–32," *American Historical Review* 76 (1971): 442–60; Gerald Holton, "On the Hesitant Rise of Quantum Mechanics Research in the United States," in *Thematic Origins of Scientific Thought,* 2nd ed. (Cambridge, MA: Harvard University Press, 1988), 147–87; Katherine Sopka, *Quantum Physics in America: The Years through 1935* (New York: American Institute of Physics, 1988).

6. Francis G. Slack, "Introduction to Atomic Physics," *American Journal of Physics* 17 (November 1949): 454.

7. J. Robert Oppenheimer, *Science and the Common Understanding* (New York: Simon and Schuster, 1953), 36–37.

8. 특히 다음을 참고하라. Kai Bird and Martin J. Sherwin, *American Prometheus: The Triumph and Tragedy of J. Robert Oppenheimer* (New York: Knopf, 2005), chaps. 1–2; Charles Thorpe, Oppenheimer: *The Tragic Intellect* (Chicago: University of Chicago Press, 2006), chap. 2. 오펜하이머는 다음에서 인용되었다. "The Eternal Apprentice," Time, 8 November 1948, 70–81, on 70.

9. Bird and Sherwin, *American Prometheus,* chaps. 2–3.

10. Raymond T. Birge, "History of the Physics Department," 5 vols., in vol. 3, chap. 9, p. 31. 이 문헌은 UC 버클리의 밴크로프트 도서관에서 찾을 수 있다.

11. Bird and Sherwin, *American Prometheus,* 84. 다음을 함께 참고하라. David Cassidy, "From Theoretical Physics to the Bomb: J. Robert Oppenheimer and the American School of Theoretical Physics," *in Reappraising Oppenheimer: Centennial Studies and Reflections,* ed. Cathryn Carson and David A.

Hollinger (Berkeley: University of California Press, 2005), 13–29.

12. 버나드 피터가 1939년 오펜하이머의 버클리 강의(물리학 221)에서 작성한 강의 노트는 칼텍과 버클리를 비롯한 여러 대학의 도서관에 소장되어 있다. 1947년까지만 해도 버클리 물리학과 행정 직원은 오펜하이머의 1939년 강의 노트 사본에 대한 요청을 계속해서 받아왔다. 다음 서신을 참고하라. box 4, folder 16, University of California–Berkeley, Department of Physics records, collection number CU-68, Bancroft Library, University of California–Berkeley.

13. 1930년대 중반 펠릭스 블로흐의 필기 노트는 다음에서 찾을 수 있다. FB box 16, folders 13–14. 칼텍 학생들이 공유하는 노트는 "뼈 책Bone Books"이라고 불렸으며, 1929년에서 1969년에 해당한다. 칼텍 문서보관소에서 확인할 수 있다. 특히 다음을 참고하라. Sherwood K. Haynes, 6 January 1936, in box 1, vol. 2; Martin Summerfield, 10 March 1939, in box 1, vol. 3 (원문에서 강조).

14. Edward Condon and Philip Morse, *Quantum Mechanics* (New York: McGraw-Hill, 1929), 1, 2, 7, 10, 17–21, 83; Edwin Kemble, "The General Principles of Quantum Mechanics, Part 1," *Physical Review Supplement* 1 (1929): 157–215, on 157–58, 175–77. Cf. Arthur Ruark and Harold Urey, *Atoms, Molecules, and Quanta* (New York: McGraw-Hill, 1930); Alfred Landé, *Principles of Quantum Mechanics* (New York: Macmillan, 1937); Edwin Kemble, *The Fundamental Principles of Quantum Mechanics* (New York: McGraw-Hill, 1937). 서평에 관해서는 다음을 참고하라. Paul Epstein, "Quantum Mechanics," *Science* 81 (28 June 1935): 640–41; E. U. Condon, "Quantum Mechanics," *Science* 31 (31 January 1935): 105–6; "Foundations of Physics," *American Physics Teacher* 4 (September 1936): 148; Karl Lark-Horovitz, "Quantum Mechanics," *Science* 87 (1 April 1938): 302; L. H. Thomas, "Quantum Mechanics," *Science* 88 (2 September 1938): 217–19; "The Fundamental Principles of Quantum Mechanics," *American Physics Teacher* 6 (October 1938): 287–88. 미국 내에서 제1, 2차 세계대전 사이의 양자역학 교육 동향에 대한 논의는 여러 선구적인 연구의 덕을 보았다. 그러나 내가 당시의 교재를 살펴보았을 때 과거에 지적된 것보다 철학적 참여를 더 강조하고 있었다. 특히 다음을 참고하라. Silvan S. Schweber, "The

Empiricist Temper Regnant: Theoretical Physics in the United States, 1920–1950," *Historical Studies in the Physical Sciences* 17 (1986): 55–98; Nancy Cartwright, "Philosophical Problems of Quantum Theory: The Response of American Physicists," in *The Probabilistic Revolution,* ed. Lorenz Krüger, Gerg Gigerenzer, and Mary S. Morgan (Cambridge, MA: MIT Press, 1987), 2:417–35; Alexi Assmus, "The Molecular Tradition in Early Quantum Theory," *Historical Studies in the Physical and Biological Sciences* 22 (1992): 209–31; Alexi Assmus, "The Americanization of Molecular Physics," *Historical Studies in the Physical and Biological Sciences* 23 (1992): 1–34.

15. Caltech Bone Book entries: Michael Cohen, 14 May 1953, in box 1, vol. 7; Frederick Zachariasen, 27 May 1953, in box 1, vol. 7; Kenneth Kellerman, 10 April 1961, in box 1, vol. 9. 종합 필기시험과 자격시험 사본은 아마 다음 출처에서 찾을 수 있을 것이다. box 9, folder "Misc. problems"; in FB box 10, folder 19; in box 3, folder 4, University of California–Berkeley, Department of Physics records, collection number CU-68, Bancroft Library; in Kelly, "Survey of Education," appendix 19.

16. Raymond T. Birge to E. W. Strong, 30 August 1950, in RTB. 다음을 함께 참고하라. David Kaiser, *How the Hippies Saved Physics: Science, Counterculture, and the Quantum Revival* (New York: W. W. Norton, 2011), 18–19.

17. Jacques Cattell, ed., *American Men of Science,* 10th ed. (Tempe, AZ: Jacques Cattell Press, 1960), s.v. "Nordheim, Dr. L(othar) W(olfgang)." 다음을 함께 참고하라. William Laurence, "Teller Indicates Reds Gain on Bomb," *New York Times,* 4 July 1954; John A. Wheeler with Kenneth Ford, Geons, *Black Holes, and Quantum Foam: A Life in Physics* (New York: W. W. Norton, 1998), 202–4.

18. 폴 F. 즈웨이펠이 듀크대학교에서 1950년 노르트하임의 강의를 들으며 필기한 노트는 다음 기관에서 찾을 수 있다. Niels Bohr Library, American Institute of Physics; see pp. 8–11, 38–39, 58.

19. 코넬(1952)과 프린스턴(1961)에서 프리먼 다이슨의 강의 필기 노트는 작가 자신이 소장하고 있다; *Notes on Quantum Mechanics*(1961), 2nd ed. (Chicago: University of Chicago Press, 1995). 페르미가 시카고대학교에서

수업 시간에 나누어 준 필기 노트의 인쇄물(1954); 엘리샤 허긴스가 칼텍의 리처드 파인먼 강의에서 적은 강의 노트는 허긴스 교수가 소장하고 있다; 코넬(1957)에서 한스 베테의 강의 필기 노트는 다음에 소장되어 있음. HAB box 1, folder 26; 이블린 폭스 켈러가 웬들 퍼리의 하버드(1957) 강의 필기 노트는 켈러 교수가 소장하고 있다; 사울 엡스타인, "Lecture Notes in Quantum Mechanics" (1958), 타이핑한 강의 노트 인쇄물은 다음 장소에 소장되어 있다. University of Nebraska Physics Library, Lincoln; 에드워드 L. 힐, "Lecture Notes on Quantum Mechanics" (1958), 타이핑한 강의 노트 인쇄물은 다음 장소에 소장되어 있다. University of Minnesota Physics Library, Minneapolis. 나는 각 강의에 대해서 4-5년 후에 해당 학과에서 박사학위 취득자 기반해 등록자 수를 추정할 수 있었다(당시 평균 박사과정 기간을 고려해 계산했다). 실제 입학 정보가 나와 있는 문서 정보가 남아 있는 경우, 박사학위 취득자 수에 기반한 내 추정치는 실제 입학생 수와 일치했다; 2005년 9월 16일, 시카고대학교 도서관 사서 줄리아 가드너가 저자에게 보낸 이메일; 베테의 강의 채점표는 다음 장소에 보관되어 있다. HAB box 1, folder 26; 2005년 9월 15일, 네브라스카대학교 물리학과 학과장 로저 D. 커비가 저자에게 보낸 이메일; 2005년 9월 13일, 칼텍 교무과장 메리 N. 몰리가 저자에게 보낸 이메일; 2005년 9월 13일, 칼텍 교무과장 메리 N. 몰리가 저자에게 보낸 이메일.

20.   Leonard I. Schiff, Quantum Mechanics (New York: McGraw-Hill, 1949), xi; David Bohm, *Quantum Theory* (New York: Prentice Hall, 1951), v.

21.   1959년 가을, 시프의 강의 필기 노트는 다음 장소에 보관되었다. LIS box 8, folder "Sr. Colloquium 'Relativity and Uncertainty'" (원문에서 강조).

22.   시프의 교재의 여러 판본에 대한 서평을 참고하라. Weisskopf, "Quantum Mechanics"; Morton Hammermesh, "Quantum Mechanics," *American Journal of Physics* 17 (November 1949): 453–54; Abraham Klein, "Quantum Mechanics," *Physics Today* 23 (May 1970): 70–71; John Gardner, "Quantum Mechanics," *American Journal of Physics* 41 (1973): 599–600.

23.   E. M. Corson, "Quantum Theory," *Physics Today* 5 (February 1952): 23–24.

24.   Corson, "Quantum Theory," 23–24; Inglis, "Quantum Theory," 522–23.

25.   봄에 대해서는 특히 다음을 참고하라. Ellen Schrecker, *No Ivory Tower: McCarthyism and the Universities* (New York: Oxford University Press,

1986), 135–37, 142–44; F. David Peat, Infinite Potential: *The Life and Times of David Bohm* (Reading, MA: Addison-Wesley, 1997), chaps. 5–8; Russell Olwell, "Physical Isolation and Marginalization in Physics: David Bohm's Cold War Exile," Isis 90 (1999): 738–56; Olival Freire, "Science and Exile: David Bohm, the Cold War, and a New Interpretation of Quantum Mechanics," *Historical Studies in the Physical and Biological Sciences* 36 (2005): 1–34; Shawn Mullet, "Little Man: Four Junior Physicists and the Red Scare Experience" (PhD diss., Harvard University, 2008), chap. 4. 시프의 책의 판매에 관해서는 다음을 참고하라. 1964년 3월 11일 맬컴 존슨이 레너드 시프에게 보낸 서신, LIS box 9, folder "Schiff: Quantum mechanics." 1989년에 도버 출판사가 봄의 1951년 교과서의 재판을 발간했다. 봄이 다음 교재를 출판하지 못한 사정에 대해서는 다음을 참고하라. Correspondence in LIS box 13, folder "Bohm."

26. Edward Gerjuoy, "Quantum Mechanics," *American Journal of Physics* 24 (February 1956): 118.

27. Eyvind Wichmann, "Comments on Quantum Mechanics, by L. I. Schiff (Second Edition)," n.d. (ca. January 1965), in LIS box 9, folder "Schiff: Quantum mechanics" (원문에서 강조).

28. Jacques Romain, "Introduction to Quantum Mechanics," *Physics Today* 13 (April 1960): 62; D. L. Falkoff, "Principles of Quantum Mechanics," *American Journal of Physics* 20 (October 1952): 460–61; Herman Feshbach, "Clear and Perspicuous," *Science* 136 (11 May 1962): 514.

29. George Uhlenbeck, "Quantum Theory," *Science* 140 (24 May 1963): 886. 출간된 교재에 관한 통계는 미국 의회도서관에서 키워드와 도서 정리 번호로 검색했다. http://www.loc.gov. 여러 연구 조교들의 도움으로 나는 이 교과서들의 모든 과제 문제를 복사했고 각 문제가 계산을 해야 하는지, 또는 단답형이나 서술형으로 물리 효과를 기술하는 것인지에 따라 코드를 매겼다.

30. Robert Eisberg and Robert Resnick, *Quantum Physics of Atoms, Molecules, Solids, Nuclei, and Particles* (New York: Wiley, 1974), vi, 25, 245, 322; Michael A. Morrison, Thomas L. Estle, and Neal F. Lane, *Quantum States of Atoms, Molecules, and Solids* (Englewood Cliffs, NJ: Prentice-Hall, 1976), xv; 2005년 10월 7일, 로버트 아이스버그가 저자에게 보낸 이메일. 진학률

변화는 1961-1975년 미국물리학회 연례 대학원생 조사 데이터에서 계산되었으며 다음 기관에서 자료를 찾을 수 있다. American Institute of Physics, Education and Manpower Division records, collection number AR15, Niels Bohr Library. 학부생 대상 양자역학 교과서에 수록된 숙제 문항 유형에서도 비슷한 변화를 발견할 수 있다. 다음과 비교하라. A. P. French, *Principles of Modern Physics* (New York: Wiley, 1958), with A. P. French and Edwin F. Taylor, *An Introduction to Quantum Physics* (New York: W. W. Norton, 1978). 다른 국가에서 물리학자들이 쓴 교과서에서도 교육 방식과 등록자 수의 비슷한 상관관계를 발견했다. 미국와 소련에서 제2차 세계대전 이후 물리학과 입학생 수의 급증을 겪은 저자들이 집필한 양자역학 교과서에는 논술식 과제의 비중이 작았고, 이런 추세는 입학률이 떨어질 때까지 지속되었다. 프랑스, 서독, 오스트리아 등 전쟁 후 물리학과 입학생이 급증하지 않은 유럽의 다른 국가들에서 물리학자들은 계속해서 제1, 2차 세계대전 사이의 방식과 비슷하게 양자역학의 형식주의에 관한 철학적 해석을 다룬 긴 장을 포함한 교과서를 출판했다.

31. 1952년 11월 29일에 레이먼드 T. 버지가 E. B. 뢰슬러에게; 1953년 2월 11일, 버지가 K. T. 베인브리지에게; 1954년 11월 3일 버지가 앨프리드 켈레허에게. 출처는 다음과 같다. RTB. 다른 교수의 승진에 관해서는 1951년 4월 9일, 버지가 학장인 A. R. 데이비스 한 발언을 참고하라. 출처는 RTB.

32. 스탠퍼드대학교 물리학과 대학원 신입생 유입에 관해서는 1970년 1월 12일 교수 회의를 참고하라. FB box 12, folder 1; unsigned memo, "Graduate Enrollment and Projection," 2 February 1972, in FB box 12, folder 8. "공장화"되는 것에 대한 두려움에 대해서는 다음을 참고하라. Paul Kirkpatrick, memo to Stanford physics department faculty, 19 January 1956, in FB box 10, folder 2; Ed Jaynes, memo to department faculty, 27 April 1956, in FB box 10, folder 3. See also the anonymous memos on comprehensive exam results, 7 and 14 April 1956, in FB box 10, folder 3; 2 February 1958, in FB box 10, folder 8; W. E. Meyerhof, minutes of Graduate Study Committee meeting, 4 November 1959, in FB box 10, folder 12; Felix Bloch, "Oral Examinations" memorandum, 9 May 1961, in FB box 10, folder 16.

33. "Faculty Skit 1963," available in University of Illinois at Urbana–Champaign, Department of Physics, Faculty Skits, 1963–73, deposited in the Niels Bohr

Library.

34.   A. L. Fetter memo to department faculty, 28 February 1972, in FB box 12, folder 8; comprehensive exam (21–22 September 1972) in FB box 12, folder 10. 새로운 세미나에 관해서는 다음을 참고하라. W. E. Meyerhof, memo to Stanford's physics graduate students, 29 September 1972, in FB box 12, folder 10.

35.   파인먼의 "물리학 X" 강좌에 관해서는 다음을 참고하라. James Gleick, *Genius: The Life and Science of Richard Feynman* (New York: Pantheon, 1992), 398–99.

36.   Kaiser, *How the Hippies Saved Physics*, 19–20.

8장   현대물리학과 동양사상

이 글은 원래 다음 매체에 실렸던 것이다. David Kaiser, *How the Hippies Saved Physics: Science, Counterculture, and the Quantum Revival* (New York: W. W. Norton, 2011), chap. 7; in Isis 103 (2012): 126–38.

1.   다음을 함께 참고하라. David Kaiser and W. Patrick McCray, eds., *Groovy Science: Knowledge, Innovation, and American Counterculture* (Chicago: University of Chicago Press, 2016).

2.   Fritjof Capra, The Tao of Physics: *An Exploration of the Parallels between Modern Physics and Eastern Mysticism* (Boulder, CO: Shambhala, 1975).

3.   Fritjof Capra, *Uncommon Wisdom: Conversations with Remarkable People* (New York: Simon and Schuster, 1988), 22–25. 카프라를 초대한 산타크루즈 물리학자는 마이클 나우엔버그였다. ; 1994년 7월 12일 나누엔버그와 랜달 자렐의 인터뷰, on 37. http://physics.ucsc.edu/~michael/oral2.pdf.

4.   Capra, *Uncommon Wisdom*, 23, 27 (on Alan Watts). 왓츠와 에살렌(비영리 피정 센터)의 연관성에 관해서는 다음을 참고하라. Jeffrey Kripal, Esalen: America and the Religion of No Religion (Chicago: University of Chicago Press, 2007), 59, 73, 76, 99, 121–25.

5.   Capra, *Uncommon Wisdom*, 34. 카프라는 "물리학의 도(11)"를 해변에서 "시바 신의 춤"에 관한 경험을 얘기하는 것으로 시작했다.

6.	Capra, Uncommon Wisdom, 34.

7.	1972년 11월 12일 카프라가 빅토어 바이스코프에게 보낸 서신 VFW box NC1, folder 26.

8.	Ibid. 바이스코프의 이력에 관해서는 다음을 참고하라. David Kaiser, "Weisskopf, Victor Frederick," in *New Dictionary of Scientific Biography* (New York: Scribner's, 2007), 7:262–69; Victor F. Weisskopf, *The Joy of Insight: Passions of a Physicist* (New York: Basic, 1991). 가장 자주 도난 당한 교과서는 다음 책이다. J. M. Blatt and V. F. Weisskopf, *Theoretical Nuclear Physics* (New York: John Wiley, 1952).

9.	1973년 1월 11일, 카프라가 바이스코프에게, 1973년 3월 23일, 카프라가 바이스코프에게. VFW box NC1, folder 26.

10.	1973년 4월 19일, 바이스코프라 카프라에게. VFW box NC1, folder 26.

11.	Capra, *Uncommon Wisdom*, 44–45, 53–54. 카프라의 초기 글들은 다음을 포함한다. Fritjof Capra, "The Dance of Shiva: The Hindu View of Matter in the Light of Modern Physics," *Main Currents in Modern Thought* 29 (September–October 1972): 15–20; Fritjof Capra, "Bootstrap and Buddhism," *American Journal of Physics* 42 (January 1974): 15–19. 제프리 추의 구두끈 프로그램에 관해서는 다음을 참고하라. David Kaiser, *Drawing Theories Apart: The Dispersion of Feynman Diagrams in Postwar Physics* (Chicago: University of Chicago Press, 2005), chaps. 8–9.

12.	Capra, *Uncommon Wisdom*, 46; Judith Appelbaum, "Paperback Talk: A Science with Mass Appeal," New York Times, 20 March 1983, 39–40. 샴발라 출판사에 관해서는 다음을 함께 참고하라. Sam Binkley, *Getting Loose: Lifestyle Consumption in the 1970s* (Durham, NC: Duke University Press, 2007), 120–22.

13.	1976년 5월 7일, 카프라가 바이스코프에게, 1976년 6월 21일, 바이스코프가 카프라에게. VFW box NC1, folder 26.

14.	판매에 관해서는 1976년 7월 8일, 카프라가 바이스코프에게 보낸 서신을 참고하라. VFW box NC1, folder 26; Appelbaum, "Paperback Talk." 후속 판본과 번역판 전체 목록은 다음 링크에서 참고하라. http://www.fritjofcapra.net (accessed 12 June 2008).

15.	몇 년 뒤에 비교종교학 학자 두 사람이 카프라의 책은 "거의 매 페이지마

다 아시아 종교와 문화에 대한 잘못된 해석을 적어놓았다"라며 조롱했다. Andrea Grace Diem and James R. Lewis, "Imagining India: The Influence of Hinduism on the New Age Movement," in *Perspectives on the New Age*, ed. James R. Lewis and J. Gordon Melton (Albany: State University of New York Press, 1992), 48–58, on 49.

16.   Karen de Witt, "Quantum Theory Goes East: Western Physics Meets Yin and Yang," *Washington Post*, 9 July 1977, C1; Capra, *Tao of Physics*, quotations on 307.

17.   Capra, *Tao of Physics*, 19, 25, 141.

18.   Capra, *Tao of Physics*, 160; 다음을 함께 참고하라. 114–15 and chaps. 11–13.

19.   Jack Miles, "A Whole-Earth Scientific Order for the Future," *Los Angeles Times*, 4 April 1982, N8; Jonathan Westphal, in Christopher Clarke, Frederick Parker-Rhodes, and Jonathan Westphal, "Review Discussion: *The Tao of Physics* by F. Capra," *Theoria to Theory* 11 (1978): 287–300, on 294; Abner Shimony, "Meeting of Physics and Metaphysics," *Nature* 291 (4 June 1981): 435–36, on 436. For other reviews, see George B. Kauffman, "The Tao of Physics," *Isis* 68 (1977): 460–61; A. Dull, "The Tao of Physics," *Philosophy East and West* 28 (1978): 387–90; D. White, "The Tao of Physics," *Contemporary Sociology* 8 (1979): 586–87; Sal P. Restivo, "Parallels and Paradoxes in Modern Physics and Eastern Mysticism, Part I: A Critical Reconnaissance," *Social Studies of Science* 8 (1978): 143–81; Sal P. Restivo, "Parallels and Paradoxes in Modern Physics and Eastern Mysticism, Part II: A Sociological Perspective on Parallelism," *Social Studies of Science* 12 (1982): 37–71; Robert K. Clifton and Marilyn G. Regehr, "Toward a Sound Perspective on Modern Physics: Capra's Popularization of Mysticism and Theological Approaches Reexamined," *Zygon* 25 (March 1990): 73–104.

20.   Isaac Asimov, "Scientists and Sages," *New York Times*, 27 July 1978, 19; Jeremy Bernstein, "A Cosmic Flow," *American Scholar* 48 (Winter 1978–79): 6–9.

21.   Capra, *Tao of Physics*, 25; V. N. Mansfield, "The Tao of Physics," *Physics Today* 29 (August 1976): 56.

22.   1976년 7월 8일, 카프라가 바이스코프에게. VFW box NC1, folder 26;

David Harrison, *"Teaching The Tao of Physics," American Journal of Physics* 47 (September 1979): 779–83, on 779; Eric Scerri, "Eastern Mysticism and the Alleged Parallels with Physics," *American Journal of Physics* 57 (August 1989): 687–92, on 688. 잭 사패티도 이와 비슷하게 물리학/의식 연구 단체에서 주관하는 과학과 종교에 관한 유명 세미나에서 카프라의 책을 교재로 사용했다: Jack Sarfatti, "Physics/Consciousness Program, De Anza-Foothill College, Spring Quarter 1976," on 4–5, in JAW, Sarfatti folders.

23. Clifton and Regehr, "Toward a Sound Perspective," 73–74.

24. 교육학적 비판에 관해서는 다음을 참고하라. Donald H. Esbenshade Jr., "Relating Mystical Concepts to Those of Physics: Some Concerns," American Journal of Physics 50 (March 1982): 224–28; Scerri, "Eastern Mysticism." Cf. David Harrison, "Comment on 'Relating Mystical Concepts to Those of Physics'" (letter to the editor), *American Journal of Physics* 50 (October 1982): 873; David Harrison, email to the author, 3 July 2007.

25. Harrison, "Comment on 'Relating Mystical Concepts to Those of Physics,'" 873–74; David Harrison, "Bell's Inequality and Quantum Correlations," *American Journal of Physics* 50 (September 1982): 811–16; 2008년 4월 16일, 닉 허버트가 저자에게; 2008년 4월 17일, 해리슨이 저자에게 보내는 이메일에서. 벨의 부등식에 관해 처음으로 다룬 양자역학책은 다음과 같다. J. J. Sakurai, *Modern Quantum Mechanics* (Menlo Park, CA: Benjamin Cummings, 1985), 223–32; 다음을 참고하라. L. E. Ballentine, "Resource Letter IQM-2: Foundations of Quantum Mechanics since the Bell Inequalities," *American Journal of Physics* 55 (September 1987): 785–92, on 787.

26. 여러 평론가들이 카프라의 책이 "이념적"으로 사용된 것을 강조했다: 물리학자들은 이것을 당시 반과학적 정서에 대한 대비책으로 사용했다. 다음을 참고하라. Kauffman, "Tao of Physics," 461; Restivo, "Parallels and Paradoxes, Part II," 39, 43, 45, 47, 53; Scerri, "Eastern Mysticism," 688.

27. Kaiser, How the Hippies Saved Physics, 164–69, 276–83, 312–13.

28. 다음을 함께 참고하라: Cyrus C. M. Mody, "Santa Barbara Physicists in the Vietnam Era," in Kaiser and McCray, Groovy Science, 70–106.

9장 두 거인 이야기: 초전도 슈퍼충돌기와 대형 강입자 충돌기

이 글은 일부는 원래 다음 매체에 실렸던 것이다. *London Review of Books* 31 (17 December 2009): 19–20; *London Review of Books*, 22 March 2010.

1. 나는 솔레노이드 검출기 공동 연구에 인턴으로 참여했다.

2. David Kaiser, "Distinguishing a Charged Higgs Signal from a Heavy WR Signal," *Physics Letters B* 306 (1993): 125–28.

3. Daniel Kevles, "Preface, 1995: The Death of the Superconducting Super Collider in the Life of American Physics," in *The Physicists: The History of a Scientific Community in Modern America* (1978), 3rd ed. (Cambridge, MA: Harvard University Press, 1995), ix–xlii; Michael Riordan, Lillian Hoddeson, and Adrienne Kolb, *Tunnel Visions: The Rise and Fall of the Superconducting Super Collider* (Chicago: University of Chicago Press, 2015); Joseph Martin, *Solid State Insurrection: How the Science of Substance Made American Physics Matter* (Pittsburgh, PA: University of Pittsburgh Press, 2018), chap. 9.

4. John Heilbron and Robert Seidel, *Lawrence and His Laboratory* (Berkeley: University of California Press, 1989), 135, 235–40, 478–84.

5. 다음 책에서 나온 이야기다. Robert Serber with Robert P. Crease, *Peace and War: Reminiscences of a Life on the Frontiers of Science* (New York: Columbia University Press, 1998), 148.

6. Peter Westwick, *The National Labs: Science in an American System*, 1947–1974 (Cambridge, MA: Harvard University Press, 2003).

7. Richard Hewlett and Francis Duncan, *A History of the United States Atomic Energy Commission*, vol. 2, *Atomic Shield*, 1947–1952 (University Park: Pennsylvania State University Press, 1969), 249–50; Robert Seidel, "Accelerating Science: The Postwar Transformation of the Lawrence Radiation Laboratory," *Historical Studies in the Physical Sciences* 13 (1983): 375–400, on 394–97; 헨리 드월프 스미스의 말이 인용되었다. Robert Seidel, "A Home for Big Science: The Atomic Energy Commission's Laboratory System," *Historical Studies in the Physical Sciences* 16 (1986): 135–75, on 148.

8. 1961년 7월 27일 조지프 플랫이 폴 맥대니얼에게 보낸 제안서가 인용되었다. Robert Seidel, "The Postwar Political Economy of HighEnergy Physics,"

in Pions to *Quarks: Particle Physics in the 1950s*, ed. Laurie Brown, Max Dresden, and Lillian Hoddeson (New York: Cambridge University Press, 1989), 497–507, on 502.

9. 페르미연구소의 초대 소장인 로버트 윌슨의 1969년 의회 증언이 인용되었다. Lillian Hoddeson, Adrienne Kolb, and Catherine Westfall, *Fermilab: Physics, the Frontier, and Megascience* (Chicago: University of Chicago Press, 2008), 13–14.

10. 다음 예를 참고하라. Steven Weinberg, *Dreams of a Final Theory* (New York: Pantheon, 1993); Leon Lederman with Dick Teresi, *The God Particle* (Boston: Houghton Mifflin, 1993); cf. Martin, *Solid State Insurrection*, chap. 9. SSC 초기 사업에 관해서는 다음을 참고하라. Riordan, Hoddeson, and Kolb, *Tunnel Visions*, chaps. 2–3.

11. Geoff Brumfiel, "LHC Sees Particles Circulate Once More," *Nature*, 23 November 2009, doi:10.1038/news.2009.1104.

12. Ian Sample, "Totally Stuffed: CERN's Electrocuted Weasel to Go on Display," *Guardian*, 27 January 2017.

13. 다음 예를 참고하라. Dominique Pestre and John Krige, "Some Thoughts on the Early History of CERN," in *Big Science: The Growth of Large-Scale Research*, ed. Peter Galison and Bruce Hevly (Stanford: Stanford University Press, 1992), 78–99.

10장 표준 모형, 무에서 유를 창조하다

이 글의 일부는 원래 다음 매체에 실렸던 것이다. *London Review of Books* 31 (17 December 2009): 19–20.

1. Murray Gell-Mann, "A Schematic Model of Baryons and Mesons," *Physics Letters* 8 (1964): 214–15. Preprints of Zweig's 1964 papers are available on the CERN website: George Zweig, "An SU3 Model for Strong Interaction Symmetry and Its Breaking," version 1 (dated 17 January 1964), http://cds.cern.ch/record/352337/files; George Zweig, "An SU3 Model for Strong Interaction Symmetry and Its Breaking," version 2 (dated 21 February

1964), http://cds.cern.ch/record/570209/files. See also Michael Riordan, *The Hunting of the Quark: A True Story of Modern Physics* (New York: Simon and Schuster, 1987).

2. 다음 예를 참고하라. Lillian Hoddeson, Laurie Brown, Michael Riordan, and Max Dresden, eds., *The Rise of the Standard Model* (New York: Cambridge University Press, 1997).

3. MIT 물리학자 프랭크 윌첵은 이 과정을 "개념의 세상에서 물질의 세상으로의" 연금술에 가까운 전환이라고 기술했다. 다음을 참고하라. Frank Wilczek, *The Lightness of Being: Mass, Ether, and the Unification of Forces* (New York: Basic, 2008), 186.

4. Peter Galison, *How Experiments End* (Chicago: University of Chicago Press, 1987), chap. 4.

5. Wilczek, *Lightness of Being*.

6. Adrian Cho, "At Long Last, Physicists Calculate the Proton's Mass," *Science*, 21 November 2008.

11장   힉스 사냥: 한밤중의 숨바꼭질

이 글의 일부는 원래 다음 매체에 실렸던 것이다. *London Review of Books* 33 (25 August 2011): 20; *London Review of Books*, 6 July 2012 (온라인); *Huffington Post*, 10 February 2014.

1. 파인먼의 이야기는 다음에서 인용되었다. Michael Riordan, *The Hunting of the Quark: A True Story of Modern Physics* (New York: Simon and Schuster, 1987), 152.

2. Leon Lederman with Dick Teresi, *The God Particle* (Boston: Houghton Mifflin, 1993).

3. 다음 예를 참고하라. Lillian Hoddeson, Laurie Brown, Michael Riordan, and Max Dresden, eds., *The Rise of the Standard Model* (New York: Cambridge University Press, 1997), chap. 28; Sean Carroll, *The Particle at the End of the Universe: How the Hunt for the Higgs Boson Leads Us to the Edge of a New World* (New York: Dutton, 2012), chap. 8.

4. F. Englert and R. Brout, "Broken Symmetry and the Mass of Gauge Vector Mesons," *Physical Review Letters* 13 (1964): 321–23; Peter Higgs, "Broken Symmetries and the Masses of Gauge Bosons," Physical Review Letters 13 (1964): 508–9; G. S. Guralnik, C. R. Hagen, and T. W. B. Kibble, "Global Conservation Laws and Massless Particles," *Physical Review Letters* 13 (1964): 585–87.

5. Frank Wilczek, "Thanks, Mom! Finding the Quantum of Ubiquitous Resistance," *NOVA: The Nature of Reality* (blog), 4 July 2012, http://www. pbs.org/wgbh/nova/blogs/physics/2012/07/thanks-mom; John Ellis, "What Is the Higgs Boson?," https://videos.cern.ch/record/1458922.

6. 다음 예를 참고하라. Carroll, *Particle at the End of the Universe*.

7. See Peter Galison, *Image and Logic: A Material Culture of Microphysics* (Chicago: University of Chicago Press, 1997).

8. John Gunion, Howard Haber, Gordon Kane, and Sally Dawson, *The Higgs Hunter's Guide* (New York: Addison-Wesley, 1990).

9. 2011년 12월 13일 CERN 기자회견 영상은 다음에서 볼 수 있다. https://videos.cern.ch/record/1406043.

10. G. Aad et al. (ATLAS Collaboration), "Observation of a New Particle in the Search for the Standard Model Higgs Boson with the ATLAS Detector at the LHC," *Physics Letters B* 716 (2012): 1–29; S. Chatrchyan et al. (CMS Collaboration), "Observation of a New Boson at a Mass of 125 GeV with the CMS Experiment at the LHC," *Physics Letters B* 716 (2012): 30–61.

11. 다음 데이터베이스에서 '힉스Higgs' 그리고/또는 '전자기 약작용 대칭성 깨짐 electroweak symmetry breaking'으로 제목, 초록, 검색어를 검색한 결과다. Thomson Reuters Web of Knowledge database (Science Citation Index).

12. Matthew Strassler, *Of Particular Significance* (blog), 4 July 2012, https://profmattstrassler.com/2012/07/04/the-day-of-the-higgs.

12장 두 개로 보이는 것이 하나라면

이 글은 원래 다음 매체에 실렸던 것이다. *Social Studies of Science* 36 (August 2006):

533–64; Scientific American 296 (June 2007): 62–69. 허가하에 재출간되었다. Copyright 2007, *Scientific American*, a Division of Springer Nature America, Inc. All rights reserved.

1.   F. L. Bezrukov and M. E. Shaposhnikov, "The Standard Model Higgs Boson as the Inflaton," *Physics Letters B* 659 (2008): 703, https://arxiv.org/abs/0710.3755.

2.   E.g., D. I. Kaiser, "Constraints in the Context of Induced Gravity Inflation," *Physical Review D* 49 (1994): 6347–53, https://arxiv.org/abs/astro-ph/9308043; D. I. Kaiser, "Induced-Gravity Inflation and the Density Perturbation Spectrum," *Physics Letters B* 340 (1994): 23–28, https://arxiv.org/abs/astro-ph/9405029; D. I. Kaiser, "Primordial Spectral Indices from Generalized Einstein Theories," *Physical Review D* 52 (1995): 4295–4306, https://arxiv.org/abs/astro-ph/9408044.

3.   Rates of preprints derived from data available at https://arxiv.org (accessed 24 October 2018).

4.   다음 예를 참고하라. Max Jammer, *Concepts of Mass in Classical and Modern Physics* (Cambridge, MA: Harvard University Press, 1961); Max Jammer, *Concepts of Mass in Contemporary Physics and Philosophy* (Princeton: Princeton University Press, 2000).

5.   마흐의 원리에 관한 기본서는 다음을 참고하라. Clifford Will, *Was Einstein Right? Putting General Relativity to the Test*, 2nd ed. (New York: Basic, 1993), 149–53. 다음도 함께 참고하라. Julian Barbour and Herbert Pfister, eds., *Mach's Principle: From Newton's Bucket to Quantum Gravity* (Boston: Birkhäuser, 1995). 마흐가 아인슈타인에게 미친 영향에 관해서는 특히 다음을 참고하라. Gerald Holton, "Mach, Einstein, and the Search for Reality," in *Thematic Origins of Scientific Thought: Kepler to Einstein*, 2nd ed. (Cambridge, MA: Harvard University Press, 1998), chap. 7; Carl Hoefer, "Einstein's Struggle for a Machian Gravitation Theory," *Studies in History and Philosophy of Science* 25 (1994): 287–335; Michel Janssen, "Of Pots and Holes: Einstein's Bumpy Road to General Relativity," *Annalen der Physik* 14 Suppl. (2005): 58–85.

6.   다음 예를 참고하라. Laurie Brown, Max Dresden, and Lillian Hoddeson,

eds., *Pions to Quarks: Particle Physics in the 1950s* (New York: Cambridge University Press, 1989); Laurie Brown and Helmut Rechenberg, *The Origin of the Concept of Nuclear Forces* (Philadelphia: Institute of Physics Publishing, 1996); Lillian Hoddeson, Laurie Brown, Michael Riordan, and Max Dresden, eds., *The Rise of the Standard Model: Particle Physics in the 1960s and 1970s* (New York: Cambridge University Press, 1997).

7.   Carl H. Brans, "Mach's Principle and a Varying Gravitational Constant" (PhD diss., Princeton University, 1961); Carl H. Brans and Robert H. Dicke, "Mach's Principle and a Relativistic Theory of Gravitation," *Physical Review* 124 (1961): 925–35. 칼텍 중력 연구 단체에 관해서는 다음을 참고하라. *Was Einstein Right?*, 156. 다른 물리학자들도 브랜스-딕의 연구 이전에 일반 상대성이론에 대한 비슷한 수정을 도입한 적이 있지만 초기의 시도는 물리학계에서 큰 관심을 얻지 못했다. 다음을 참조하라. Hubert Goenner, "Some Remarks on the Genesis of Scalar-Tensor Theories," *General Relativity and Gravitation* 44 (2012): 2077, https://arxiv.org/abs/1204.3455; Carl H. Brans, "Varying Newton's Constant: A Personal History of Scalar-Tensor Theories," *Einstein Online* 04 (2010): 1002.

8.   Jeffrey Goldstone, "Field Theories with 'Superconductor' Solutions," *Nuovo cimento* 19 (1961): 154–64. 다음을 함께 참고하라. Laurie Brown and Tian-Yu Cao, "Spontaneous Breakdown of Symmetry: Its Rediscovery and Integration into Quantum Field Theory," *Historical Studies in the Physical and Biological Sciences* 21 (1991): 211–35; Laurie Brown, Robert Brout, Tian Yu Cao, Peter Higgs, and Yoichiro Nambu, "Panel Session: Spontaneous Breaking of Symmetry," in Hoddeson et al., *Rise of the Standard Model*, 478–522.

9.   Peter W. Higgs, "Broken Symmetries, Massless Particles, and Gauge Fields," *Physics Letters B* 12 (1964): 132–33; Peter W. Higgs, "Broken Symmetries and the Masses of Gauge Bosons," *Physical Review Letters* 13 (1964): 508–9; Peter W. Higgs, "Spontaneous Symmetry Breakdown without Massless Bosons," *Physical Review* 145 (1966): 1156–63.

10.   다음을 참고하라. https://inspirehep.net.

11.   이 통계는 지식의웹Web of Knowledge 데이터베이스에서 1961년 브랜스-딕의 논

문과 힉스의 1964년, 1966년 논문 인용 횟수에 관한 것이다; 이 기간에 물리학자들은 힉스의 여러 논문을 한 번에 인용하는 경향이 있었다. 고에너지 물리학 데이터베이스 인스파이어Inspire 대신에 지식의웹을 사용해서 인용 횟수를 추적한 이유는 1960년대 초반에 인스파이어에서는 중력과 우주론보다는 입자물리학에 한정된 논문을 다루었기 때문이다. 그럼에도 2018년 10월 기준 인스파이어에서 브랜스딕의 1961년 논문 인용 횟수가 2,998회이고, 힉스의 1964년 논문들은 각각 4,893회와 4,192회, 1966년 논문은 2,867회였다. 당시 인스파이어의 인용 횟수 통계에 따르면 총 100만 편이 넘는 논문 중에서 2,998회 이상 인용된 논문은 123편에 불과했다. 다음을 참고하라. https://inspirehep.net/search?of=hcs&action_search=Search (accessed 24 October 2018).

12. 마찬가지로, 자발적 대칭 깨짐에 관한 골드스톤의 1961년 논문은 1961년과 1981년 사이에 지식의웹 데이터베이스에서 487회 인용되었음에도, 같은 시기에 브랜스딕 논문과 골드스톤의 논문을 동시에 인용한 논문은 한 편에 불과했다.

13. Physics Survey Committee, *Physics: Survey and Outlook* (Washington, DC: National Academy of Sciences, 1966), 38–45, 52, 95, 111.

14. Cf., e.g., Y. B. Zel'dovich and I. D. Novikov, *Relativistic Astrophysics,* vol. 2, trans. Leslie Fishbone (1975; Chicago: University of Chicago Press, 1983), with Steven Weinberg, *Gravitation and Cosmology* (New York: Wiley, 1972).

15. David Gross and Frank Wilczek, "Ultraviolet Behavior of Nonabelian Gauge Theories," *Physical Review Letters* 30 (1973): 1343–46; David Gross and Frank Wilczek, "Asymptotically Free Gauge Theories, I," *Physical Review D* 8 (1973): 3633–52; David Gross and Frank Wilczek, "Asymptotically Free Gauge Theories, II," *Physical Review D* 9 (1974): 980–93; H. David Politzer, "Reliable Perturbative Results for Strong Interactions?," *Physical Review Letters* 30 (1973): 1346–49; H. David Politzer, "Asymptotic Freedom: An Approach to Strong Interactions," *Physics Reports* 14 (1974): 129–80.

16. Howard Georgi and Sheldon Glashow, "Unity of All Elementary Particle Forces," *Physical Review Letters* 32 (1974): 438–41. See also Jogesh Pati and Abdus Salam, "Unified Lepton-Hadron Symmetry and a Gauge Theory of the Basic Interactions," *Physical Review D* 8 (1973): 1240–51.

17. 다음 예를 참고하라. Heinz Pagels, *The Cosmic Code: Quantum Physics as the Language of Nature* (New York: Bantam, 1982), 275–77; Paul Davies, *God and the New Physics* (New York: Penguin, 1984), 159–60; John Gribben, *In Search of the Big Bang: Quantum Physics and Cosmology* (New York: Bantam, 1986), 293, 307, 312, 321, 345; Robert Adair, *The Great Design: Particles, Fields, and Creation* (New York: Oxford University Press, 1987), 357; Alan Guth, "Starting the Universe: The Big Bang and Cosmic Inflation," in *Bubbles, Voids, and Bumps in Time: The New Cosmology,* ed. J. Cornell (New York: Cambridge University Press, 1989), 105–6; Edward W. Kolb, *Blind Watchers of the Sky: The People and Ideas That Shaped Our View of the Universe* (Reading, MA: AddisonWesley, 1996), 277–80; Brian Greene, *The Elegant Universe: Superstrings, Hidden Dimensions, and the Quest for the Ultimate Theory* (New York: W. W. Norton, 1999), 177. See also Marcia Bartusiak, *Thursday's Universe: A Report from the Frontier on the Origin, Nature, and Destiny of the Universe* (New York: Times Books, 1986), 227; Timothy Ferris, *Coming of Age in the Milky Way* (New York: Anchor, 1988), 336–37; Dennis Overbye, *Lonely Hearts of the Cosmos: The Story of the Scientific Quest for the Secret of the Universe* (New York: HarperCollins, 1991), 204, 234.

18. David Schramm, "Cosmology and New Particles," in *Particles and Fields, 1977,* ed. P. A. Schreiner, G. H. Thomas, and A. B. Wicklund (New York: American Institute of Physics, 1978), 87–101; Gary Steigman, "Cosmology Confronts Particle Physics," *Annual Review of Nuclear and Particle Science* 29 (1979): 313–37; R. J. Tayler, "Cosmology, Astrophysics, and Elementary Particle Physics," *Reports on Progress in Physics* 43 (1980): 253–99. 게리 스 테이그만은 대통일에 관한 새로운 연구를 소개하면서 슬쩍, 하지만 명확하 게 대통일 이론을 "이 리뷰의 범위를 벗어난 것"이라고 말했다. (328, 336). 대통일 이론에 관해 이제는 유명해진 조자이와 글래쇼의 1974년 논문은 1974년에서 1978년 사이에 세계적으로 인용 횟수가 50회가 채 되지 않았지 만, 1980년이 시작할 무렵에 200회 이상으로 증가했다. 앤서니 지 역시 1970 년대 말까지 대통일 이론은 심지어 입자물리학자들 사이에서조차 주목 을 받지 못했다고 회상했다. 다음을 참고하라. Anthony Zee, *An Old Man's*

Toy: Gravity at Work and Play in Einstein's Universe (New York: Macmillan, 1989), 117.

19. David Kaiser, "Cold War Requisitions, Scientific Manpower, and the Production of American Physicists after World War II," Historical Studies in the Physical and Biological Sciences 33 (2002): 131–59; David Kaiser, "Booms, Busts, and the World of Ideas: Enrollment Pressures and the Challenge of Specialization," Osiris 27 (2012): 276–302. See also Daniel Kevles, *The Physicists: The History of a Scientific Community in Modern America,* 3rd ed. (Cambridge, MA: Harvard University Press, 1995), chaps. 24–25.

20. Kevles, *Physicists,* 421.

21. Physics Survey Committee, *Physics in Perspective* (Washington, DC: National Academy of Sciences, 1972), 1:367; Physics Survey Committee, *Physics through the 1990s:* An Overview (Washington, DC: National Academy Press, 1986), 98.

22. Physics Survey Committee, *Physics in Perspective,* 1:119.

23. 1959년 4월 14일, 아서 베이저가 맬컴 존슨에게. LIS box 12, folder "Yilmaz: Relativity." 교과서에 있는 그림들은 미국 의회 도서관의 온라인 목록에서 키워드와 도서 정리 코드로 검색한 것이다. 다음을 참조하라. David Kaiser, "A *Psi* Is Just a Psi? Pedagogy, Practice, and the Reconstitution of General Relativity, 1942–1975," *Studies in the History and Philosophy of Modern Physics* 29 (1998): 321–38. See also Achilleus Papetrou, *Lectures on General Relativity* (Boston: Reidel, 1974).

24. Anthony Zee, "Broken-Symmetric Theory of Gravity," *Physical Review Letters* 42 (1979): 417–21; Lee Smolin, "Towards a Theory of Spacetime Structure at Very Short Distances," *Nuclear Physics B* 160 (1979): 253–68.

25. Yasunori Fujii, "Scalar-Tensor Theory of Gravitation and Spontaneous Breakdown of Scale Invariance," *Physical Review D* 9 (1974): 874–76; F. Englert, E. Gunzig, C. Truffin, and P. Windey, "Conformal Invariant General Relativity with Dynamical Symmetry Breakdown," *Physics Letters B* 57 (1975): 73–77; P. Minkowski, "On the Spontaneous Origin of Newton's Constant," *Physics Letters B* 71 (1977): 419–21; T. Matsuki, "Effects of the

Higgs Scalar on Gravity," *Progress of Theoretical Physics* 59 (1978): 235–41; E. M. Chudnovskii, "Spontaneous Breaking of Conformal Invariance and the Higgs Mechanism," *Theoretical and Mathematical Physics* 35 (1978): 538–39.

26. 지와 스몰린의 중력 방정식은 브랜스와 딕이 한 것과는 조금 다른 방식으로 매개변수를 결정했다. 이들은 스칼라장에 질량의 차원을 부여하는 일반적인 입자물리학 관습을 따랐다(4차원 공간에서 정의되는 이론을 위해서). 이 단위에서 뉴턴의 중력상수 G는 단위/질량의 제곱이다. 따라서 지와 스몰린은 각각 G를 원래의 브랜스딕 연구에서처럼 이 스칼라장에 대해서 제곱의 역비례가 아닌 역비례의 제곱과 동일하다고 설정했다.

27. 1977년 2월, 앤서니 지가 존 휠러에게. "Wheeler Family Gathering," vol. 2 (a collection of reminiscences by Wheeler's former students), 사본은 다음 기관에서 구할 수 있다. Niels Bohr Library, call number AR167, American Institute of Physics, College Park, MD; 2005년 5월 16일, 앤서니 지와 저자의 전화 인터뷰, 16 May 2005.

28. 2004년 12월 1일, MIT에서 리 스몰린과의 인터뷰. 다음을 함께 참고하라. *The Life of the Cosmos* (New York: Oxford University Press, 1997), 7–8, 50; Lee Smolin, "A Strange Beautiful Girl in a Car," in *Curious Minds: How a Child Becomes a Scientist,* ed. John Brockman (New York: Random House, 2004), 71–78. 시드니 콜먼이 강의한 하버드대학교 일반 상대성이론 수업에 대해서는 다음을 참조하라. Kaiser, "A *Psi* Is Just a *Psi*?," 331–33.

29. Edward W. Kolb and Michael S. Turner, *The Early Universe* (Reading, MA: Addison-Wesley, 1990). 또한 다음을 함께 참고하라. David Kaiser, "Whose Mass Is It Anyway? Particle Cosmology and the Objects of Theory," *Social Studies of Science* 36 (2006): 533–64, on 549–50. 페르미연구소의 입자천체물리학연구소의 설립에 관해서는 다음을 참조하라. Overbye, *Lonely Hearts of the Cosmos,* 206–11; Steve Nadis, "The Lost Years of Michael Turner," *Astronomy* 32 (April 2004): 44–49, on 48.

30. 공정하게 말해서 브랜스딕의 것과 같은 장과 힉스의 것과 같은 장을 결합한 모형을 생각한 다른 물리학자들이 가정한 것과 같이 초기에는 나도 힉스 장은 아마 대통일 이론의 규모에서 모종의 고에너지 대칭 깨짐과 관련이 있을지도 모른다고 가정했다. 따라서 나는 표준 모형의 힉스 장을 고려했다기보다 여러 매개변수의 다양한 범위에 집중해 왔다. 다음을 함께 참고하

라. David Kaiser, "Nonminimal Couplings in the Early Universe: Multifield Models of Inflation and the Latest Observations," in *At the Frontier of Spacetime: Scalar-Tensor Theory, Bell's Inequality, Mach's Principle, Exotic Smoothness,* ed. T. AsselmeyerMaluga (New York: Springer, 2016), 41–57, http://arxiv.org/abs/1511.09148.

13장 호킹의 외계인이 남긴 메시지

이 글은 원래 다음 매체에 실렸던 것이다. *London Review of Books* 32 (8 July 2010): 34–35.

1. Ki Mae Heussner, "Stephen Hawking: Alien Contact Could Be Risky," 26 April 2010, ABCNews.com.

2. Steven J. Dick, *Life on Other Worlds: The Twentieth Century Extraterrestrial Life Debate* (New York: Cambridge University Press, 2001).

3. Giuseppe Cocconi and Philip Morrison, "Searching for Interstellar Communications," Nature 184 (19 September 1959): 844–46.

4. Cocconi and Morrison, "Searching for Interstellar Communications."

5. Cocconi and Morrison, "Searching for Interstellar Communications."

6. Silvan S. Schweber, *In the Shadow of the Bomb: Oppenheimer, Bethe, and the Moral Responsibility of the Scientist* (Princeton: Princeton University Press, 2000), 130–45.

7. Frank Drake and Dava Sobel, *Is Anyone Out There? The Scientific Search for Extraterrestrial Intelligence* (New York: Delacorte, 1992).

8. Paul Davies, *The Eerie Silence: Renewing Our Search for Alien Intelligence* (Boston: Houghton Mifflin, 2010).

9. Davies, *Eerie Silence,* 175.

10. Jennifer Burney, "The Search for Extraterrestrial Intelligence: Changing Science Here on Earth" (AB thesis, Harvard University, 1999).

11. Burney, "Search for Extraterrestrial Intelligence," 78–84. On more recent efforts, 다음 예를 참고하라. Chelsea Gohd, "Breakthrough Listen Launches New Search for E.T. across Millions of Stars," 8 May 2018, Space.com.

12.   Burney, "Search for Extraterrestrial Intelligence," chap. 4.

13.   Davies, *Eerie Silence,* 198.

14.   Peter Galison and Robb Moss, *Containment* (documentary film, 2015), http://www.containmentmovie.com.

14장 중력에 보내는 찬사

이 글은 원래 다음 매체에 실렸던 것이다. Isis 103 (March 2012): 126–38.

1.   Charles W. Misner, Kip S. Thorne, and John A. Wheeler, *Gravitation* (San Francisco: W. H. Freeman, 1973). 책의 별명에 대해서는 다음을 참고하라. 다음 예를 참고하라. "Chicago Undergraduate Physics Bibliography," accessed 8 July 2011, http://www.ocf.berkeley.edu/~abhishek/chicphys.htm.

2.   상대성이론에 관한 초기 아인슈타인 연구에 관한 간결한 소개는 다음을 참고하라. Michel Janssen, "'No Success like Failure': Einstein's Quest for General Relativity," in *The Cambridge Companion to Einstein,* ed. Michel Janssen and Christoph Lehner (New York: Cambridge University Press, 2014), 167–227; Hanoch Gutfreund and Jürgen Renn, *The Road to Relativity: The History and Meaning of Einstein's "The Foundation of General Relativity"* (Princeton: Princeton University Press, 2015); Michel Janssen and Jürgen Renn, "Arch and Scaffold: How Einstein Found His Field Equations," *Physics Today* 68, no. 11 (November 2015): 30–36; Matthew Stanley, *Einstein's War: How Relativity Triumphed amid the Vicious Nationalism of World War I* (New York: Dutton, 2019).

3.   아인슈타인의 서문. Peter G. Bergmann, *Introduction to the Theory of Relativity* (New York: Prentice-Hall, 1942), v. 에딩턴의 일식 관측 원정대와 상대성이론의 초기 수용에 관해서는 다음을 참조하라. Jean Eisenstaedt, *The Curious History of Relativity: How Einstein's Theory of Gravity Was Lost and Found Again* (Princeton: Princeton University Press, 2006); Jeffrey Crelinstein, *Einstein's Jury: The Race to Test Relativity* (Princeton: Princeton University Press, 2006); Matthew Stanley, *Practical Mystic: Religion, Science, and A. S. Eddington* (Chicago: University of Chicago Press, 2007), chap. 3;

Hanoch Gutfreund and Jürgen Renn, *The Formative Years of Relativity: The History and Meaning of Einstein's Princeton Lectures* (Princeton: Princeton University Press, 2017); Daniel Kennefick, *No Shadow of a Doubt: The 1919 Eclipse That Confirmed Einstein's Theory of Relativity* (Princeton: Princeton University Press, 2019); Stanley, Einstein's War.

4.   1950년대와 1960년대에 물리학과에서 다시 상대성이론 강좌를 제공한 것에 관해서는 다음을 참조하라. David Kaiser, "A Psi Is Just a Psi? Pedagogy, Practice, and the Reconstitution of General Relativity, 1942–1975," *Studies in the History and Philosophy of Modern Physics* 29 (1998): 321–38; Daniel Kennefick, *Traveling at the Speed of Thought: Einstein and the Quest for Gravitational Waves* (Princeton: Princeton University Press, 2007), chap. 6; Alexander Blum, Roberto Lalli, and Jürgen Renn, "The Reinvention of General Relativity: A Historiographical Framework for Assessing One Hundred Years of Curved Space-Time," *Isis* 106 (September 2015): 598–620. 유능한 멘토로서 휠러에 관해서는 다음을 참조하라. Charles W. Misner, Kip S. Thorne, and Wojciech H. Zurek, "John Wheeler, Relativity, and Quantum Information," *Physics Today* 62, no. 4 (April 2009): 40–46; Terry M. Christensen, "John Wheeler's Mentorship: An Enduring Legacy," *Physics Today* 62, no. 4 (April 2009): 55–59.

5.   Steven Weinberg, *Gravitation and Cosmology: Principles and Applications of the General Theory of Relativity* (New York: Wiley, 1972); S. W. Hawking and G. F. R. Ellis, *The Large Scale Structure of Space-Time* (New York: Cambridge University Press, 1973).

6.   존 휠러의 자필 노트, "Thoughts on preface, Mon., 13 July 1970," in JAW series IV, box F-L, folder "Gravitation: Notes with Charles W. Misner and Kip S. Thorne." 또한 1973년 6월 13일, 미스너, 손, 휠러가 동료에게 책의 출간을 알리기 위해 보낸 서신은 다음 장소에 보관되어 있다. KST folder "MTW: Sample pages."

7.   존 휠러의 자필 노트. 머리말 원고에 끼워져 있었다. n.d. (late August 1970), 휠러의 자필 노트, "Plan of Book, Sat., 18 July 1970." (원문에서 강조), both in JAW series IV, box F-L, folder "Gravitation: Notes with Charles W. Misner and Kip S. Thorne." 저학년생용 과학 교과서의 사이드바에 관해서는 다음

을 참고하라. Sharon Traweek, *Beamtimes and Lifetimes: The World of High-Energy Physicists* (Cambridge, MA: Harvard University Press, 1988), 76–81.

8. 1970년 10월 14일 킵 손이 W. H. 프리먼 편집자 얼 톤드로에게. KST folder "MTW: Correspondence, 1970–May, 1973." 다음을 함께 참조하라. 1971년 1월 28일 손이 W. H. 프리먼의 로버트 이시카와 에이든 켈리에게. KST folder "MTW"; 1972년 11월 29일, W. H. 프리먼의 이반 길레스피이 킵 손에게. KST folder "MTW: Publishing company, 1970–71, 1971–72."

9. 1973년 6월 21일, 킵 손이 Y. B. 젤도비치와 I. D. 노비코브에게. KST folder "MTW: Correspondence, June, 1973–."

10. 1971년 1월 28일 손이 이시카와와 켈리에게.

11. 1972년 2월 17일, 킵 손이 존 휠러와 찰스 미스너에게(암브루스터에게 참조). KST folder "MTW: Correspondence, 1970–May, 1973."

12. 1972년 2월 17일, 손이 휠러와 미스너에게(암브루스터에게 참조). 다음을 함께 참조하라. 1973년 6월 13일, 미스너, 손, 휠러가 동료들에게 보낸 편지.

13. 1973년 4월 10일, 손이 브루스 암브루스터에게(와인버그 책과 인세 비교). KST folder "MTW: Publishing company, 1970–71, 1971–72." 가격에 관해서는 다음을 참조하라. 1979년 2월 14일, 손이 W. H. 프리먼 회장 리처드 워링턴, 과학 편집자 피터 렌즈, 재정 담당 루 키믹에게. JAW series II, box Fr-Gl, folder "W. H. Freeman and Co., Publishers"; 1972년 11월 2일, 손이 휠러와 미스너에게. KST folder "MTW"; 1982년 11월 18일, 미스너가 휠러와 손에게. KST folder "MTW" (사본은 다음에서도 구할 수 있다. JAW series II, box Fr-Gl, folder "W. H. Freeman and Co., Publishers"); 1993년 6월 인세 명세서. KST folder "MTW: Royalty statements."

14. Dennis Sciama, "Modern View of General Relativity," *Science* 183 (22 March 1974): 1186; Michael Berry, review in *Science Progress* 62, no. 246 (1975): 356–60, on 360; David Park, "Ups and Downs of 'Gravitation,'" *Washington Post*, 21 April 1974, 4. 다음을 함께 참조하라. D. Allan Bromley, review in *American Scientist* (January–February 1974): 101–2.

15. L. Resnick, review in *Physics in Canada*, June 1975, clipping in KST folder "MTW: Reviews"; S. Chandrasekhar, "A Vast Treatise on General Relativity," *Physics Today*, August 1974, 47–48, on 48; W. H. McCrea, review in *Contemporary Physics* 15, no. 4 (July 1974), clipping in KST folder "MTW:

Reviews."

16.   존 휠러의 자필 노트, "Thoughts on preface, Mon., 13 July 1970." 휠러의 방
        식에 관해서는 다음을 함께 참고하라. John A. Wheeler with Kenneth Ford,
        Geons, Black Holes, and Quantum Foam: A Life in Physics (New York: W. W.
        Norton, 1998); Misner, Thorne, and Zurek, "John Wheeler, Relativity, and
        Quantum Information."

17.   Sciama, "Modern View of General Relativity," 1186; Resnick, review in
        Physics in Canada; J. Bicak, review in *Bulletin of the Astronomical Institute
        of Czechoslovakia* 26, no. 6 (1975): 377–78.

18.   Alan Farmer, review in *Journal of the British Interplanetary Society* 27 (1974):
        314–15, on 314; Ian Roxburgh, "Geometry Is All, or Is It?," New Scientist, 26
        September 1974, 828.

19.   Chandrasekhar, "A Vast Treatise on General Relativity," 48; 1974년 6월 21
        일, 손이 찬드라세카르에게. KST folder "MTW: Reviews." 찬드라세카르
        의 경력에 관해서는 다음을 참고하라. K. C. Wali, *Chandra: A Biography
        of S. Chandrasekhar* (Chicago: University of Chicago Press, 1991); Arthur I.
        Miller, *Empire of the Stars: Obsession, Friendship, and Betrayal in the Quest
        for Black Holes* (Boston: Houghton Mifflin, 2005).

20.   1983년 킵 손이 피터 렌즈에게. KST folder "MTW"; 1979년 2월 14일, 손이
        워링턴, 렌즈, 키믹에게 『중력』과 와인버그의 경쟁작의 연매출에 관해.

21.   1993년 6월, 인세에 관한 내용은 다음을 참조하라. KST folder "MTW:
        Royalty statements." 박사학위 수여자 비율에 관해서는 다음을 참조하
        라. David Kaiser, "Cold War Requisitions, Scientific Manpower, and the
        Production of American Physicists after World War II," *Historical Studies in
        the Physical and Biological Sciences* 33 (2002): 131–59; David Kaiser, "Booms,
        Busts, and the World of Ideas: Enrollment Pressures and the Challenge of
        Specialization," *Osiris* 27 (2012): 276–302.

22.   1983년 8월 10일, 킵 손이 피터 렌즈에게. KST folder "MTW."

23.   Park, "Ups and Downs of 'Gravitation,'" 4.

24.   Robert Pincus, "Gravity Theory Excites the Mind," clipping in KST folder
        "MTW: Reviews." 날짜, 제목, 쪽 번호는 없지만 서평과 같은 페이지에 나온
        광고는 분명히 텍사스주 샌안토니오에 관한 것이었다.

25.   다음 예를 참고하라. 1974년 1월 10일, 안제이 트라우트먼이 미스너, 손, 휠러에게. KST folder "MTW"; 1974년 2월 1일, 하인즈 파겔스가 휠러에게. KST folder "MTW Reviews"; 1974년 11월 12일, 필립 B. 버트가 휠러에게. KST folder "MTW"; 1978년 3월 10일, 로버트 라비노프가 미스너, 손, 휠러에게. KST folder "MTW: Reviews."

26.   1976년 7월 20일, 루이지 비냐토가 찰스 미스너, 킵 손, 존 휠러에게. KST folder "MTW: Correspondence, June, 1973–"; Wheeler to Vignato, 2 August 1976, 같은 폴더. 휠러는 비냐토의 질문에 직접 대답하는 대신 그가 최근에 기고한 글을 보냈다: John Wheeler, "Genesis and Observership," in *Foundational Problems in the Special Sciences,* ed. Robert E. Butts and Jaakko Hintikka (Boston: Reidel, 1977), 3–33.

27.   1983년 8월, 자돌 미첼이 미스너, 킵 손, 존 휠러에게. KST folder "MTW."

28.   1980년 댄 폴리가 킵 손에게. KST folder "MTW." 다음도 함께 참조하라. 1980년 2월 27일, 손이 폴리에게. 같은 폴더.

29.   1979년 6월 28일, 존 휠러가 피터 렌즈에게. KST folder "MTW"; copy also in JAW series II, box Fr-Gl, folder "W. H. Freeman and Co. Publishers."

30.   Charles W. Misner, Kip S. Thorne, and John A. Wheeler, Gravitation (repr., Princeton: Princeton University Press, 2017).

15장   또 하나의 진화 전쟁: 빅뱅 이론부터 끈 이론까지

이 글은 원래 다음 매체에 실렸던 것이다. *American Scientist* 95 (November–December 2007): 518–25.

1.   헤라클레이토스가 한 이야기들, 특히 변화의 본질에 관한 생각은 다음을 참고하라. Daniel W. Graham, "Heraclitus," in *Stanford Encyclopedia of Philosophy* (Fall 2015 ed.), sec. 3.1, https://plato.stanford.edu/archives/fall2015/entries/heraclitus.

2.   Christopher Smeenk, "Einstein's Role in the Creation of Relativistic Cosmology," in *The Cambridge Companion to Einstein,* ed. Michel Janssen and Christoph Lehner (New York: Cambridge University Press, 2014), 228–69.

3. Helge Kragh, *Cosmology and Controversy: The Historical Development of Two Theories of the Universe* (Princeton: Princeton University Press, 1996), chap. 2; Eduard Tropp, Viktor Y. Frenkel, and Artur Chernin, *Alexander A. Friedmann: The Man Who Made the Universe Expand* (New York: Cambridge University Press, 2006).

4. Kragh, *Cosmology and Controversy*, chap. 2. 다음을 함께 참고하라. Dominique Lambert, *The Atom of the Universe: The Life and Work of Georges Lemaître,* trans. Luc Ampleman (New York: Copernicus Center Press, 2015); Helge Kragh and Robert W. Smith, "Who Discovered the Expanding Universe?," *History of Science* 41 (2003): 141–62. 르메트르, 허블, 그리고 허블의 데이터를 우주 팽창의 측면에서 본 초기 해석에 관해서는 다음을 참고하라. Mario Livio, "Mystery of the Missing Text Solved," *Nature* 479 (10 November 2011): 171–73; Elizabeth Gibney, "Belgian Priest Recognized in Hubble-Law Name Change," *Nature,* 30 October 2018, https://www.nature.com/articles/d41586–018– 07234-y.

5. 다음에서 인용. Kragh, *Cosmology and Controversy,* 48–49.

6. 다음에서 인용. Kragh, *Cosmology and Controversy,* 46 (Eddington), 56 (Tolman). 에딩턴의 접근법에 관해서는 다음을 함께 참조하라. Matthew Stanley, *Practical Mystic: Religion, Science, and A. S. Eddington* (Chicago: University of Chicago Press, 2007).

7. Edward Larson, *Summer for the Gods: The Scopes Trial and America's Continuing Debate over Science and Religion* (New York: Basic, 1997); Adam Shapiro, *Trying Biology: The Scopes Trial, Textbooks, and the Antievolution Movement in American Schools* (Chicago: University of Chicago Press, 2013).

8. "Topics of the Times," *New York Times,* 6 February 1923, 18; Simeon Strunsky, "About Books, More or Less: Excessively Up to Date," *New York Times,* 29 April 1928, BR3; "By-Products: In the Matter of Einstein, Tea-Kettles, Destiny, &c.," *New York Times,* 22 March 1931, E1; "Improving on Relativity," *New York Times,* 15 March 1939, 18.

9. 존스홉킨스 응용물리연구소에 관해서는 다음을 참조하라. Michael Aaron Dennis, "'Our First Line of Defense': Two University Laboratories in the Postwar American State," *Isis* 85 (1994): 427–55.

10.   Kragh, *Cosmology and Controversy,* chap. 3.

11.   George Gamow, *The Creation of the Universe* (New York: Viking, 1952); George Gamow, "The Role of Turbulence in the Evolution of the Universe," *Physical Review* 86 (1952): 251.

12.   Kragh, *Cosmology and Controversy,* chap. 4.

13.   Fred Hoyle, *The Nature of the Universe* (New York: Harper, 1950). 다음을 함께 참조하라. Helge Kragh, "Naming the Big Bang," *Historical Studies in the Natural Sciences* 44 (2012): 3–36.

14.   Ronald Numbers, *The Creationists* (New York: Knopf, 1992), chap. 10.

15.   Kragh, *Cosmology and Controversy,* chap. 7; Steven Weinberg, *The First Three Minutes* (New York: Basic, 1977).

16.   Dean Rickles, *A Brief History of String Theory* (New York: Springer, 2014). 다음을 함께 참조하라. Brian Greene, *The Elegant Universe: Superstrings, Hidden Dimensions, and the Quest for the Ultimate Theory* (New York: W. W. Norton, 1999).

17.   Lee Smolin, *The Trouble with Physics: The Rise of String Theory, the Fall of a Science, and What Comes Next* (Boston: Houghton Mifflin, 2006). See also Peter Woit, *The Failure of String Theory and the Search for Unity in Physical Law* (New York: Basic, 2006).

18.   다음 예를 참고하라. Lisa Randall, *Warped Passages: Unraveling the Mysteries of the Universe's Hidden Dimensions* (New York: Ecco, 2005).

19.   Leonard Susskind, *The Cosmic Landscape: String Theory and the Illusion of Intelligent Design* (New York: Little, Brown, 2005).

20.   "Billionaires: The Richest People in the World," *Forbes,* 5 March 2019, https://www.forbes.com/billionaires/3e3f70c1251c.

21.   팽창 우주론에 관한 쉬운 소개서는 다음을 참고하라. Alan Guth, *The Inflationary Universe: The Quest for a New Theory of Cosmic Origins* (New York: Basic, 1997).

22.   Susskind, Cosmic Landscape; Alexander Vilenkin, *Many Worlds in One: The Search for Other Universes* (New York: Farrar, Straus, and Giroux, 2007). On earlier discussions of the "anthropic principle" in physics, see John Barrow and Frank Tipler, eds., *The Anthropic Cosmological Principle* (New York:

Oxford University Press, 1986).

23.	Bernard le Bovier de Fontenelle, *Conversations on the Plurality of Worlds* (1686), trans. H. A. Hargreaves (Berkeley: University of California Press, 1990); Isaac Newton, *Four Letters from Sir Isaac Newton to Doctor Bentley, Containing Some Arguments in Proof of a Deity* (London: R. and J. Dodsley, 1756). 다음을 함께 참고하라. Rob Iliffe, "The Religion of Isaac Newton," in *The Cambridge Companion to Newton,* 2nd ed. (New York: Cambridge University Press, 2016), 485–523.

24.	Susskind, Cosmic Landscape, vii.

25.	다음 예를 참고하라. Dennis Overbye, "Zillions of Universes? Or Did Ours Get Lucky?," *New York Times,* 28 October 2003.

26.	베이컨의 말은 다음에서 인용된 것이다. James Glanz, "Science vs. the Bible: Debate Moves to the Cosmos," *New York Times,* 10 October 1999.

27.	Laurie Goodstein, "Judge Rejects Teaching Intelligent Design," *New York Times,* 21 December 2005; Andrew Revkin, "A Young Bush Appointee Resigns His Post at NASA," *New York Times,* 8 February 2006. See also John Brockman, ed., *Intelligent Thought: Science versus the Intelligent Design Movement* (New York: Vintage, 2006).

28.	Numbers, *Creationists,* chap. 9.

29.	David F. Coppedge, "State of the Cosmos Address Offered," 21 February 2005, https://crev.info/2005/02/state_of_the_cosmos_address_offered. Cf. Alan Guth and David Kaiser, "Inflationary Cosmology: Exploring the Universe from the Smallest to the Largest Scales," Science 307 (11 February 2005): 884–90, https://arxiv.org/abs/astro-ph/0502328.

16장   우주론의 황금시대: 이제 그들은 고독하지 않다

이 글은 원래 다음 매체에 실렸던 것이다. *London Review of Books* 33 (17 February 2011): 36–37.

1.	Dennis Overbye, *Lonely Hearts of the Cosmos: The Scientific Quest for the Secret of the Universe* (New York: HarperCollins, 1991).

2. COBE 임무에 관해서는 다음 예를 참고하라. George Smoot with Keay Davidson, *Wrinkles in Time* (New York: William Morrow, 1993).

3. 여기에서 인용된 수치는 다음에서 온 것이다. N. Aghanim et al. (Planck Collaboration), "Planck 2018 Results, VI: Cosmological Parameters," http:// arxiv.org/abs/1807.06209. 플랑크 팀이 2015년 측정 데이터를 공개한 후, 초신성과 같은 별개의 천체물리학적 현상을 관찰한 결과로 다른 연구팀이 허블 팽창률을 측정한 결과, 플랑크 값과 약 8퍼센트 차이나는 결과가 나왔다. 별개의 측정값들이 결국 수렴할지, 아니면 미미한 불일치가 아직 설명할 수 없는 새로운 물리학을 가리키는지는 아직 알지 못한다. 다음을 참고하라. Joshua Sokol, "Hubble Trouble," *Science,* 10 March 2017, 1010–14.

4. 쉬운 개요서로 다음 예를 참고하라. David Weintraub, *How Old Is the Universe?* (Princeton: Princeton University Press, 2010).

5. 펜로즈는 다음에서 이 연구의 대부분을 설명했다. Roger Penrose, *Cycles of Time* (New York: Knopf, 2010).

6. Aaron Wright, "The Origins of Penrose Diagrams in Physics, Art, and the Psychology of Perception, 1958–1962," *Endeavor* 37, no. 3 (2013): 133–39. 다음을 함께 참고하라. Aaron Wright, "The Advantages of Bringing Infinity to a Finite Place: Penrose Diagrams as Objects of Intuition," *Historical Studies in the Natural Sciences* 44, no. 2 (2014): 99–139.

7. Lisa Randall, *Warped Passages: Unraveling the Mysteries of the Universe's Hidden Dimensions* (New York: Ecco, 2005).

8. V. G. Gurzadyan and R. Penrose, "Concentric Circles in WMAP Data May Provide Evidence of Violent Pre-Big-Bang Activity," http:// arxiv.org/ abs/1011.3706; V. G. Gurzadyan and R. Penrose, "More on the Low Variance Circles in CMB Sky," http://arxiv.org/abs/1012.1486. 펜로즈는 이 생각을 계속해서 조사했다: V. G. Gurzadyan and R. Penrose, "CCC-Predicted Low-Variance Circles in CMB Sky and LCDM," http://arxiv.org/abs/1104.5675; V. G. Gurzadyan and R. Penrose, "On CCC-Predicted Concentric Low-Variance Circles in the CMB Sky," *European Physical Journal Plus* 128 (2013): 22, http://arxiv.org/abs/1302.5162; V. G. Gurzadyan and R. Penrose, "CCC and the Fermi Paradox," *European Physical Journal Plus* 131 (2016): 11, http:// arxiv.org/abs/1512.00554; Roger Penrose, "Correlated 'Noise' in

LIGO Gravitational Wave Signals: An Implication of Conformal Cyclic Cosmology," http://arxiv.org/abs/1707.04169. WMAP 데이터 안에서는 펜로 즈의 모형을 지지하지 않는 초기 반응에 대해서는 다음을 참고하라. Adam Moss, Douglas Scott, and James Zibin, "No Evidence for Anomalously Low Variance Circles on the Sky," *Journal of Cosmology and Astro-Particle Physics* 1104 (2011): 033, http://arxiv.org/abs/1012.1305; I. K. Wehus and H. K. Eriksen, "A Search for Concentric Circles in the 7-Year WMAP Temperature Sky Maps," *Astrophysical Journal* 733 (2011): L29, http://arxiv. org/abs/1012.1268; Amir Hajian, "Are There Echoes from the Pre–Big Bang Universe? A Search for Low Variance Circles in the CMB Sky," *Astrophysical Journal* 740 (2011): 52, http://arxiv.org/abs/1012.1656.

17장 중력파가 가르쳐 준 것들

이 글은 원래 다음 매체에 실렸던 것이다. *New York Times,* 3 October 2017.

1.　　B. P. Abbott et al. (LIGO Scientific Collaboration and Virgo Collaboration), "Observation of Gravitational Waves from a Binary Black Hole Merger," *Physical Review Letters* 116 (2016): 061102, http://arxiv.org/abs/1602.03837. See also Janna Levin, *Black Hole Blues, and Other Songs from Outer Space* (New York: Knopf, 2016); Stefan Helmreich, "Gravity's Reverb: Listening to Space-Time, or Articulating the Sounds of Gravitational-Wave Detection," Cultural Anthropology 31 (2016): 464–92; Harry Collins, *Gravity's Kiss: The Detection of Gravitational Waves* (Cambridge, MA: MIT Press, 2017).

2.　　Daniel Kennefick, *Traveling at the Speed of Thought: Einstein and the Quest for Gravitational Waves* (Princeton: Princeton University Press, 2007).

3.　　특히 다음을 참고하라. Harry Collins, *Gravity's Shadow: The Search for Gravitational Waves* (Chicago: University of Chicago Press, 2004), pt. 1.

4.　　Collins, *Gravity's Shadow,* chap. 17.

5.　　Charles W. Misner, Kip S. Thorne, and John A. Wheeler, *Gravitation* (San Francisco: W. H. Freeman, 1973), 1014–18.

6.　　바이스가 국립과학재단에 제출한 연구 제안서와 중간 보고서는 다음에서

인용되었다. Collins, *Gravity's Shadow,* 280, 287.

7.	Collins, *Gravity's Shadow,* pt. 4. LIGO 프로젝트를 수행하기 위한 장소를 선택하는 복잡한 과정에 대해서는 다음을 함께 참고하라. Tiffany Nichols, "Constructing Stillness: The Site Selection History and Signal Epistemological Development of the Laser Interferometer Gravitational-Wave Observatory (LIGO)" (PhD diss., Harvard University, in preparation).

8.	다음 데이터베이스에서 제목과 초록을 대상으로 'LIGO'로 검색한 결과를 바탕으로 했다. ProQuest "Dissertations and Theses" database.

9.	Committee on Accuracy of Time Transfer in Satellite Systems, Air Force Studies Board, *Accuracy of Time Transfer in Satellite Systems* (Washington, DC: National Academy Press, 1986).

18장 스티븐 호킹에게 보내는 작별 인사

이 글은 원래 다음 매체에 실렸던 것이다. *New Yorker,* 15 March 2018 (online).

1.	Stephen Hawking, *A Brief History of Time* (New York: Bantam, 1988). 당시 대중 물리학의 출판 동향에 대해서는 다음을 참고하라. Elizabeth Leane, *Reading Popular Physics: Disciplinary Skirmishes and Textual Strategies* (London: Ashgate, 2007).

2.	Hélène Mialet, *Hawking Incorporated: Stephen Hawking and the Anthropology of the Knowing Subject* (Chicago: University of Chicago Press, 2012).

3.	Alan Guth et al., "A Cosmic Controversy," *Scientific American,* July 2017, 5–7.

4.	The short film is available at https://www.youtube.com/watch?v=Hi0BzqV_b44.

부록: 거짓말, 빌어먹을 거짓말, 그리고 통계

이 글은 원래 다음 매체에 실렸던 것이다. *Social Research* 73, no. 4 (Winter 2006): 1225–52; in Osiris 27 (2012): 276–302. 존스홉킨스대학교 출판부의 허락을

받아 재출간.

1. Benjamin Fine, "Russia Is Overtaking U.S. in Training of Technicians," *New York Times*, 7 November 1954, 1, 80; "Red Technical Graduates Are Double Those in U.S.," *Washington Post*, 14 November 1955, 21.

2. Robert Shiller, *Irrational Exuberance*, 2nd ed. (Princeton: Princeton University Press, 2005), xvii ("상태"), 81 ("가격이 계속 오르면서"). 다음 문헌을 함께 참고하라. Donald MacKenzie, *An Engine, Not a Camera: How Financial Models Shape Markets* (Cambridge, MA: MIT Press, 2006), chap. 7.

3. Fine, "Russia Is Overtaking U.S.," 1, 80 ("생존하는 데 필수적인"); Fred M. Hechinger, "U.S. vs. Soviet: Khrushchev's New School Program Points Up the American Lag," *New York Times*, 3 July 1960, E8 ("보유량" "교실 속 냉전"); Nicholas DeWitt, *Soviet Professional Manpower: Its Education, Training, and Supply* (Washington, DC: National Science Foundation, 1955); Alexander Korol, *Soviet Education for Science and Technology* (Cambridge, MA: MIT Press, 1957); Nicholas DeWitt, *Education and Professional Employment in the USSR* (Washington, DC: National Science Foundation, 1961).

4. DeWitt, *Soviet Professional Manpower; DeWitt, Education and Professional Employment*. 다음을 함께 참고하라. Nicholas DeWitt, "Professional and Scientific Personnel in the U.S.S.R.," *Science* 120 (2 July 1954): 1–4. Biographical details from "Soviet-School Analyst: Nicholas DeWitt," *New York Times*, 15 January 1962, 12. 하버드대학교 러시아연구소의 설립에 관해서는 다음을 참고하라. David Engerman, *Know Your Enemy: The Rise and Fall of America's Soviet Experts* (New York: Oxford University Press, 2009), chap. 2.

5. Korol, *Soviet Education*. 신상 정보는 다음 문헌을 참조했다. Erwin Knoll, "U.S. Schools Must Do More: Red 'Training' Isn't Enough," *Washington Post*, 29 December 1957, E6; Donald L. M. Blackmer, *The MIT Center for International Studies: The Founding Years, 1951–1969* (Cambridge, MA: MIT Center for International Studies, 2002), 144, 159 (CIA contract); 연구소 설립에 관해서는 1장을 함께 참고하라. 수신 보고에 관해서는 다음을 참

고하라. Rowland Evans Jr., "Reds Near 10-1 Engineer Lead," *Washington Post,* 3 November 1957, A14 ("fastidious," "most conclusive study"); Knoll, "U.S. Schools Must Do More" ("solid factual data"); Harry Schwartz, "Two Ways of Solving a Problem," *New York Times,* 22 December 1957, 132.

6.   DeWitt, *Soviet Professional Manpower,* viii, xxvi–xxxviii, 133, 187, 259–61; DeWitt, *Education and Professional Employment,* xxxix, 3, 33, 339, 374, 549–53; Korol, Soviet Education, xi, 391, 400, 407–8 ("부적절한 암시"), 414.

7.   물리학 교육과정 비교에 관해서는 다음을 비교하라. Korol, *Soviet Education,* 260–71; DeWitt, *Education and Professional Employment,* 277–80; Edward M. Corson, "An Analysis of the 5-Year Physics Program at Moscow State University," *Information on Education around the World,* no. 11 (February 1959), published by the Office of Education of the US Department of Health, Education, and Welfare. 다른 주의사항에 대해서는 다음을 참고하라. DeWitt, *Soviet Professional Manpower,* 107, 125, 252; Korol, *Soviet Education,* 163, 195, 294, 316, 324, 383–84; DeWitt, *Education and Professional Employment,* 342, 365, 370, 401.

8.   DeWitt, *Soviet Professional Manpower,* 94–95, 158; Korol, *Soviet Education,* 142–43, 355, 364; DeWitt, *Education and Professional Employment,* 210, 229–31, 235, 316.

9.   DeWitt, *Soviet Professional Manpower,* 168–69; DeWitt, *Education and Professional Employment,* 341–42.

10.   Fine, "Russia Is Overtaking U.S."; "Red Technical Graduates Are Double Those in U.S.," 21. 1955년 11월 10일의 기자회견에 관해서는 다음을 참고하라. Barbara Barksdale Clowse, *Brainpower for the Cold War: The Sputnik Crisis and the National Defense Education Act of 1958* (Westport, CT: Greenwood Press, 1981), 51. 앨런 덜레스와 원자력위원회에 관한 합동 의회 위원회에 관해서는 다음을 참고하라. Clowse, *Brainpower,* 25–26. 다음 문헌을 함께 참고하라. Donald Quarles, "Cultivating Our Science Talent: Key to Long-Term Security," *Scientific Monthly* 80 (June 1955): 352–55, on 353; Lewis Strauss, "A Blueprint for Talent," in *Brainpower Quest,* ed. Andrew A. Freeman (New York: Macmillan, 1957), 223–33, on 226.

11.   두브리지의 증언은 다음 문헌에 인용되었다. National Science Foundation,

1956 Annual Report, 13, http://www.nsf.gov/pubs. 국가 위원회 구성에 관해서는 다음을 참고하라. 1956 Annual Report, 17–19; Howard L. Bevis, "America's New Frontier," in Freeman, *Brainpower Quest,* 178–86; Juan Lucena, *Defending the Nation: U.S. Policymaking to Create Scientists and Engineers from Sputnik to the "War against Terrorism"* (New York: University Press of America, 2005), 40–41. 과학자와 기술자 비축량에 관해서는 다음을 참고하라. DeWitt, *Soviet Professional Manpower,* 255 (다음을 함께 참고하라. 223–25).

12. Henry M. Jackson, "Trained Manpower for Freedom," 과학 및 기술 인력에 관한 NATO 특별의회위원회에 보낸 16쪽짜리 보고서; 인용된 쪽은 3-4, 6-10. 보고서가 제작된 날짜는 1957년 8월 19일이며, 표지에는 공개 날짜가 1957년 9월 5일로 되어 있다. 잭슨의 자문 위원회에는 리하르트 쿠란트, 마리아 괴퍼트메이어, 에드워드 텔러, 존 휠러와 같은 다수의 물리학자와 수학자는 물론이고 MIT 총장 제임스 킬런, 미국국립과학원 전 회장 데틀레프 브롱크, 미국영화협회 회장 에릭 존스턴 등이 포함되어 있었다. 잭슨 보고서 사본은 다음에서 찾을 수 있다. PDP box 2, folder "Scientific manpower." 잭슨 보고서에 관한 자세한 사항은 다음을 참고하라. John Krige, "NATO and the Strengthening of Western Science in the Post-Sputnik Era," *Minerva* 38 (2000): 81–108, on 88–93.

13. 드위트에 관한 내용은 다음에서 인용되었다. Homer Bigart, "Soviet Progress in Science Cited," *New York Times,* 1 November 1957, 3; 후버에 관한 내용은 다음에서 인용되었다. Robert Divine, *The Sputnik Challenge: Eisenhower's Response to the Soviet Satellite* (New York: Oxford University Press, 1993), 52–53. 존슨 청문회에 관해서는 다음을 참고하라. Clowse, *Brainpower,* 59–60; *Divine, Sputnik Challenge,* 64–67 (Johnson quotation on 67).

14. "U.S. Sponsored Report Warns on Red Education," *Washington Post,* 28 November 1957, A6; Evans, "Reds Near 10-1 Engineer Lead"; cf. Korol, *Soviet Education,* 398–417 and v–vii (Millikan's preface). 아이젠하워 행정부의 보건부, 교육부, 복지부는 1957년 11월 10일에 "러시아의 교육 제도"라는 비슷한 보고서를 공개했다. 이 보고서는 초등 및 중등 교육에 주로 초점이 맞추어졌다. 아이젠하워는 1957년 11월 8일에 내각 관료들에게 보고서를 요약하며 보고서가 공개되지마자 쏟아질 질문에 대비하라고 경고했다. 다

음을 참고하라. *Clowse, Brainpower,* 15.

15. 1957년 10월 15일 라비와 아이젠하워의 회동에 관해서는 다음을 참고 하라. Clowse, Brainpower, 11; Divine, *Sputnik Challenge,* 12–13; John Rudolph, *Scientists in the Classroom: The Cold War Reconstruction of American Science Education* (New York: Palgrave, 2002), 108. Hutchisson's *Newsweek* quotation in Clowse, Brainpower, 19; Hutchisson to AIP Advisory Committee on Education, 4 December 1957, in box 3, folder 3, Elmer Hutchisson Papers, collection number AR30259, Niels Bohr Library, American Institute of Physics, College Park, MD; Teller as quoted in Divine, *Sputnik Challenge,* 15; Hans Bethe, "Notes for a Talk on Science Education," n.d. (ca. April 1958), on 2, in HAB box 5, folder 4. 다음을 함께 참고하라. Robert E. Marshak and LaRoy B. Thompson to Congressman Kenneth B. Keating, 22 November 1957, in HAB box 5, folder 4; Samuel K. Allison, "Science and Scientists as National Assets," talk before Chicago Teachers Union, 19 April 1958, on 12–14, in box 24, folder 11, Samuel King Allison Papers, Special Collections Research Center, University of Chicago Library, Chicago, IL; Frederick Seitz, "Factors concerning Education for Science and Engineering," *Physics Today* 11 (July 1958): 12–15. 국가방위교육법 논쟁을 다룬 언론 기사에 관해서는 다음을 참고하라. Clowse, *Brainpower,* chap. 9; Divine, Sputnik Challenge, 15–16, 92–93, 159–62. 케니언대학교 물리학과 교수인 프랭클린 밀러 주니어는 다음 문헌에서 스푸트니크호 발사 이후 물 리학 교육의 "과장 선전"을 경고했다. a letter to Hutchisson, 2 April 1958, in box 4, folder 23, Hutchisson Papers.

16. Clowse, *Brainpower,* 13, 87, 91. 다음을 함께 참고하라. Rudolph, Scientists in the *Classroom,* chaps. 1, 3; Science Policy Research Division, Legislative Reference Service, Library of Congress, *Centralization of Federal Science Activities,* report to the Subcommittee on Science, Research, and Development of the House Committee on Science and Astronautics (Washington, DC: Government Printing Office, 1969), 48.

17. 국가방위교육법으로 지원된 연구비와 장학금에 관해서는 다음을 참고 하라. Clowse, *Brainpower,* 151–55, 162–67; Divine, *Sputnik Challenge,* 164–66; Roger Geiger, *Research and Relevant Knowledge: American Research*

Universities since World War II (New York: Oxford University Press, 1993), chap. 6. 물리과학 및 공학의 박사학위자에 관한 데이터는 다음 문헌을 참조했다. National Research Council, *A Century of Doctorates: Data Analysis of Growth and Change* (Washington, DC: National Academy of Sciences, 1978), 12. 국가방위교육법이 통과한 후에도 인력 부족 문제는 해결되지 않았다. 다음 예를 참고하라. Fred M. Hechinger, "Russian Lesson: New Study of Soviet Education Contains Warning to U.S.," *New York Times,* 21 January 1962, 157; John Walsh, "Manpower: Senate Study Describes How Scientists Fit into Scheme of Things in Red China, Soviet Union," *Science* 141 (19 July 1963): 253–55.

18.   다음의 국립과학재단 보고서 데이터를 참고했다. *American Science Manpower* (Washington, DC: National Science Foundation, 1959–71). 과학기술 인력 등록에 관해서는 1950년 11월 16일에 미국물리학협회 소장 헨리 A. 바턴이 보낸 서신을 참고하라. 사본은 다음 출처에서 찾을 수 있다. LIS box 1, folder "Amer.Inst. of Physics (AIP)." 이른바 '베이비붐'은 급속하게 과열된 물리학과 열풍에서 별다른 역할을 하지 못했다. 베이비붐 세대가 학부 신입생으로 유입되기 시작한 것은 1964년 이후다.

19.   Office of the Director of Defense Research and Engineering, *Project Hindsight* (Washington, DC: Department of Defense, 1969). 다음을 함께 참고하라. Daniel Kevles, *The Physicists: The History of a Scientific Community in Modern America* (1978), 3rd ed. (Cambridge, MA: Harvard University Press, 1995), chap. 25; Stuart W. Leslie, *The Cold War and American Science* (New York: Columbia University Press, 1993), chap. 9; Geiger, Research and Relevant Knowledge, chaps. 8–9; Kelly Moore, Disrupting Science: Social Movements, American *Scientists, and the Politics of the Military,* 1946–1975 (Princeton: Princeton University Press, 2008), chaps. 5–6. Data for figure 7.2 from National Research Council, Century of Doctorates, 12; National Science Foundation, Division of Science Resources Statistics, Science and Engineering Degrees, 1966– 2001, report no. NSF 04-311 (Arlington, VA: National Science Foundation, 2004).

20.   David Kaiser, "Cold War Requisitions, Scientific Manpower, and the Production of American Physicists after World War II," *Historical Studies in*

the Physical and Biological Sciences 33 (Fall 2002): 131–59.

21. DeWitt, *Soviet Professional Manpower*, 167–69; DeWitt, *Education and Professional Employment*, 339–42. 학계에서는 당시 기자들이 이 연구와 유사 연구를 함부로 다룬 것에 불만을 표현했다. 다음을 참고하라. George Z. F. Bereday, review of Korol, *Soviet Education, in American Slavic and East European Review* 17 (October 1958): 355–59; Seymour M. Rosen, "Problems in Evaluating Soviet Education," Comparative Education Review 8 (October 1964): 153–65. 당시 소련에는 대학교 수가 많지 않았지만(1954년에 33개, 1958년에 40개), 수백 개가 넘는 기술 학교가 막대한 수의 학생들에게 고등 교육을 훈련시켰다. 자연과학과 수학은 대학교에서만 가르쳤고, 반대로 응용과학이나 공학은 대학교에서 거의 가르치지 않았다. 따라서 드위트가 분석한 기관은 대부분 기술 학교였다.

22. DeWitt, *Soviet Professional Manpower*, 167–69; DeWitt, *Education and Professional Employment*, 339–42. 미국 교육기관은 1970년대까지 계속해서 매년 소련보다 2배나 많은 학생들을 졸업시켰다. 다음을 참고하라. Catherine P. Ailes and Francis W. Rushing, *The Science Race: Training and Utilization of Scientists and Engineers, US and USSR* (New York: Crane Russak, 1982), 65. 물론 드위트와 코롤의 연구를 보이는 그대로 받아들일 필요는 없다. 특히 그런 힘든 시기에 CIA 지원으로 연구하는 러시아 국외 거주자들이 아무런 "값어치"도 없는 연구를 내놓았을 리는 없기 때문이다. 그럼에도 이념적인 왜곡이나 독특하게 강조한 부분들은 다양한 독자들이 이들의 노력을 대하는 과정에서 퇴색되었다. 보다 최근의 "과학 인력" 예측도 실제 결과와 비교했을 때 똑같이 미흡한 것으로 드러났다. 특별히 다음을 참고하라. Lucena, *Defending the Nation*, chaps. 4–5; Earl H. Kinmonth, "Japanese Engineers and American Mythmakers," *Pacific Affairs* 64 (Autumn 1991): 328–50; Michael S. Teitelbaum, *Falling Behind? Boom, Bust, and the Global Race for Scientific Talent* (Princeton: Princeton University Press, 2014).

23. 다음 예를 참고하라. Lucena, *Defending the Nation*, chap. 4; Kinmonth, "Japanese Engineers and American Mythmakers." 각 범주에서 연간 박사학위 취득자 수의 감소는 국립과학재단의 다음 연례 보고서의 도표에서 계산된 것이다. "Science and Engineering Doctorate Awards," 1994–2006, http://

www.nsf.gov/statistics/doctorates.

24.   David Berliner and Bruce Biddle, *The Manufactured Crisis: Myths, Fraud, and the Attack on America's Public Schools* (New York: Basic, 1995), 95–102; Daniel Greenberg, *Science, Money, and Politics: Political Triumph and Ethical Erosion* (Chicago: University of Chicago Press, 2001), chaps. 8–9; Eric Weinstein, "How and Why Government, Universities, and Industry Create Domestic Labor Shortages of Scientists and High-Tech Workers," unpublished working paper, http://www.nber.orb/~peat/Papers/Folder/Papers/SG/NSF.html; Lucena, *Defending the Nation,* 104–12, 133. See also Teitelbaum, *Falling Behind?*

25.   특별히 다음을 참고하라. Lucena, *Defending the Nation,* chap. 4.

26.   Berliner and Biddle, *Manufactured Crisis;* Greenberg, *Science, Money, and Politics;* Lucena, *Defending the Nation.*

27.   Cf. Jeremy Bernstein, *Physicists on Wall Street and Other Essays on Science and Society* (New York: Springer, 2008).

그림 출처
Source

그림 0.2   Calvin Leung.

그림 0.3   Photograph by Robert P. Matthews, courtesy of AIP Emilio Segrè Visual Archives, Physics Today Collection.

그림 1.1   AIP Emilio Segrè Visual Archives.

그림 1.2   Nordisk Pressefoto, courtesy of AIP Emilio Segrè Visual Archives, Margrethe Bohr Collection.

그림 2.1   Photograph by Wolfgang Pfaundler, courtesy of AIP Emilio Segrè Visual Archives.

그림 3.1   Courtesy of the University of California–Irvine.

그림 3.2   Hulton Archive.

그림 4.2   Sören Wengerovsky.

그림 4.3   Calvin Leung.

그림 5.1   MIT Technique magazine [1944], courtesy of MIT Technique editorial board.

그림 6.1   Photograph by Alan Richards, courtesy of the Shelby White and Leon Levy

Archives Center, Institute for Advanced Study, Princeton, NJ, USA.

그림 7.1   Courtesy of the Archives, California Institute of Technology, with permission of the Melanie Jackson Agency, LLC.

그림 7.2   Photograph by Floyd Clark, courtesy of the Archives, California Institute of Technology, with permission of the Melanie Jackson Agency, LLC.

그림 8.1   Photograph by Roger Ressmeyer.

그림 9.1   Fermilab Archives, SSC Collection.

그림 9.2   Lawrence Berkeley National Laboratory.

그림 10.1   AIP Emilio Segrè Visual Archives, Physics Today Collection.

그림 10.2   CERN, courtesy of AIP Emilio Segrè Visual Archives.

그림 11.1   ATLAS Collaboration, courtesy of CERN.

그림 11.2   ATLAS Collaboration, courtesy of CERN.

그림 11.3   Photograph by Denis Balibouse / AFP.

그림 12.1   Photograph by Mitchell Valentine, courtesy of AIP Emilio Segrè Visual Archives, Physics Today Collection.

그림 12.3   Photograph by Robert Palmer, courtesy of AIP Emilio Segrè Visual Archives.

그림 13.1   AIP Emilio Segrè Visual Archives, Physics Today Collection.

그림 13.2   Courtesy of NRAO/AUI/NSF.

그림 14.1   Photograph by Frank Armstrong for The University of Texas at Austin, courtesy of AIP Emilio Segrè Visual Archives, Wheeler Collection.

그림 16.1   D. Ducros, © European Space Agency and the Planck Collaboration.

그림 16.2   Illustration by Viktor T. Toth.

그림 17.1   Special Collections, University of Maryland Libraries. © 1969 by the University of Maryland.

그림 17.2   Photograph by Jonathan Wiggs, Boston Globe.

그림 18.1   Photograph by Santi Visalli.

그림 A.1   Photograph by Paul Schutzer, The Life Picture Collection.

그림 A.2   Figure by Alex Wellerstein, based on data from the US National

찾아보기
Index

양자역학의 역사

아주 작은 것들에 담긴 가장 거대한 드라마

초판 1쇄 펴낸날	2025년 1월 17일
초판 3쇄 펴낸날	2025년 2월 20일
지은이	데이비드 카이저
옮긴이	조은영
펴낸이	한성봉
편집	최창문·이종석·오시경·이동현·김선형
콘텐츠제작	안상준
디자인	최세정
마케팅	박신용·오주형·박민지·이예지
경영지원	국지연·송인경
펴낸곳	도서출판 동아시아
등록	1998년 3월 5일 제1998-000243호
주소	서울시 중구 필동로8길 73 [예장동 1-42] 동아시아빌딩
페이스북	www.facebook.com/dongasiabooks
전자우편	dongasiabooknaver.com
블로그	blog.naver.com/dongasiabook
인스타그램	www.instargram.com/dongasiabook
전화	02) 757-9724, 5
팩스	02) 757-9726
ISBN	978-89-6262-639-1 03400

※ 잘못된 책은 구입하신 서점에서 바꿔드립니다.

만든 사람들

책임편집	이종석
디자인	pado
크로스교열	안상준